浙江省社科规划课题成果

流域水污染治理绩效与治理体系关系及提升策略研究

潘护林◎著

吉林大学出版社
·长春·

图书在版编目(CIP)数据

流域水污染治理绩效与治理体系关系及提升策略研究 / 潘护林著. -- 长春 : 吉林大学出版社, 2024. 9.
ISBN 978-7-5768-3800-8

Ⅰ. X52

中国国家版本馆CIP数据核字第2024U6E397号

书　　名：流域水污染治理绩效与治理体系关系及提升策略研究
LIUYU SHUIWURAN ZHILI JIXIAO YU ZHILI TIXI GUANXI JI TISHENG CELÜE YANJIU

作　　者：潘护林
策划编辑：邵宇彤
责任编辑：刘守秀
责任校对：高珊珊
装帧设计：寒　露
出版发行：吉林大学出版社
社　　址：长春市人民大街4059号
邮政编码：130021
发行电话：0431-89580036/58
网　　址：http://www.jlup.com.cn
电子邮箱：jldxcbs@sina.com
印　　刷：定州启航印刷有限公司
成品尺寸：170mm×240mm　　16开
印　　张：20
字　　数：276千字
版　　次：2025年1月第1版
印　　次：2025年1月第1次
书　　号：ISBN 978-7-5768-3800-8
定　　价：98.00元

前　言

当前，水环境污染仍然是人类面临的重要环境问题之一，我国水污染问题依然严峻，水污染治理工作仍任重道远。流域是众多自然与人文地理环境要素的空间载体，以水系为纽带，各环境要素密切联系，形成了一个相对独立完整的地域综合体，具有整体性和系统性，这决定了以流域为单元进行水污染治理的必要性和必然性。在我国，流域水污染治理一直受到高度重视，2019 年我国各大流域生态环境监督管理局相继成立，以期从流域整体视角进一步协调解决包括水环境在内的生态环境治理问题。当前学界对该问题的研究相对薄弱，在此背景下展开流域水污染治理研究，深入探讨流域水环境治理之道，对于提高人们对水污染治理规律的认识、优化水污染治理措施、提高水污染治理水平具有重要的理论和现实意义。本书基于系统思维和综合集成的视角，在全面评估我国流域水环境治理绩效与治理体系现状的基础上，采用数量模型定量分析影响流域水污染治理绩效的治理体系因素，提出系统的流域水污染治理体系优化策略措施，以期为解决我国流域水污染问题提供科学的决策参考。

本书的基本思路是，首先将集成水资源管理理念框架运用于流域水污染治理研究，建构流域水污染治理绩效和治理体系概念框架，并建构流域水污染治理绩效和治理体系的评价指标体系和评价标准，其次在广泛收集数据资料的基础上分别对我国七大流域和三大片区河流近20年（2002—2022年）水污染治理绩效和治理体系进行定性与定量相结合评价，并在此基础上采用灰色关联模型定量评价与定性理论分析我国流域水污染治理体系各要素对治理绩效的影响。需要说明的是，鉴于其他指标数据收集较困难，本书治理绩效指标主要选择了环境绩效，并考虑到各流域或片区河流自然环境条件的差异和治理绩效的稳定性表现，本书选取各流域近20年水质优良率的多年平均值、年均增长幅度、增长变异标准差为评价指标，并采用综合加权法核算各流域近20年水污染治理绩效的综合评价值；治理体系要素指标选择了关键的政策法规、资金投入、体制机制、能力建设、信息监测、政府管制、经济激励、工程技术与宣传教育九个指标作为评价分析指标。

本书共七章。第一章重点阐述了研究背景与意义、国内外相关研究，以及本书研究的目的、内容、思路与方法等内容。第二章作为本书的基础，对流域水污染治理的相关概念进行界定，对流域水污染治理的相关理论进行系统梳理和阐述，最后建构了基于集成思想的流域水污染集成综合治理的理论框架。第三章重在对我国流域水污染治理绩效进行定量评价，首先对水污染治理绩效评价进行概念界定，建构了集成治理视角下流域水污染治理绩效评价指标体系；其次基于数据资料的收集采用加权综合指标法，对我国各大流域水污染治理绩效进行了评价。第四章重在对我国流域水污染治理体系进行系统梳理和评价，首先对流域水污染治理体系的相关概念与理论进行了阐述，建构了流域水污染治理体系评价指标体系，然后基于广泛的资料收集，对我国各大流域和片区河流治理情况进行分析和评价。第五章重在对我国流域水污染治理体系各要素对治理绩效的影响进行定性和定量分析，首先对流域水污染治理体系与治理绩效关系进行了理论分析，随后采用灰色关联分析对两者关系进行了定量分析。第六章阐述了流域水污染治理体系改进的理论框架，并在系统梳理我国流域水污染治理体系存在的突出问题的基础上，有针对性地、较全面地提出了对我国流域水污染治理体系的改进建议。第七章重在对本书得出的主要观点进行梳理总结。

本书是浙江省哲学社会科学规划课题“流域水污染治理绩效与治理体系关系机理及提升策略研究”（19NDJC153YB）的重要成果，受该课题资金的资助。在本书撰写中，课题组成员给予了一些宝贵的修改意见，笔者的学生季轩宇、马佳敏、庆绍亮在资料收集整理及数据核算中付出了辛勤劳动，在此一并表示感谢！

本书主要服务于水污染治理领域的政府人员、研究人员及相关专业的学生。鉴于本人能力有限，本书难免存在一些不妥之处，欢迎广大读者朋友提出宝贵意见，以进一步提升本书质量！

潘护林

2024 年 4 月 10 日

目　录

第一章　绪论

第一节　研究背景与意义

水污染是当今世界面临的严重环境问题之一，也是我国多年未能有效根治的环境治理之痛。根据世界水论坛提供的报告，全世界平均每年约有 4200 亿立方米的污水排入江河湖海，相当于全球径流总量的 14%，使 5.5 万亿立方米的淡水受到污染。水污染不仅加剧了世界淡水资源的短缺，还直接威胁着人类和生态系统的健康（UNEP，2017），造成全世界年均约 170 万人死于饮用不洁水引发的疾病（Lozano et al., 2013；Sevilimedu et al. 2016）。在我国，水污染防治工作尽管长期以来一直受到重视，且早在 1984 年就颁布实施了第一部《中华人民共和国水污染防治法》，党的十八大以来水环境治理也取得了显著成就，但目前我国水污染态势仍没得到根本改观。我国江河湖泊一度普遍遭受污染，水污染严重制约着我国社会经济发展，威胁着人民的生命健康。据统计，每年水污染给我国工农业生产和居民健康等方面造成的经济损失高达数千亿元，成为我国的“民生之患、民心之痛”。

党的十八大以来，党中央高度重视环境治理问题，将水污染等环境问题治理提高到事关“党的使命宗旨的重大政治问题”的高度。习近平总书记提出了“良好生态环境是最公平的公共产品，是最普惠的民生福祉”“保护生态环境就是保护生产力，改善生态环境就是发展生产力”“绿水青山就是金山银山”等重大论述。为切实加大水污染防治力度，保障国家水安全，2015 年 2 月中央政治局常务委员会会议专门审议通过了《水污染防治行动计划》（以下简称《水十条》），同年 4 月国务院正式颁布实施。《水十条》提出，水环境保护事关人民群众切身利益，事关实现中华民族伟大复兴中国梦。《水十条》提出了我国未来不同阶段的水环境治理目标：到 2030 年，力争全国水环境质量总体改善，水生态系统功能初步恢复；到 21 世纪中叶，生态环境质量全面改善，生态系统实现良性循环。《水十条》的提出将我国水污染治理提升到了国家水生态环境安全、生态文明和实现中国梦的高度，彰显了党和国家对治理好水污染的坚强决心和坚定意志。

流域既是一个相对独立、完整、自成系统的自然水文单元，又是一个人类进行各项社会、经济活动的重要场所。以水系为纽带，流域内上下游、左右岸各种自然与人文要素相互影响、密切联系，构成相对独立完整的有机整体。水污染往往以流域为背景，在流域特定区域发生，并随着地表与地下径流在流域内扩散。因此，将流域作为水污染治理的基本单元，具有内在的科学性和逻辑性基础。然而，由于流域水污染治理通常涉及上下游多个行政管辖区域，因而具有一定的复杂性，当前我国以流域为整体和基本单元进行水污染治理仍显不足。目前我国生态文明建设方面的很多工作（包括流域环境治理）存在散碎化倾向，各自为战，谋一域而未谋整体，生态文明建设应该是基于生态流域的绿色发展方式和绿色生活方式的建设（王浩，2018）。我国流域水污染治理的整体性、源头污染的防控、数据信息的共享、水质的监测和环境监管等方面均存在诸多问题（王星，贺建，2020）。流域生态红线制度不完善、管理机制不健全、公众保护流域水环境参与程度不高，构成了我国流域水环境治理的主要问题（李爱琴，吕泓沅，2020）。具体来看，当前我国流域水污染治理生态红线制度中仍存在生态补偿主体单一、未建立有效磋商程序、专项资金缺乏问题；在管理机制方面，存在治理职权交叉不明、地方政府流域保护利益协调难、跨界流域管理机构缺乏沟通职能等问题；在公众参与方面，流域居民参与权被忽略、缺乏参与模式和平台、流域环保组织力量弱小且参与能力不足。

在上述我国水环境污染及其治理背景下，深入探究水污染，特别是流域水污染治理之道，具有重大理论和现实意义。当前，水污染问题产生的根源，水污染治理绩效维度及其评价，影响水污染治理成效的内在、外在因素及影响路径，合理的水污染治理措施及其方案开发等，都缺乏充分的探究。通过对这些方面的深入研究，理论上有利于增进人们对水污染治理规律的认识，丰富其在环境治理领域的理论知识；在实践层面，则有利于提高我国水环境治理决策的科学性，并通过水环境治理的科学决策有效提高我国水污染治理水平，进一步扭转我国水污染严峻形势。

第二节 国内外相关研究综述

一、关于水环境治理体系效能研究

相关研究成果可从以下两个方面概述。一是水环境治理绩效维度研究方面，相关研究认为在不同的水环境治理层面存在不同的绩效维度。在微观水环境治理项目层面，治理效能维度包括污水厂投资项目的目标完成程度、组织管理水平、项目实施效益（詹韧，2010）；企业清洁生产技术投入项目产生的排污量、耗水量、污染水量减少成效（Chen，2017）；绿色治水设施项目产生的环境效益、社会效益、经济效益（Liquete，2016）。在中观城市水环境治理层面，治理效能维度涉及环境效益、社会效益、经济效益等多个层面（余玉和朱冰靖，2019），具体包括城市污水排放、收集、处理的效率与公平性，如污水集中处理的人口覆盖率、污水处理厂负荷率等（宋国君、韩冬梅，2012）。在宏观流域水环境治理层面，治理效能维度涉及产生的财务、经济、社会、生态环境等方面的效益（石英华、程瑜，2011），具体包括流域城镇污水处理率、水域功能区水质达标率等多项指标（张家瑞等，2015）。此外，公众作为水环境治理最直接的受益者和感受者，其满意程度可有效地反映出水环境治理项目的实施效果，从而出现了从公众主观满意度的角度对水环境治理效能进行评价的研究（汪伦等，2019）。二是水环境治理效能评价方法方面，多采用成熟的定性与定量相结合的评价方法进行评价，具体包括综合模糊评价法（齐君等，2012；汪伦等，2019）、生命周期法（Lassux，2007；handbay，2008）、数据包络分析法（Francesc and Ramon，2009；胡晓波等，2013；张家瑞等，2015）等。

二、关于水污染治理体系及其效能机制研究

相关学术成果聚焦于对法规制度、政府政策与管制、治理体制机制、治理工具手段四个方面的水环境治理体系要素及其效能机制的研究。

在法规制度方面，相关学术成果包括加强水权制度建设是实现水污染治理体制转变进而提高效能的关键（杨君伟，2005）；加强地方立法有利于提高水污染治理绩效（钱水苗，2008）；较差的法治环境导致地方“政企合谋”影响污染治理效果（梁平汉等，2014）；对政府环境绩效进行审计可有效提高地方政府的环境治理成效（陈志芳，李晴，2019）；在印度，法律法规制度对于控制污染的作用无可替代（Kumar &Tortajada，2020）；公众参与制度的有效实施面临着合法性问题，需要法律法规的改革和支撑（Otsuka，2019）。

在政府政策与管制方面，相关学术成果包括在我国的环境治理中应

加强对政策工具的理解、创新和灵活运用，尤其要重视发挥交易许可证、公众参与等政策工具的作用，并通过引导企业调整升级产业结构、鼓励企业开展环境技术的创新与清洁生产技术的推广来发挥政策工具的作用（胡剑锋，朱剑秋，2008）；政府可通过政策引导企业采取清洁生产措施以提高污水治理绩效（郑雪梅，2005）；要实现城市水污染治理的可持续发展必须通过政策设计促进排污者参与到污水治理中（陈宏观等，2011）；设置不同的水环境税率会产生不同的水环境治理效果（马骏，李亚芳，2019）；政府管制的有效性直接影响企业排污行为选择，因此应通过强化政府管制提高企业违法成本从而提高治污绩效（杨守彬，2013）；美国不合理的政策架构导致了水环境治理效能的低下和高昂的成本，精确的监测与恰当的激励政策有利于提高水环境治理效能（James S. and James W.，1986；James S.，2017）；控制美国农业面源污染需要集成的政策框架，包括基于流域层面的治理等（Drevno，2016）。

在治理体制机制方面，相关学术成果包括强化体制设计、打破传统的政府垄断管理体制对提高水污染治理整体效能具有重要意义（Evers，et al.，2008）；财政分权对水环境治理效果产生负效应，中央政策干预和环境管理体制改革促使这一负效应趋于弱化（潘海英，陆敏，2019）；地方分割、部门分割所引发的流域治理碎片化是造成我国跨界水污染治理效果不彰的症结所在，因此需要建构跨界的政府间协作机制（杨爱平，2011；唐兵，杨旗，2014）；政府间治污激励机制不相容是导致流域污染持续和加剧的重要原因，通过上下游政府自主协商和异地补偿性开发可有效解决这一问题（曲昭仲，2009）；影响流域水环境治理绩效的是流域管理与行政区域管理间的矛盾，因此需要通过机构、机制、法规等综合性改革来协调当前管理体制中流域与区域中不同部门、不同层级间的矛盾（施祖麟，毕亮亮，2007）；作为我国水环境治理机制的创新，河长制已经取得了初步成效（沈坤荣等，2018；沈满红，2018），但其有效实施仍受到法律依据不足、评估指标体系缺失、运作机制不成熟、多主体参与不足等因素的阻碍（李永健，2019；李妞妞等，2018），因此改进河长制的关键在于构建统筹整合的责任制度和科学的考核评价体系，形成多元主体共同参与的合作共治治理结构（王维等，2018；郝亚光，2017），并在实践运行中加强体制、机制与技术的匹配度才能使其持久有效（朱德米，2020）。

在治理工具手段方面，相关学术成果包括污水管网覆盖率低、与处理设施不匹配及污水处理厂负荷率低是城市水污染治理绩效低的主因（贺瑞军，2006）；污水处理收费偏低无法满足污水处理厂正常运转是造成其污水治理效果差的重要原因（周长青，吴雪峰，2009；刘添瑞，2010；张瑞，2008）；生物技术在提高污水处理效果与效益方面具有更独特和良好的前景（Kim，2000；虞益江等，2010；王云英等，2012），相比人工设施，自然绿色设施湿地具有更多潜在效益，应被优先使用（Liquete et al.，2016）；现代信息与人工智能技术可通过强化水污染监测、促进公众参与来提高水环境治理效能（殷涛，2006；王连强等，2020；郭少青，2020；李爱琴、吕泓沅，2020）。

三、国内外相关研究学术史梳理与研究动态述评

综上所述，国内外学者对水环境治理绩效及其与治理体系的关系等方面进行了诸多研究，并取得了丰硕成果。现有研究表明，水环境治理效能具有社会、经济、环境等方面的多维属性，治理体系要素对治理绩效影响复杂，存在相互交叉、相互影响。但现有研究仍存在以下不足：在水污染治理绩效评价方面，多借助环境科学、经济学的方法，侧重经济或环境单一维度绩效的评价，缺乏综合思维和评价方法的融入和指导，因而不易对水污染治理绩效的全面性形成清晰认识，对影响治理绩效的治理体系要素又缺乏全面分析和整体性认识；在研究方法方面，缺乏对水环境治理体系与治理绩效关系系统模拟方法的引入，因而无法为水环

境治理体系改革措施的系统设计提供有效支撑；在研究对象方面，研究多集中于非流域层面，相对缺乏对流域这一重要的空间地理单元污水治理相关问题的系统探讨。实践表明，水环境治理是一项复杂的系统工程，需要多层次多方面治理措施的整体协同才能取得理想成效，因而在研究上需要采用系统的思维和方法将具有整体系统性的基本水文单元流域作为基本治理单元加以研究，揭示多项治理措施与治理绩效的内在关系机理，进而为更系统科学地制定水环境治理措施提供依据。

第三节 研究目的与内容

基于上述现有研究的不足，本书将引入体现可持续发展思想和系统治理思维的水资源管理理论，即综合水资源管理理论，在全面构建流域水污染治理绩效综合评价指标体系与治理体系问题系统诊断指标体系的基础上，采取综合定量化的方法对我国流域水污染治理绩效与治理体系进行全面评价，采用合理的数量模型对流域水污染治理绩效与治理体系关系机理进行系统分析，并提出系统性的治理体系优化策略。相对于已有研究，本书在理论上将进一步拓展水污染治理绩效指标体系开发思路，进一步深化对水污染治理体系诸要素对水污染治理绩效影响机理的认识；在实践上将为我国流域水污染治理提供系统性的决策分析路径，使水污染治理政策更具针对性和系统性。

一、研究目的

本书的根本目的在于，在全面评价我国主要流域水污染治理绩效与治理体系，辨析流域各项治理措施与治理绩效的内在关系的基础上，较系统科学地提出我国流域水污染治理政策，进而提升我国水污染治理水平和成效。具体来讲，本书的目标有以下几个方面。

第一，构建全面的流域水污染治理绩效评价指标体系和评价方法，为全面认识当前我国流域水污染治理成效提供方法工具。

第二，基于全面的流域水污染治理体系评估指标体系和标准、方法的建构，全面认识当前我国流域水污染治理问题。

第三，对流域水污染治理体系与治理绩效关系进行定量模拟，弄清治理体系要素与治理绩效影响治理的关系。

第四，针对当前我国流域水污染治理存在的关键问题，基于科学的改革框架系统构建改进的治理措施。

二、研究内容

本书以流域为对象，对污水治理绩效评价、绩效影响因素分析及绩效提升策略等方面展开研究。流域是一个以水为纽带的不可分割的地理单元，将流域视为一个有机整体进行水污染综合治理是水污染防治工作的必然趋势。党的十九大报告也明确提出了“加快水污染防治，实施流域环境和近岸海域综合治理”的要求。本书的具体研究内容如下。

第一，流域水污染治理绩效综合评价。主要在全面构建流域水污染治理绩效评价指标体系的基础上，运用定量评价模型对研究区流域水污染治理绩效进行系统全面的评价。

第二，流域水污染治理体系系统评估。主要在构建流域污水治理体系评价指标体系的基础上，基于规范的评价标准对我国重点流域当前水污染治理体系的现状进行评估。

第三，流域水污染治理绩效与治理体系关系分析。重点在于在建立流域污水治理体系要素与治理绩效定性与定量关系模型的基础上，对影响流域污水治理绩效关键治理体系问题进行模拟和识别。

第四，流域水污染治理体系优化策略构建。重点是依据科学的政策优化方法和步骤，针对制约我国流域污水治理绩效的关键治理因素，提出流域水污染治理体系优化策略。

为实现研究目的，本书的重点是构建流域污水治理绩效与治理体系评价指标体系，以及建立污水治理体系与治理绩效定量关系分析模型。其中，全面系统构建流域污水治理绩效评价及治理体系评价指标体系是对流域水污染治理绩效和体系进行科学评估的前提。本书的难点是，构建恰当的反映污水治理体系与绩效指标变量关系的数理分析模型。要揭示污水治理体系变量与绩效的关系机理及污水治理体系对污水治理绩效影响机制，必须构建能反映这些要求的复杂数理分析模型。

第四节　研究思路与方法

一、流域水污染治理绩效评价

水污染治理绩效直接体现为各项治理目标的实现程度，因此可依据流域水污染治理目标维度开发流域水污染治理绩效评价指标体系。根据水资源综合管理（Integrated Water ResourceS Management，IWRM）目标理论（全球水伙伴,2000），水环境管理存在三维相对独立的最终目标，即实现环境的可持续性、社会的公平性及经济的高效性。具体到流域水污染治理，就是将流域内的污水排放严格限制在自然水体能够容纳和净化的范围之内，不致对流域水生态环境及依赖水的陆地生态环境造成损害；保证流域上游污水排放不影响下游及周围居民生产、生活用水对水质的要求；将有限的流域水环境容量尽可能配置于高经济效益的经济部门，以产生最大的经济收益。据此目标框架并借鉴已有研究成果，可开发流域水污染治理三维绩效评价指标体系。在此基础上，本书运用极差变化指数法和线性加权综合指数法（袁卫等，2000）对我国重点流域污水治理绩效进行定量核算与评价。其中，对指标权重的确定拟采用常用的网络层次分析法（孙宏才，2011）。

极差变化指数法算法模型如式（1–1）和式（1–2）所示。

其中，正向指标值标准化采用

$$x'_{ij} = \frac{x_{ij} - \min(x_j)}{\max(x_j) - \min(x_j)} \tag{1–1}$$

逆向指标值标准化采用

$$x'_{ij} = \frac{\max(x_j) - x_{ij}}{\max(x_j) - \min(x_j)} \tag{1–2}$$

式中，x'_{ij} 表示第 i 个流域第 j 项指标标准化值，x_{ij} 表示第 i 个流域第 j 项指标值；$\min(x_j)$ 与 $\max(x_j)$ 分别表示第 j 项指标原始最小值与最大值。

线性加权综合指数法计算公式为

$$I = \sum_{j=1}^{m} w_j I_{ir} \tag{1–3}$$

式中，I_{ir} 表示流域污水治理某单项绩效指标值相对变化指数，即该项绩效治理期初与期末值变动大小与期初值的比值。相对变化指数不但可以表示治理期间治理绩效变量的动态变化程度，也可对各项绩效值进行无量化处理，便于进行后续加总和综合评价污水治理绩效。式中，w_j 与 I 分别表示流域污水治理单项绩效指标的权重值和各维度绩效的综合绩效值。

二、流域水污染治理体系系统评估

IWRM 为可持续水环境治理提供了实施框架和实施原则（全球水伙伴，2000），从而为流域污水治理体系评价指标体系的构建与评价标准的建立提供了依据。依据 IWRM 实施框架，流域污水治理体系包括污水治理实施环境、污水治理体制机制、污水治理工具手段三项基本内容，据此可衍生构建三维流域污水治理指标体系。基于这一框架下的污水治理体系，本书将结合已有研究成果和流域污水治理的特点，系统开发流域污水治理体系评价指标体系，并根据 IWRM 的实施原则归纳出流域污水治理实施标准，同时将其作为污水治理体系各单项指标评估的标准。本书拟采用主观赋值法和等权重综合指数法对流域水污染治理体系问题分别进行单项要素和系统综合评估，以明确流域污水治理体系存在的问题。等权重综合指数计算公式如下。

$$Z = \frac{1}{m}\sum_{i=1}^{m} X_{is} \tag{1-4}$$

式中，Z 和 X_{is} 分别表示流域污水治理体系单项指标赋值和综合评估指数。

三、流域水污染治理绩效与治理体系关系分析

本书的主要研究样本为我国七大流域和三大片区河流，样本规模小，涉及的水污染治理体系要素因子多样且关系复杂，难以定量化表述，因此本书拟采用灰色关联分析对污水治理绩效影响治理体系因素进行分析，从中找出影响污水治理绩效的关键因素与污水治理体系存在的关键问题。

灰色关联分析是一种多因素统计分析方法，是灰色系统理论的重要内容。与传统多因素统计分析方法如回归分析相比，灰色关联分析对样本量规模要求低，计算量小，通常不会出现量化结果不符的情况，应用十分广泛。其基本思想是，通过计算因变量序列和每个自变量序列之间的灰色关联度来判断变量之间的关系强度、大小和排序，其关联度越大表明关系越密切，自变量因子对因变量影响越大。本书将我国各流域水污染治理绩效值序列作为因变量序列，将各流域水污染治理体系要素评价值序列作为自变量序列，运用 SPASS 灰色关联分析模块进行灰色关联度核算，进而分析影响我国流域水污染治理绩效的关键治理体系影响因素。

四、流域水污染治理体系提升路径与策略

针对前述确定制约我国流域污水治理绩效的关键因素，本书拟以IWRM改革框架（全球水伙伴，2005）为逻辑框架，构建我国重点流域水污染问题导向的水污染治理绩效提升路径和系统策略。IWRM改革框架包括7个相互关联的部分，即确定战略目标—建立改革承诺—分析目标差距—实施战略制定—构建行动承诺—建立实施框架—进行监测评估。具体到水污染治理改进策略的制定，就是确定战略目标即针对当前我国重点流域水污染治理中存在的关键问题制定下阶段水污染治理改进的战略目标；建立改革承诺即在与水污染治理有关的部门、组织和利益团体之间建立解决关键问题、提升治污绩效的改革承诺，形成共同愿景；分析目标差距，即分析当前水污染治理体系现实功能的潜力和确定的治理目标与体系之间的差距并明确其关键制约因素；实施战略制定即为实现战略目标，针对当前水污染治理实施的环境、机构和管理手段三方面的变革进行详细规划，并考虑与国家其他政策的协调；构建行动承诺是战略计划实施的关键，主要包括水污染治理相关责任落实、利益团体参与和资金来源确定；建立实施框架即改革行动，包括具体法规制度的完善、管理体制的改革、管理工具的准备与具体操作、水利基础设施的开发、人员能力建设的实施；进行监测评估即监测实施框架的运行、评估整个水污染治理体系改革的过程及其现状并找出存在的不足，以便基于新问题制定下一阶段的战略目标。

本章小结

本章重点阐述了本书的背景与意义、国内外相关研究，以及本书的目的、内容、思路与方法等内容。当前，水环境污染仍然是人类面临的重要环境问题之一，我国水污染环境问题依然严峻；在我国以流域为基

本单元展开整体系统的流域水污染治理和相关研究仍很薄弱；党的十八大以来，从中央到地方，我国水环境治理进一步得到重视，力度进一步加大，出台了严格的治理措施。在此背景下展开对我国水污染治理机理的研究，深入探讨水环境特别是流域水污染治理之道，对于提高人们对水污染治理规律的认识、优化水污染治理措施、提高水污染治理水平具有重要的理论和现实意义。本书将基于系统思维，在全面评估我国流域水环境治理绩效与治理体系现状的基础上，重点采用模型的方法系统分析影响流域水污染治理绩效的治理体系内外在因素及其影响路径，并提出系统的流域水污染治理优化策略措施，以期为从根本上解决我国水环境污染问题找到更为科学有效的对策方案。

第二章　流域水污染治理研究的概念与理论基础

第一节　流域水污染治理相关概念界定

一、流域概念

流域在地理空间上通常被定义为由分水线所包围的汇水区，分水线所包围的面积就是流域面积（孙鼎等，1983；达维道夫，1963）。由此，本质上流域被认为是一个特定水系集水区。但考虑到流域划分的实际情况和流域水系的影响范围，有学者对流域的概念进行了合理的修正，提出了广义的流域概念，即流域是指所有包含某水系（或水系的一部分）并由分水线或其他人为、非人为界线（如灌区界、地貌界等）圈闭起来的相对完整、独立的区域。现实应用中的（河流）流域概念，主要是指现代状态下形成的流域水系及流域水系在自然或人为作用下所影响或涉及的范围和区域（不包括跨流域调水）。因此，流域的实质是，地球陆地水及其所携物质在自然状态下、在重力作用的驱使下发生汇集、运移和沉积（或消耗）过程并因此形成一系列密切联系、具有特定范围的区域的集合（岳健等，2005）。例如，河流下游的冲积平原等并未给河流提供汇水，但受河流自流浇灌，也应被纳入该河流域范围。

流域是众多自然与人文地理环境要素的空间载体，其中，水系是构成流域最基本的地理要素，以水系为纽带，各环境要素密切联系，形成了一个相对独立完整的地域综合体。流域不仅包括水系，还包括孕育水系的林、草、山、土、气等自然要素，以及利用水系的人口及其各种社会经济活动的结果，如道路、房舍、工厂等。地理要素相互制约、相互影响，形成一个有机整体：林、草、山、土、气孕育水系，水系滋润着林、草并改造着山地；山、水、林、草、土、气养育着人类，人类通过开发利用流域水土资源等深刻改变着流域水等自然环境要素。流域内不仅各要素关系密切、融为一体，而且水系上下游、左右岸各类地理要素密切相关、融为一体，一损俱损，一荣俱荣。例如，上游的林草植被、水土资源、经济状况直接影响着下游水资源的质与量。总之，流域具有空间性、复杂性、整体性、系统性特征。对此，中国工程院院士王浩提出了基于流域的绿色发展模式（王浩，2018）。流域是具有相对独立性的产汇流水循环的生态空间，也是人类生产生活的重要单元和场所；在这个空间内，人类的社会经济活动必须严格控制在流域资源与环境的承载能力范围内，否则就会出现资源枯竭、环境污染、生态恶化等问题。进一步地说，流域不仅是水循环和人类社会经济活动的重要单元，而且是大气和土的循环空间单元，很多城市空气质量不好，就和其所处的流域地貌位置及大气的局部循环不畅有关。平原地区的泥沙土壤都是通过本流域上游水的侵蚀和搬运，最后沉积到平原形成了肥沃的耕地。因此，一个地方要想实现绿色发展，要优先从流域视角出发，统筹考虑流域上下游、左右岸的水、土、气及生物等诸多资源环境与生态要素，在流域的空间内谋划和保护水、土、气、生物等资源环境要素，统筹流域的国土开发、水资源利用、环境整治、产业布局、城镇发展、新农村建设等事务，逐步建立起基于流域的绿色发展模式。流域示意图如图 2-1 所示。

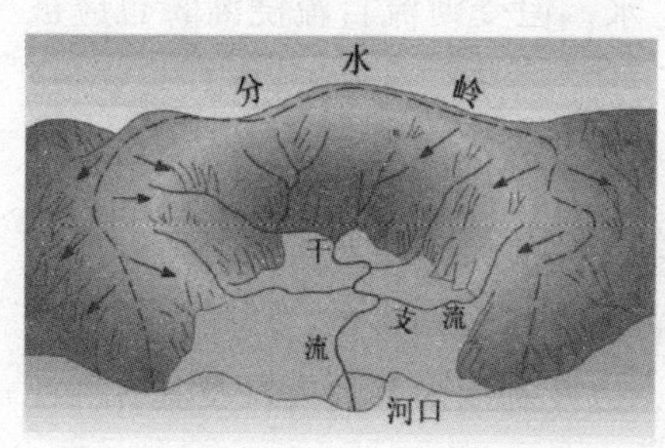

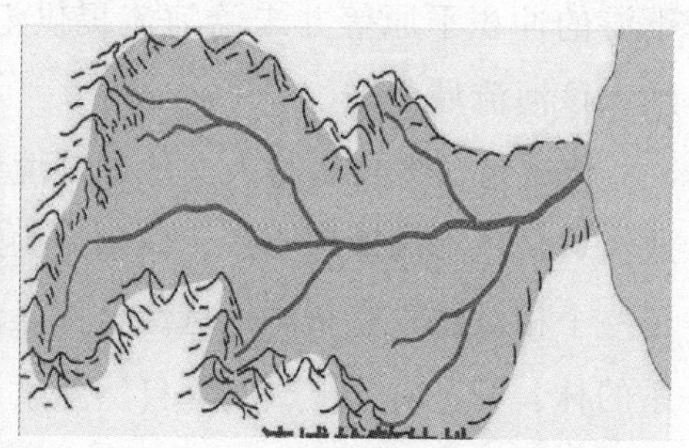

图 2-1　流域示意图

可见，由于流域的整体性和系统性，流域水污染治理应该以流域为基本单元，采用系统化治理措施。由于流域水系的流动性和污染物的扩散性，局部地区的污水排放必然对其他地区产生污染。因此，需要流域内各区域采取协同一致的措施治理污水；同时充分考虑各自然、人文要素在水污染及其治理中的地位和作用。人类是流域水污染物的主要制造者、排放者，也是最终的受害者与治理者。人类排放的水体污染物主要包括生活污水和生产污水，也包括排放的生活固体垃圾与有害气体。堆放的垃圾经过分解可产生有害渗液并经雨水冲洗流入河流造成水体污染；飘散在空气中的有害气体经由降水也会进入流域水系，污染水体。水体被污染后可通过饮用、灌溉等环节影响甚至危害人类健康，同时减少人类可利用的淡水资源。相应地，水污染问题最终需要人类付出一定的代价才能解决，包括环保意识的提高、治理技术和资金的投入、治理设施的建设等。流域水系水域（含湿地）是流域水污染的对象以及污染物的接纳者和承载体，也是水污染物的重要净化者。流域水污染是指流域水系水域水体的污染，流域水体经过流动扩散将水污染传播到周围和下游或者农田，虽然水体通过一定的物理化学过程具有一定的净化能力，但这种净化能力是以污染物不超过其所承受范围为限的。流域中土地、林、草的主要功能是汇聚和涵养水源，充足的水源有利于提高流域水体对污染物的净化能力。

鉴于当前流域中人文要素对水循环要素的强烈干扰，特别是多年来我国高强度污染对流域水量和水质形成的严重干扰的现实，王浩院士提出了“生态流域”的流域水环境治理理念（王浩等，2018）。他认为，流域早已不再是没有人类活动时那种自然的、只发挥生态功能的水循环，而是演变成了“自然＋人工”的二元水循环。建设生态流域的核心就是要保持自然水循环的可再生性，以流域水循环、物理、化学、生态多过程为主线，充分发挥流域对水循环的天然调节作用，规范人类对水土资源的开发活动，减少对自然水循环的扰动。具体来讲，就是社会水循环少向自然水循环排污，要优先布局绿色基础设施（如山、水、林、田、湖、草）和蓝色基础设施（如河流、湖泊、湿地等），优先利用土壤水库和地下水水库，合理布局地表灰色基础设施（如人工兴建的水库、堤防、泵站、污水处理厂），融合现代信息技术的新进展，实现地表、土壤、地下多过程的水量、水质、泥沙、水生态联合调控，最大限度实现去“极值化”（最大化地减少干旱与洪涝的产生），系统解决水问题。简言之，生态流域建设就是要做好对自然水循环与社会水循环两个方面的调控。对自然水循环的调控要做到保持它的产水量，保持先天的生态水文节律；减少水的自然过程极值，以适合人类的需要。对社会水循环的调控要做到自律式的发展，尽可能少地从自然水循环中取水；用水、排水都不要把更多的污染排到自然水循环中，而是尽量收集处理、循环利用污水。

二、水污染与流域水污染概念

水污染通常是指由于人类将有害有机或无机污染物过量排放到自然水体中，在特定时段，特定水域超过了自然水体中该物质本底含量和自身容纳净化能力，水体物理、化学、生物性质发生变化而功能降低的现象。自然水体的污染物种类和来源众多，大体可分为以下几类：未经处理而排放的工业废水；未经处理而排放的生活污水；大量使用化肥、农药、除草剂而造成的农田污水；堆放在河边的工业废弃物和生活垃圾；森林砍伐，水土流失；因过度开采而产生的矿山污水。其中，工业废水、居民生活污水和农田污水是造成水体污染最主要的污染源。生活污水以有机污染物为主，成分相对稳定，总体排放量大但相对分散；工业废水含有大量有害无机物，成分差异大，对环境危害大，且排放集中稳定；农田污水以氮、磷、钾等矿物质营养元素和有害有机化合物为主，相对生活污水和工业废水的点源污染，农田污水属于面源污染，具有随机性、广泛性、滞后性、模糊性、潜伏性、难治理的特点。当前，随着污水处理技术水平的提高及人们生活水平的提升，工业废水排放量和对水体污染程度在逐渐减弱，居民生活污水成了水体污染物的主要来源。我国是农业大国，化肥、农药、除草剂在当前的技术条件下仍在大量甚至过量使用，其产生的农田污水量也相当大，对水体的污染也不容忽视。自然水体能通过稀释、氧化、中和、沉淀、吸收、过滤等作用对排入的污染物进行净化。这些净化作用大体分为三类：第一类是物理作用，如水体稀释扩散、吸附沉淀等；第二类是化学作用，如氧化还原和酸碱中和等；第三类是生物作用，如光合作用、微生物分解等。水体对污染物的容纳净化能力有一定限度，当污染超过其容纳净化能力时，自然水体就会不断恶化，水体生态功能逐渐丧失，对人类和自然生态环境产生危害。这些危害具体包括以下三个方面：一是对环境的危害，导致生物特别是水生物的减少或灭绝，造成各类环境资源的价值降低，破坏生态平衡；二是对生产的危害，被污染的水由于达不到工业生产或农业灌溉的要求，从而导致减产；三是对人的危害，饮用污染水会引起急性和慢性中毒、癌变、传染病及其他一些奇异病症。

流域水污染是在特定流域内地表或地下水体因人类过量排放污染物

而发生水质恶化并向相关水域扩散，进而威胁流域生态环境安全和居民生产生活可持续的现象。流域是一个以动态流动的水环境为联系纽带，由山、水、林、草、湖、田、人等诸多相互联系的自然、人文要素组成的复杂而相对独立的水文单元和地域综合体。因此，流域水污染具有整体性，流域内特定地域的人类活动造成的水体污染若不加以控制，必然会影响其他地域乃至整个流域的自然系统和人类社会经济系统。流域水污染往往具有成因复杂和多源污染的特点。

三、治理与水污染治理概念

水污染属于典型的公共环境事件，因此水污染治理属于公共治理的范畴。理解流域水污染治理前需要理解治理与公共治理的相关概念。

（一）治理的概念

“治理”在当代社会是一个被广泛使用的概念。治理概念最早源于希腊语与拉丁语，意指领航、掌舵或指导；在我国，传统的“治理”一词与“统治”同义，均强调国家集中单一政府的力量。20世纪80年代以来，随着经济全球化进程的加快，公共事务的复杂性、动态性和不确定性也在增加，一种新的治理理念诞生，其强调在公共事务的处理上政府与社会的合作伙伴关系（Hirst，2001）。新的治理理念提出后，不同学者从不同的学科角度对其内涵进行了界定，使其内涵不断地丰富和发展。

国外学者主要从善治（目标结果）、政府角色、组织结构等角度对治理的内涵进行了界定。善治强调市场精神在公共或私人部门的应用，具体包括一般意义的善治、私人部门的善治、公共部门的善治。一般意义的善治是指有效率的管理，要求强化政府与公共事务的透明度和责任，减少公共支出的浪费；增加基本健康、教育和社会保障方面的投入；通过规制改革提升私人部门的力量。私人部门的善治即法人治理，指为保障股东利益最大化，企业所有者（主要是股东）对经营者的一种监督与制衡机制，即通过一种制度安排来合理地界定和配置企业所有者与经营者之间的权利与责任关系（Vankersbergen，2004）。公共部门的善治是指将私人的管理手段应用于政府部门以达到善治的结果，具体要求是顾客至上、提高回应性、加强绩效管理、服务外包与私有化、区别掌舵与划桨。在管理决策中，政府角色一般包括三种情形：政府中心即政府部门主导决策；社会中心即私人或半官方组织主导决策；政府、私人和半官方组织形成伙伴关系，治理更强调政府组织的弱化（Rosenau，1992）。从组织结构方面看，治理强调多重行动者的参与，形成政府、社会组织、公众、企业部分多主体参与者的网络（Candace，1997）。公共管理学家 Rhodes（1996）认为，不同于管理，治理的内涵至少包括以下 6 个方面：将国家干预降到最低限度，利用市场或准市场的方法提供公共服务；作为公司的治理形式，采用信息公开、直截了当全面地解决问题、负责任的原则；把私人企业管理手段和方法引入公共部门运作，强调高效率、低成本、高质量地提供公共服务；善治即系统、合法、权威、有效、负责、开放、受监督的公共服务体系；作为社会系统控制的治理，其结果应该是所有参与者互动的结果；作为自组织网络的治理，强调其非等级非市场性，强调信任、合作、声誉、互惠和相互依存。就其特征来看，治理具有行动上政府的非唯一性、决策结构的非等级性、目标上的共同性（Bingham，2005）。就其本质来看，治理应该包括宪政实施、践行民主制度、保障社区福利、公共利益至上与讲究行政道德等基本内涵（Frederickson，1996）。在实践机制上，治理强调不再完全依赖政府的权力和强制，而是多元主体的互动和相互影响（Stoker，1998）。

我国学者多从公共权力配置和治理结构角度对治理的概念进行界定。徐勇（1997）认为，治理指统治者或管理者通过公共权力的配置和运作，管理公共事务，以支配、影响和调控社会。俞可平（2008）指出，治理是官方的或民间的公共管理组织在一个既定的范围内运用公共权力维持秩序，以满足公众的需要。王诗宗（2009）认为，治理是一个由聚焦于正式政治领域和公共部门（议会、市政厅、公务员队伍）的治理结构转向不断增加私人部门和公共社会参与并融入他们利益的过程。曾正滋（2006）将公共行政领域中的治理界定为公共治理，它是指在自组织网络治理的基础上，政府参与其中并起“元治理”作用，政府与自组织形成互动型治理网络，共同谋求公共利益最大化的治理形式。在对国内外学者有关治理内涵的界定进行梳理的基础上，我国学者余军华和袁文艺（2013）对治理的概念进行了更为全面准确的概括：治理是指为了达到集体的秩序和共同目标，公共、私人部门和非营利组织共同参与其中，相互之间形成伙伴关系，通过谈判、协商和讨价还价等政策手段来供给公共产品与服务、管理公共资源的过程。可见，我国学者对治理的理解多是公共事务的治理即公共治理，且强调权力的下放与管理组织的扁平化，其目的在于善治或公共利益的最大化，其核心内容是公共产品的供给，治理的最优目标是实现供给主体和客体之间的协调和社会公共资源利用的最高效率（高秉雄、张江涛，2010）。

（二）公共治理的概念

公共治理是在公共行政领域引入治理的理念，形成的一种新的公共行政范式，体现了人们对公共部门管理的一种全新的认识。根据我国学者滕世华（2003）的研究，与传统公共行政相比，公共治理具有以下特征。

（1）治理主体的多元化。公共治理是对整个公共管理部门格局的重新认识，实现公共部门有效管理中不同的实施主体各自的定位、分工和各自适当的角色，而不仅仅是政府行政管理和政府统治。参与管理的主体不只是政府部门，还包括全球层面、国家层面和地方性的各种非政府非营利组织、政府间和非政府间国际组织、各种社会团体甚至私人部门在内的多元主体。

（2）治理客体的扩展。公共治理涉及的领域很广，包括国家政权统治、公共事务管理与服务、公共部门自身的管理、各种社会组织和团体的管理等，其中也包括全球公共问题和事务的治理。

（3）治理机制和手段的变革。其核心是引入私人部门管理的模式以改善公共部门的组织管理绩效。第一，在公共部门的管理中积极引进私人部门中较为成功的管理理论、方法、技术和经验；第二，积极推进民营企业更多地参与公共事务和公共服务管理；第三，在明确区分公共部门和私人部门不同责任的基础上，加强政府的应有责任。

总之，公共治理本质上不再是一种政府统治的手段，而是代表了一种新的社会多元管理模式。

（三）水污染治理的概念

水污染治理又称水环境治理或水污染防治，属于公共环境治理的范畴，即将水系统作为一个整体，根据水系统沿岸城镇、村庄及工矿企业、农业生产的地理分布，以及水系统的自净能力、纳污容量和污染状况，为防治水污染而采取的综合防治措施。它不仅包括各种工程技术手段，也包括各种法律法规、司法行政、市场经济等非工程性措施，具有整体性、综合性和区域性的特点。具体来讲，水污染治理包括以下三个方面的内涵。

（1）从源头减少废水和污染物排放量。针对工业废水，生产过程中推行清洁生产，规定用水定额与物料定额，改革原料选择及产品设计，以无毒无害的原料和产品代替有毒有害的原料和产品；改善生产工艺和管理制度，采用无污染或少污染的新工艺，对工业废污水进行预处理，提高废污水的重复利用率。针对生活污水，提倡节约用水，推广节水器具，提倡一水多用，以减少生活污水的排放总量。针对农业污水，提倡农田的科学施肥和农药的合理使用，以大大减少农田中残留的化肥和农药，进而减少农田径流中所含氮、磷和农药的量。

（2）采取多种措施对排放的污水及被污染水体进行综合治理。现实中，很难实现污染源污水的“零排放”，必须通过各种措施对排出污水及已污染的水体进行治理，确保污水在排入水体前达到国家或地方规定的排放标准，使水体环境达到相应的水质功能。为此，首先重要的是对排放的污水进行统一的收集与处理，即建立完善的污水收集管网和污水处理厂。对于含有酸碱、有毒有害物质、重金属或其他特殊污染物的工业废水，还需在厂内先行进行处理，使其能满足排放至自然水体或排放至污水管道的水质标准。其次，对于已经遭受污染的自然水体，应根据水体污染的特点积极采取物理、化学、生物工程等手段进行污染治理，使恶化的水生态系统逐步得到修复。

（3）加强对水污染从源头减排到末端处理整个过程的管理，以管促治。水污染治理中的管理包括建立完善水污染治理法规体系，为水污染治理提供法治保障；建构运转高效的水污染治理的体制机制，为水污染治理明确管理主体及其运行方式；综合运用评估评价、顶层规划、监督检查、行政处罚、经济激励、市场交易、公众参与等多种手段措施等。其中，对污染源控制、污水收集处理设施运行进行评估监测和检查，以及对水体环境质量进行定期的监测，可为环境管理提供依据和信息；制定水污染治理顶层规划、流域水污染防治管理规划可为水污染治理提供基本的蓝图和方案；监督检查和行政处罚即政府监管，为水污染治理提供强制性的约束力，经济激励和市场交易可调动排污者减排和参与污水治理的内在积极性。公众参与是现代水污染治理的必然趋势和要求。

第二节　流域水污染治理相关理论阐述

流域水污染治理离不开公共治理理论的指导。本书主要基于以下相关理论进行研究。

一、大部门制改革理论

美国公共管理学家拉塞尔·M. 林登（2013）在他的著作《无缝隙政府：公共部门再造指南》中提出了“无缝隙政府”这一概念。无缝隙政府理论的中心思想就是，政府要为公众提供一体化的、高效的、便捷的服务，不能使办事的公众感觉到有任何的困难和不畅。这就要求政府各部门之间职能要清晰明确，避免出现互相推诿的现象。它以一种整体的，而不是各自为政的方式为公众服务，这就要求政府各部门之间进行适当的整合（石玉昌，2010）。实施行政执法权相对集中与进行部门制改革是我国公共管理体制改革的重要方向，也是我国进行行政管理体制改革的必然趋势。

按照部门的职能大小和机构的数量多少不同，政府机构设置一般有小部制与大部制两种类型。小部制的特征是“窄职能、多机构”，部门管辖范围小、机构数量大、专业分工细、职能交叉多（石玉昌，2010）。我国当前正大力推进的大部制即大部门体制，是为推进政府事务综合管理与协调，按政府综合管理职能合并政府部门，组成超大部门的政府组织体制。其特点是扩大一个部门管理的业务范围，把多种内容有联系的事务交由一个部门管辖，从而最大限度地避免政府职能交叉、政出多门、多头管理，提高行政效率，降低行政成本。

流域是一个不断发展变化的复杂系统。随着流域内社会经济发展，流域内自然与人文要素不断丰富，相互之间联系日益密切。流域系统的正常运转愈加需要各系统要素的协同运行，这一性质决定了流域环境治理是一个复杂系统工程，流域治理各项事务繁杂交叉，需要流域内各部门的密切配合或职能的整合和调动各方力量。在此背景下，传统的管理职责分散、管理机构各自为政、政府自上而下单一行政命令式的流域治理模式显然已不合时宜，需要根据流域治理事务性质的一致性和相关性，适当对传统治理体制进行改革，通过管理职能科学框定与合理划分，以及管理机构的归并与综合协调，以有效减少多头管理效率低、成本高等问题。

二、现代科层制理论

流域水污染治理作为一种政府行政公共管理行为，需要以一定的政府部门组织架构为依托。在当前各国行政管理组织架构中，最为盛行和有效的管理组织形式是科层制。科层制又称官僚制，指的是一种权力依职能和职位进行分工和分层，以规则为管理主体的组织结构和管理方式，它既是一种组织结构，又是一种管理方式。科层制理论最早由德国著名社会学家和哲学家马克斯·韦伯于20世纪初提出。韦伯认为，官僚集权的行政组织体系是最为理想和有效的组织管理形式，他还预言人类在以后的发展中将普遍采用这种组织结构（张建平，2016）。

成熟的科层制组织的显著特征可概括如下（刘圣中，2012）。一是专门化。在科层制组织中，作业是根据工作类型和目的进行划分的，具有很清楚的职责范围，各个成员将接受组织分配的活动任务，并按分工原则专精于自己岗位职责的工作。二是等级制。在科层制组织中有一大批官员，其中每个人的权威与责任都有明确的规定。部属必须接受主管的命令与监督，上下级之间的职权关系严格按等级划定。三是规则化。在科层制组织中，组织运行，包括成员间的活动与关系都受规则限制。每位成员都要了解自己所必须履行的岗位职责及组织运作的规范。四是非人格化。在科层制组织中，官员不得滥用其职权，个人的情绪不得影响组织的理性决策；公事与私事之间具有明确的界限；组织成员要按严格的法令和规章对待工作和业务交往，确保组织目标的实施。五是技术化。在科层制组织中，组织成员凭自己的专业所长、技术能力获得工作机会，享受工资报酬。组织按成员的技术资格授予其某个职位，并根据成员的工作成绩与资历条件决定其晋升与加薪与否，从而促进成员为工作尽心尽职，保证组织效率的提高。

正是科层制组织的这些特征，保证了它的严密性、科学性、稳定性，因而其具有很强的普适性。首先，科层制组织权力的层级结构和专业化、规则化运作机制保证了它的严密性，可避免组织之间、个人之间的职责不清和相互推诿。其次，组织的非人格化和技术化特征避免了个体情绪及自利行为对决策的干扰，同时借用专业化和技术化知识保证决策的科学性，从而保证了组织目标和决策的合理性。最后，在科层制组织中，专业技术知识的运用是它的一个主要优势。任何行政法令、决定、条例都有书面形式的规定和记录，详细而具体，具有很强的可操作性，从而保证了组织行为的稳定性。正是上述优势，使得现代社会绝大多数组织采用了科层制。科层制在现代社会中成为一种普遍的组织形式，占据了现代组织结构模式的主导地位。

当然，现代科层制理论也有其不足（刘圣中，2012）。例如，它在强调通过规定和权力进行控制时，也可能会导致行为僵化、不愿意做出"有风险的"决策，从而使整个组织中个人和各级群体普遍存在防御性态度；官僚制实行控制所需要的授权可使组织中的下属单位产生狭隘的自我服务的观点，容易造成对整个组织绩效不利的后果；严密的监督在上下级之间造成了个人间的压力和冲突等。尽管存在上述不足，但科层制作为一种有效的组织管理形式，在现代社会仍显示出强大的生命力，并随着现代社会环境的变化而不断发展完善。现代科层制理论为优化现代城市政府管理部门内部组织关系，提高政府城市管理效能提供了理论基础。

三、新公共管理理论

新公共管理理论是 20 世纪 80 年代以来兴盛于英、美等西方发达国家的一种新的公共行政理论和管理模式。新公共管理将现代经济学和私营企业管理理论及方法作为自己的理论基础，主张在政府等公共部门广泛采用私人部门成功的管理方法和竞争机制；强调公共服务的产出、政府对社会公众的响应力和政治敏锐性；倡导公共管理部门在人员录用、任期、工资及其他人事行政环节上进行更加灵活、富有成效的管理（陈华栋，2005）。新公共管理理论的基本要点如下。

（一）奉行公众至上的全新价值理念

新公共管理完全改变了传统模式下政府与公众之间的关系，政府不再是发号施令的权威官僚机构，而是以人为本的服务提供者，政府公共行政不再是“管制行政”，而是“服务行政”。政府以提供全面优质的公共产品、公平公正的公共服务为第一要务。

（二）政府角色由“划桨者”向“掌舵者”转变

新公共管理主张政府在公共行政中应该只制定政策而不是执行政策，政府应该把管理和具体操作分开。新公共管理更加突出政府的顶层设计、规则制定及引领监管作用。政府通过重新塑造市场，以“划桨”的方式不停地向私人部门传播各种可行和有利的影响。

（三）政府公共管理广泛引入市场竞争机制

新公共管理让更多的私人部门参与并提供竞争公共服务，以提高服务供给的质量和效率，实现成本的节省。以竞争求生存，以竞争求质量，以竞争求效率。风险规避，尤其是政治风险的回避，是公共行政人员推行民营化的主要动机。

（四）重视公共行政效率

与传统公共行政重遵守既定法律法规、轻绩效测定和评估的做法不同，新公共管理主张实行严格的绩效目标控制，即确定组织、个人的具体目标，并根据绩效目标对完成情况进行测量和评估。与传统政府公共管理注重投入不同，新公共管理重视管理活动的产出和结果，关注公共部门直接提供服务的效率和质量，主张对外界情况的变化及不同的利益需求做出主动、灵活、低成本、富有成效的反应。此外，新公共管理强调政府广泛采用私人部门成功的管理手段和经验，如重视人力资源管理，强调成本—效率分析、全面质量管理、降低成本、提高效率等。

（五）改革公务员用人制度

推行公务员临时雇佣制、合同用人制等新制度，打破公务员常任制，以激发公务员工作积极性，提高其工作效率；正视行政工作所具有的浓厚的政治色彩与政治功能，以使公务员尽职尽责地执行政策，并主动地精心设计公共政策，从而使政策更加有效地发挥其社会功能。

（六）创建有事业心和远见的政府

新公共管理理论强调，基于公共利益目标，政府公共管理者应该像企业家那样追求卓有成效、富有远见的投资回报；政府公共行政不能仅注重服务而忽视危机预防，这会导致问题和危机产生后再花大量财力和人力去治理，为此政府在决策时应该尽一切可能考虑到未来。

总之，新公共管理理论以公众利益至上为价值导向，倡导通过推进改革管理的主体多元化和公共管理手段的企业化，促使政府不再担当公共产品和服务的唯一提供者，而是担当公共事务的促进者和管理者，这有助于提高公共管理的有效性和促进社会可持续发展。新公共管理理论为现代城市管理事务日益繁杂、市民利益群体高度分化背景下的城市管理改革提供了价值理念取向和管理途径方面的指导。

四、现代社会治理理论

“社会治理”是20世纪后期伴随新公共管理理论的兴起而产生的一种新的社会管理理念。联合国全球治理委员会对“治理”的界定是，个人和各种公共或私人机构共同管理其事务的诸多方式的总和。而社会治理是指政府、社会组织、企事业单位、社区以及个人等诸行为者，通过平等的合作型伙伴关系，依法对社会事务、社会组织和社会生活进行规范和管理，最终实现公共利益最大化的过程。

社会治理理论的主要观点如下（周红云，2015）。一是政府组织不是唯一的社会治理主体，治理承担者扩展到政府以外的公共机构和私人机构；二是治理中的权力运行方向从单一向度的自上而下的统治，转向上下互动、彼此合作、相互协商的多元关系；三是形成多样化的社会网络组织，从事公共事务的共同管理；四是政府治理策略和工具向适应治理模式要求的方向改变。可见，社会治理实质上是一种在政府、市场和社会三维框架下进行公共领域多中心管理的模式，“多元共治”是现代社会治理理论的核心。

与传统社会管理相区别，社会治理具有以下特征（陈家刚，2012）。一是社会管理侧重于政府对社会进行管理，政府是社会管理合法权利的主要来源；而社会治理强调社会治理合法权力来源的多样性，社会组织、企事业单位、社区组织等也同样是合法权利的来源。二是社会管理很容易表现为政府凌驾于社会之上，习惯包揽一切社会事务，习惯对社会进行命令和控制；而社会治理更多的是在多元行为主体之间形成密切的、平等的网络关系，它把有效的管理看作各主体之间的合作过程，各种社会组织、私人部门和公民自愿承担越来越多的责任。三是社会管理更多地表现为从自身主观意愿出发管控社会，想当然地自上而下为民做主；而社会治理是当代民主的一种新的实现形式，它更多地强调发挥多主体的作用，更多地鼓励参与者自主表达、协商对话，并达成共识，从而形成符合整体利益的公共政策。四是社会管理的实践主要依靠政府的权力发号施令；而社会治理在权力之外形成了市场的、法律的、文化的、习俗的等多种管理方法和技术，社会治理行为者有责任使用这些新的方法和技术来更好地对公共事务进行控制和引导。

在现代社会，从社会管理走向社会治理有其历史必然性（丁元竹，2013）。现代社会客观上已是一个高度利益分化的社会，而利益分化会形成若干社会团体，权力与各种社会功能应当由这些相对独立的社团、组织和群体以一种分散化的方式来行使和承担，国家与公民都对社会治理和社会秩序的维持负有责任。在社会管理实践中，社会的制度结构或关系不只是政府内部的结构和关系，还包括社会部门的结构和关系；政府对公共事务的影响只是众多影响因素中的一个，事情越复杂，政府的局限性越明显；公共关心的重要问题包括环境问题、信息和通信技术发展问题，这些问题非常复杂，以至于不能仅仅依赖政府单独决策。因此，一个好的社会运行方式还必须包括社会的广泛参与，即用社会治理替代社会管理，唯此才能充分调动社会积极性，既能节省成本，又能提高效能促进社会和谐。

五、“元治理”理论

现实中，在实施多元共治时，可能会出现由于各主体地位、利益诉求的不一致而导致无法达成预定的治理目标的情形。此时，尤其需要充分发挥政府在治理中的引导、规范、协调作用。有鉴于此，20 世纪 90 年代英国学者鲍勃·杰索普（1999）提出了“元治理”理论，“元治理”理论在保留了原治理理论合理成分的基础上，更加重视政府在“多元共治”框架中的作用（郭永园，2015）。

在“元治理”中，政府要发挥的作用如下：一是政府在社会治理体系中要发挥主导作用，要做社会治理规则的主导者和制定者；二是政府要与其他社会力量合作，通过对话、协作，共同实现社会的良好治理；三是要促进社会信息透明，使政府和其他社会力量在充分的信息交换中了解彼此的利益、立场，从而达成共同的治理目标；四是政府要做社会利益博弈的“平衡器”，避免社会各阶层因利益冲突而损害治理协作（熊杰春，2011）。

可见，“元治理”是公共治理理论的批判和超越，融合了现代科层制和社会公共治理论的优点，因而更加符合我国“强政府”的基本国情和偏好科层治理的历史惯性。“多元共治”的现代流域治理理念不是要否定传统流域水环境治理中的政府地位和作用。维护公众利益是政府的根本职责。使流域居民从城市社会经济发展中获益是城市管理的根本目的。政府在流域治理中始终是无法取代的责任主体，因此政府必然是流域治理的主导者，通过规范引导可使其他流域治理参与者更好地为流域居民提供流域公共产品和服务。

六、整体性治理理论

整体性治理理论是在公共管理领域继传统公共行政范式和新公共管理范式之后出现的一种新的公共治理范式，其建立在对官僚制理论和新公共管理理论批判的基础之上，并受到信息技术发展的强力推动，经历了理念提出、策略倡导和理论深化三个发展阶段。整体性治理理论以解决公民需求和问题为治理导向，强调合作性整合，注重协调目标与手段的关系，重视信任、责任感与制度化，依赖信息技术的运用，极大地提升了公共治理的理论内涵与实践意旨。

作为一种新的公共治理范式，整体性治理理论的基本内容具体包括以下几个方面。

（一）以解决公民需求和问题为治理导向

整体性治理理论以解决公民的需求和问题为核心，追求公共利益的最大化，体现了公民本位而非政府本位。整体性治理理论不仅以实现公共利益为出发点，而且特别强调满足公民需求的公平性。整体性治理理论主张政府运作的问题导向，即把公共问题的解决作为政府运作的逻辑起点，注重对问题的结果导向与预防导向。为实现对公共问题的良性治理，整体性治理理论在政策、顾客、组织、机构四个层次上提出了整合的目标，以最大限度增进公共价值，使公共利益得到良好的实现。另外，针对各种公共问题带来的巨大损失，整体性治理理论主张防患于未然，建立预防性政府，预防和避免公共问题的产生和恶化，以降低治理成本。

（二）强调合作性整合

活动、协调、整合是整体性治理的三个核心概念，其中，活动是指包括政策、规章、服务和监督四个层面在内的治理行为；协调是指确立合作和整体运作的信息系统、结果之间的对话、计划过程，以及决策的想法。整体性治理中的整合是合作性整合，它是针对传统管理中过度强调专业主义、部门主义、竞争主义而导致的碎片化问题而提出来的，既包括行政系统内部上下层级间、职能部门间基于业务流程所形成的整合，也包括政府与私营企业、非政府组织、社区、公民之间合作所形成的整合。主要表现为以下几点。一是三大治理面向的整合，即治理层级的整合、治理功能的整合和公私部门的整合。二是需要实现政策、规章、服务和监督四个层面治理行为的整合。三是逆部门化和碎片化，实现部门整合，实行大部门式治理。四是重新政府化，加强中央过程，主张将部分委托或转让给市场和社会的权力和职能，重新收归公共部门掌握和行使，保障政府尤其是中央政府在公共事务管理中的主导作用，避免出现因过度分权和竞争导致的政府权力虚化现象。五是整合预算，强调建立一种以问题为预算单位的共享性预算体系，以在较大程度上降低行政成本。

（三）注重协调目标与手段的关系

整体性治理理论特别注重治理目标与手段的协调。依据目标和手段的关系，整体性治理理论将政府形态归纳为五种模式：目标和手段相互冲突的贵族式政府；目标相互冲突而手段相互增强的渐进式政府；手段相互冲突而目标相互增强的碎片化政府；目标和手段既不相互冲突也不相互增强的协同型政府；目标和手段都相互增强的整体性政府。整体性治理理论认为，贵族式政府、渐进式政府与碎片化政府都已经过时和失效，协同型政府虽然有所进步，但必须通过强力整合才可能实现向整体性政府的转变。整体性治理理论进一步指出，整体性政府作为当代政府治理的新形态，其与协同型政府的主要区别在于目标与手段的兼容程度：协同型政府意味着不同公共部门在目标和手段上不存在冲突，而整体性政府则高一个层次，要求目标与手段之间不仅不存在冲突，还要相互增强。

（四）重视信任、责任感与制度化

整体性治理旨在通过对碎片化的有效整合建立跨部门或跨组织的网络关系，实现公共议题的合作治理。因此，整体性治理首先需要树立治理主体间良好的信任和责任感，并建立制度化的保障。整体性治理理论认为，信任与责任感是整体性治理整合过程中重要的功能性要素（其他功能性要素包括信息系统、预算等），而建立组织之间的信任又是实现整体性治理的一种关键性整合。在成员间组成相互合作和信任的积极的组织间关系是重要的。因此，整体性治理理论要求改变科层组织、私人组织、服务使用者和社会公众的文化，塑造相互信任的理念。同时，整体性治理理论认为，责任感包括诚实、效率和有效性三个方面。其中，诚实主要指公款使用必须遵守财政规章，不得损公肥私；效率是指在公共服务提供过程中输入和输出之间的关系，强调最小投入取得最大产出；有效性是指公务人员对行政行为是否实现公开执行标准或对结果承担责任。整体性治理理论进一步指出，在整体性治理责任感的三个方面中，有效性处于最高地位，诚实和效率必须服务于有效性，不能与有效性的目标相冲突。为确保整体性治理责任感的落实，需要从管理、法律和宪法三个层面加强制度建设：在管理层面，通过财务预算、收支控制、审计监督、绩效评估等确保责任感；在法律层面，通过司法审查、特别行政法庭、准司法管制等确保责任感；在宪法层面，通过界定民选官员对立法机构的责任及非正式的宪法规范等确保责任感。

（五）依赖信息技术的运用

整体性治理特别强调信息技术在当代公共行政变革中的重要作用，并特别指出整体、协同的决策方式及电子行政的广泛运作是数字时代治理的核心。英国学者希克斯也指出，政府应该充分运用信息技术手段进行政策协调，包括政策制定、政策执行、政策评估等。现代信息技术的快速发展有力地推动了政府的电子化改革，以及整体、协同的决策方式，打破了科层制下政府内部及政府与社会之间的藩篱，柔化了政府主体间和政府层级间的边界，简化了行政层级和业务流程，推动了政府组织结构由金字塔形向扁平化的转型，加强了治理主体间的协商和沟通，使治理环节更加紧密，治理流程更加通畅，在较大程度上解决了传统官僚制和新公共管理改革导致的碎片化问题，推进了公共治理向透明化、整合化方向发展。因此，信息技术为整体性治理的实现提供了有力支撑，只有充分依赖信息技术，整体性治理才能实现组织结构关系的整合，以及目标与手段的协调。实践中，整体性治理以信息技术为治理工具，在互动的信息提供与搜集基础上打造透明化、整合化的行政业务流程，实现信息的充分共享，使相关治理主体在应对复杂公共事务时能够具有战略视野并能够做出科学决策。

作为一种对复杂社会问题的现实回应，整体性治理理论契合了公共事务，尤其是跨界公共事务治理的现实需要，适应了公共需求和公共资源的多元化趋势。

七、公共环境治理理论

公共环境治理理论源自对“公地悲剧”问题的思考与解决之道的探究。“公地悲剧”最早由美国学者哈丁提出。美国加州大学教授哈丁

1968年在《科学》上发表了《公地悲剧》一文，揭示了当某种稀缺资源不具有排他性使用权时，在不受约束的情形下，每个个体追求自身获益最大化最终会导致公共资源环境被过度索取或利用，进而产生一系列资源环境问题，威胁全体社会成员的可持续生存发展。如一块公共草场，每一个使用者都从自身收益最大化出发安排生产，决定放牧数量，必将导致资源的过度使用，草场被毁。现在，"公地悲剧"早已成为诸多公共环境问题的代名词，一切公共环境问题和"公地悲剧"有着相同的产生机制和后果。国内学者陈惠雄将此类现象产生的机制归纳为"个体理性会导致集体无理性"，即在无节制的情形下，社会个体追逐自身利益最大化的行为，最终会导致社会整体利益受损。例如，如果没有约束，各个国家为了自身发展会进行更多的碳排放，即个体理性，最终全人类的碳排放总量就会打破碳排放与碳汇之间的平衡，全球大气层二氧化碳持续增加，全球气候持续变暖，威胁全人类可持续发展，即集体无理性。类似地，当自然水体纳污净污能力被作为非排他性公共环境被利用且不受节制时，每个排污者由于自己处理污水需要成本且向自然水体排污不需要付出代价，在自身利益驱动下就会趋向于无限度向自然水体排污，最终导致排污总量超过自然水体容纳和净化能力，水质开始恶化，产生水污染问题。"个体理性会导致集体无理性"在马克思对资本主义生产的分析中也早有论述。在资本主义自由竞争的市场环境下，市场可被视作一种有限且没有排他性的公共资源（由于资本家的剥削，这种资源处于萎缩状态），每个资本家在追逐自身利益最大化的驱动下会趋向于无限度扩大自己的生产，最终导致市场的过饱和，进而产生资本主义经济危机。

公地悲剧何以产生？早在2000多年前，古希腊学者亚里士多德就曾指出，凡是属于最多数人的公共事物，常常是最少受人照顾的事物。美国数学家阿尔伯特·图克在"囚徒困境"博弈模型中也曾指出，在仅有一次博弈的情况下，个体会不遗余力地追求自身利益最大化，但结果对集体来说并不能实现帕累托最优状态。美国著名经济学家曼瑟尔·奥尔森"集体行动逻辑"表明，个人理性不是实现集体理性的充分条件，理性的个人在达到集体目的时往往具有搭便车的倾向。事实上，公共资源环境的"公地悲剧"产生于资源环境本身的非排他性和相对有限性，但根本上源于社会个体成员对资源环境的过度欲求和索取及其对公共资源环境有限性和过度利用的无知。因此，公共资源环境问题可从资源环境产权制度建设和对个体环境行为的约束角度加以解决。将公共资源环境由某公共机构或政府统一管理和分配，明晰每个个体对公共资源环境的使用权或经营权即产权制度建设，使得公共资源环境具有一定的排他性，是当前国际社会解决资源环境问题的普遍做法。例如，我国通过对林权制度、水权制度、排污权制度的建设解决林地资源、水资源、水环境问题。在排污总量的约束下，将排污权或排污定额分配到各个排污者，当排污者不具有排污权或排污定额使用完后，在政府的监管下，排污者不能继续排污，或者只有通过排污权交易从其他有排污权余额的排污者处获得排污额才能继续排污，由此可将总排污量限定在自然环境可容纳和净化的范围内。

为解决"公地悲剧"问题，特别是在市场和政府手段失灵的情形下，美国学者奥斯特罗姆（1990）提出了多中心治理理论和自主治理理论，从理论上探讨了市场和政府之外自主治理公共资源的可能性，拓宽了制度分析的视野，对公共事务治理理论发展作出了巨大贡献。多中心治理理论认为，在治理公共事务和提供公共服务时，存在多个权力中心和组织体制，多中心体制广泛存在于市场、司法决策、宪政、政治选择与政治联盟组织等领域之中，其主张权力的多样化和分散化，反对权力的垄断和集中化。多中心治理是相对于单中心而言的一种社会秩序和治理结构，它颠覆了传统的一个部门完成一件事情的理念，而代之以多重权力治理公共事务。在多中心治理理论看来，这种看似紊乱和重复的治理体系，实际上是一种兼具竞争性、高效性和活力的结构。因为不同的权力决策中心有不同的权力行使职责和范围，如一类具有一般目的的权力，只向一个社群提供内容广泛的公共服务，而另一类则行使特殊目的的职权，可能提供如灌溉或道路系统的运营和维护这类服务。这就使得在许多复杂公共治理问题中，需要政府及其以外的组织团体发挥各自的作用，通过相互的合作、协商来加以解决，而简单的行政规划和命令显然无法实现这一效果。

我国学者提出了多中心公共环境治理模式（于满，2014）。该模式强调政府、营利组织、公益团体在公共环境治理领域中的相互约束与合作。其中，政府制定相应环境保护法律法规条文并负责组织实施，营利组织在严格遵守环保法律规章制度的前提下开展可营利的环境治理工作，环境公益团体负责环保宣传教育，提高公众、企业经营者的环境责任意识和采取环保行动的自觉性，并对其行为进行监督。美国政治经济学家埃莉诺·奥斯特罗姆进一步探讨了在政府与市场之外的自主治理公共池塘资源的可能性。根据她的观点，对公共资源环境的集权控制和完全私有化都无法完美解决公地悲剧问题：集权控制是建立在信息准确、监督能力强、制裁可靠有效，以及行政费用为零这些假定基础上的，事实却不是如此；私有产权对流动性资源（如水、海洋）不可能私有化，即使特定的权利被定量化分列出来并广为流行，资源系统仍然可能为公共所有而非个人所有；但通过众多资源占用者的共同努力，经过不断设计、修订、监督和维持所形成的多种制度安排，可有效解决这一问题。

奥斯特罗姆提出了自主治理制度所需的八项设计原则。一是清晰界定边界。有权从公共池塘资源中提取一定资源单位的个人或家庭也必须予以明确规定。二是规定占用规则。所占用的时间、地点、技术或资源的单位数量要与当地条件及所需劳动、物资和资金的供应规则保持一致。三是集体选择安排。绝大多数受操作规则影响的个人应该能够参与对操作规则的修改。四是实施监督检查。积极检查公共池塘资源状况和占用者行为的监督者，或是对占用者负责的人，或是占用者本人。五是进行分级制裁。违反操作规则的占用者很可能要受到其他占用者、有关官员或他们两者的分级制裁，制裁力度取决于违规的内容和严重性。六是冲突解决机制。占用者和他们的官员能迅速通过低成本的地方公共论坛来解决他们之间的冲突。七是组织权利限度。占用者设计自己制度的权利不受外部政府权威的挑战。八是多层分权组织。在一个多层次的分权制企业中，对占用、供应、监督、强制执行、冲突解决和治理活动加以组织。

第三节　流域水污染集成综合治理理论建构

流域水环境是重要的公共环境，流域水环境污染问题是典型的“公地悲剧”问题。流域涉及空间尺度大，流域中的水资源环境具有流动性，其开发利用具有排他性；流域水体水污染物的容纳与净化能力尽管可更新，但在特定时段具有有限性；流域中水污染物的排放者从自身利益出发多倾向于无限度地排放污染物，从而导致流域水体污染日趋严重。因此，流域水环境治理既需要遵循公共资源环境治理的一般规律，也需要遵循流域水资源环境治理的特殊规律。流域水污染治理是水污染治理在流域范围的具体落实，是将流域作为水污染治理的基本单元，基于系统和整体思维，运用现代公共治理理念对水环境进行的治理。以水系为纽带，流域中的生态系统、水文系统、社会经济系统是一个有机整体，水污染有流域整体性。这决定了水污染治理有必要基于流域这一基本的水文地域单元进行系统综合的治理。当前流域水污染综合治理已成为水污染治理的一个重要趋势。

一、综合集成水资源管理理论

（一）基本概念与原则

本研究借鉴和拓展全球水伙伴（Global Water Partnership，GWP）推荐的IWRM相关理念和理论探讨解决流域水污染综合治理问题。现代IWRM理念最早在1992年1月都柏林国际水与环境会议上提出：水资源管理中“集成”一词的内涵应该超出水管理机构间的协调、对地下水与地表水相互作用的认识或考虑了所有可能策略与影响的规划方法的传统观念，要将自然环境的承载力作为管理的逻辑起点，将水管理作为整个社会经济发展不可分割的部分，并强调水资源需求侧管理。这次会议还提出了IWRM的实施原则。一是淡水是一种有限而脆弱的资源，对于维持生命、发展和环境可持续必不可少，因而需要对水资源进行全面系统的管理。二是水的开发与管理应建立在共同参与的基础上，包括各级用水户、规划者和政策制定者；广泛的参与不仅可以提高决策者与公众的资源意识，而且有效参与还可为科学决策的制定与有效实施奠定坚实基础。三是妇女在水的供应、管理和保护方面起着中心作用，因此有必要探索不同的机制以增加妇女参与决策的途径和拓宽妇女参与水资源综合管理的范围。四是水在其各种竞争性用途中均具有经济价值，因此应被看成一种经济商品，根据经济学原理，这要求在明确水资源的产权关系的基础上，运用适当的经济手段促进人们保护、节约、高效利用水资源。2000年全球水伙伴提出了一个将土地资源及其他相关资源的开发与管理也纳入水资源管理框架内的IWRM定义：IWRM是指以公平的、不损害关键生态系统可持续性的方式，促进水、土等相关资源的协调开发与管理，使人类社会和经济福利最大化的过程。归纳来说，IWRM的基本特征包括以下几个方面。一是整体性。视流域/区域内水利用、水功能及生态系统等社会、经济、自然要素为一个统一整体，以流域为管理单元，重视流域水循环的完整性，促进水资源各种用途的组织、协调与分配，这是集成水资源管理区别于传统水资源管理的最基本特征。二是公平性。水资源是人类生存与生产发展所必需的物质条件，水管理要满足人们的基本用水需求，保障各层次、各领域的平等用水权。三是高效性。水资源具有有限性且开发新的水资源较为困难，因而必须使水资源被尽可能高效地利用，将水资源作为社会经济商品使水资源由低效流向高效，通过监管优化水资源在社会循环的各个环节的效率。四是可持续性。保证水资源的开发利用不削弱生态系统的支撑能力及后代人的水资源利益。五是协同性。通过广泛参与达成共同目标下不同利益相关者间的协调。

根据 IWRM 的定义与实施原则，与传统水资源模式不同，综合水资源管理重在强调“综合”，具体体现在以下几个方面。一是管理目标的综合，IWRM 强调环境可持续、社会公平、经济高效益等多个目标的达成。IWRM 首先要实现的是水资源的可持续利用，为此应保障正常的水循环，将水资源的开采量限定在水可更新量的范围。在各类用水中要优先满足生态用水，保障生态环境的可持续性。二是管理对象的综合，即要将水资源、土地资源等相关资源进行统筹管理。山、水、林、田、湖、草、沙是一个统一的整体，一损俱损，一荣俱荣，没有山与林就难以成云致雨并形成稳定径流，土地资源的利用直接影响着地表地下径流的量与质。因此将山、水、林、田、湖、草、沙统一管理才能为人类提供良好的水资源环境。三是管理内容的综合，不仅是对水资源量等相关资源的量的管理，也包括对质的管理，前者如水资源量的合理分配与高效益配置，后者包括源头减排和水体污染治理等。四是管理主体的综合，即要将政府部门、企业、公众都纳入管理主体的范畴，形成多元主体管理的格局。水资源开发利用与管理涉及多元利益主体，单一政府部门管理无法有效解决所有问题，需要充分发挥多方利益主体的作用，集思广益，节约管理成本。政府发挥政策法规制定、直接管制、税收财政等作用，企业发挥节水减排、清洁生产、污水治理的主体作用，社会公众发挥监督的作用，才能有效解决水资源环境问题。五是管理手段的综合，即不仅运用政府行政管制手段，还包括政策法规、市场经济、工程技术等多种手段的应用。行政管制手段和政策法规为水资源环境管理提供外在约束，市场经济手段可发挥内在激励作用，工程技术手段则提供具体治理工具。

（二）实施框架

IWRM 需要各国或地区对现有的水资源管理在法律政策、管理体制、管理手段方面进行积极变革或采取行动，为此 GWP 从实施环境、管理体制和管理手段三个方面提出了 IWRM 实施框架，并为各国改善现有水资源管理模式指出了较为具体的改革领域。

（1）实施环境。实施环境主要由国家、省区或地方政策与明确实施规则的法律法规构成，同时包括促进广泛参与的讨论平台或机制及其信息和能力建设，以及灵活、多样的资金支持机制。实施环境改革的关键主要包括：制定水资源政策，为水资源的利用保护设置目标；建立水资源开发利用与管理法律框架，为实现政策目标制定应当遵从的规则；建立资金支持机制，为满足水需求配置充足的资金资源，适当吸纳社会投资。需要注意的是，政策法律制度的制定需要公众与利益相关团体（非政府组织、社区组织及其他社会群体）的共同参与并建立决策监督机制，以保证政策、法规的协调一致性。通过实施环境的建设，可为 IWRM 实施提供基于共同愿景的制度保障与充足的资金支持。

（2）管理体制。管理体制为 IWRM 明确了实施主体及其管理规则，适宜的水资源管理体制是各层面 IWRM 政策法规实施的关键。IWRM 管理体制不仅是建立正式的管理机构体系，从系统的角度讲，还包括建立协调管理机构关系及机构自我约束的正式的规章制度。各管理机构间不恰当的责任划分、不充分的协调机制、管理权限的缺失或重叠、权利与责任搭配不当及缺乏实施能力，都将给 IWRM 的实施造成障碍。需要注意的是，建立机构间的协调机制不是简单的合并机构，责任分工依然必要，关键是如何建立起机构间的协作关系。发挥管理体制作用需要改革的领域主要包括：建立完善的、彼此协调的管理组织框架，即建立从国家到地方、从流域到社区、从政府到民间的社会水资源开发、管理机构，并建立相应的协同机制和规章制度；机构的能力建设，即开发人力资源，更新水资源决策者、管理者、所有部门专业技术人员的技能和理解力，提高组织工作效率。

（3）管理手段。管理手段是 IWRM 实现管理目标的具体操作性工具。IWRM 强调管理工具的多样性和综合集成性。其关键内容包括：水资源评价，以获得要解决的水资源问题的有用的基本信息，理解水资源问题的性质和范畴；信息系统与交流机制，为更好地管理水资源，可以提高政府人员、水管部门决策者、相关利益团体、公众的水资源问题意识，利于多方共同参与协商解决水资源问题；分水配水机制，可以弥补市场对水资源配置的不足，将水用于最高使用价值用途；冲突解决即争端管理，以确保水资源被竞争性用水户之间所共享；直接管制，制定具体取水、排污规则并强制实施；经济措施，即运用价值手段与价格杠杆实现水资源开发利用的高效率与公平；鼓励自治，减少对水服务机构的干预，节约管理成本；技术手段可以提高水资源利用效率，促进水资源可持续利用。上述各类工具相互影响、相互配合，对于解决区域水资源问题具有不可替代的作用。当然，这些工具应基于当地特定流域或地区可利用的资源环境与社会经济条件，以及人们的社会价值选择而灵活应用。

（三）改革框架

由于特定区域的社会、经济、环境状况是不断发展变化的，IWRM 需要响应这种变化以适应新的社会、经济、环境条件和人类需求，因而 IWRM 是一个不断学习、适应的过程。2005 年全球水伙伴提出了一个动态发展的 IWRM 框架，即 IWRM 动态管理改革框架，如图 2–2 所示。

其基本内涵是要求在明确对区域水资源问题、发展目标的认识及分析当前水资源管理与实现目标之间差距的基础上，制定区域 IWRM 管理战略和行动规划，然后在争取广泛支持（确定行动承诺）后实施行动，最后通过监测和评价进一步明确问题和确定目标。其基本特征是以问题和目标为导向，以改革为动力，以公众广泛参与和争取广泛支持为基础的循环往复、动态发展的过程。

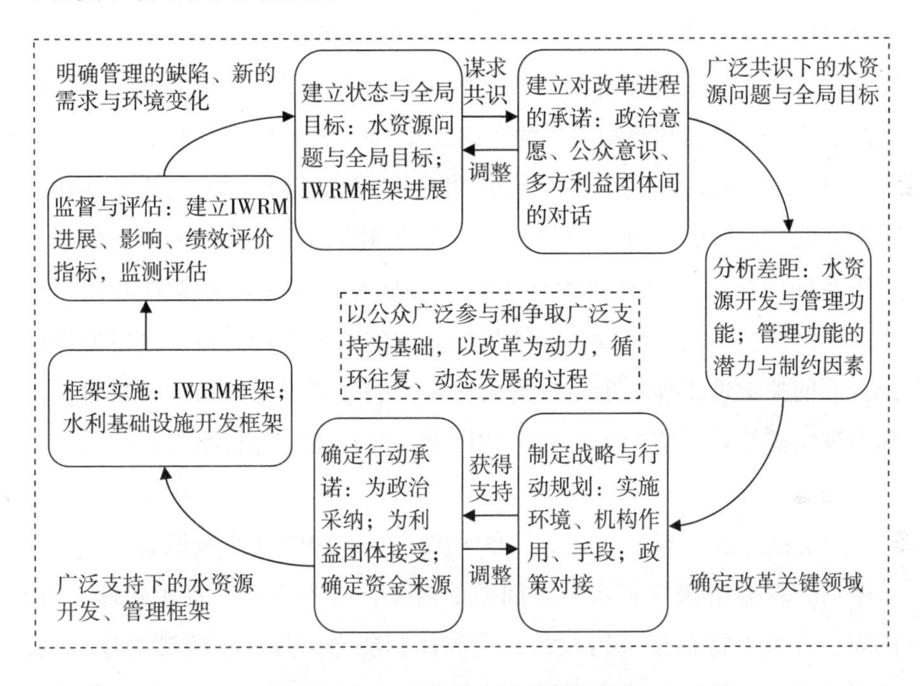

图 2-2　IWRM 动态管理改革框架

该框架的具体步骤如下。

（1）建立状态与全局目标。国际经验表明，大多改进水资源管理并走向更为集成和可持续的水资源管理方法的国家都是首先从解决与区域总体发展目标有关的急迫的水资源问题开始的。这种“基于问题”的方法有助于获得公众广泛的支持，并勾勒出走向解决水资源问题、实现总体目标的集成的水资源管理框架。简言之，IWRM 框架的制定和实施采用实用主义方法十分关键。

（2）建立改革进程的承诺。由于IWRM的推行和实施对现行做法构成了挑战，因而需要在决策者、管理者、实施者、其他利益相关者间达成对必要改革的广泛共识。努力达成共识必须从一开始就要融入整个过程，并在每个阶段得到检测和强化。政治意愿（问题与目标的确定得到上级政府的认同并纳入政治议事日程）是后续工作的先决条件；通过提高公众意识，推动各方利益团体间的对话，进而建立广泛的承诺。提高公众意识也必须置于各项行动的优先位置。步骤（1）（2）形成一个小反馈环，意味着当前需要解决的水资源问题及实现目标的优先选择需要得到政治认同、提高利益相关者的意识及开展积极对话。

（3）分析差距。改革需要从历史给定的初始条件出发。为使集成地解决问题、可持续管理和更好的决策变为现实，需要就解决当前急迫的水资源问题所需的水资源管理功能，以及当前IWRM框架在政策、法规、体制状况、能力建设、总体目标方面的差距进行分析。这需要做两个方面的关键性工作：确定实现目标所需的水资源开发与管理功能；明确实现所需管理功能的潜力与制约因素。分析差距为战略规划的制定明确了关键领域。

（4）制定战略与行动规划。在明确了当前IWRM水资源管理框架的差距后，根据解决急迫水资源问题的需要，对当前的水资源管理政策、法规、资金支持框架进行改革，提高体制能力，强化水资源管理手段，从而建立新的战略与行动规划，并与其他的国家政策进行对接。战略与行动规划为水资源管理与开发框架的实施拟定了路线。

（5）确定行动承诺。集成水资源管理规划通常意味着采取的行动超出了单一部门的职责范围，因而需要对现有政府机构实施改革，并建立部门间的协作关系。因此得到最高政治层面的采纳并被利益相关者充分接受，对于规划的实施将十分关键。步骤（4）与（5）形成另一个小的反馈环，表明战略特别是行动规划的制定需要经过广泛的政策咨询与利益相关者的参与。最终的行动计划需要得到最高政治层面的认可及主要利益相关者的参与并提供必要的资金支持。

（6）框架实施。IWRM 的实施可从 IWRM 框架的任何一个环节开始——实施环境的建设、管理体制的构架、具体管理工具的运用。同时 IWRM 也包括水利基础设施开发框架，如供水设施建设与管理，以改善区域福利。

（7）监督与评估。一个成功执行的计划，需要通过定义指标、建立标准、设置机制来进行监督和评估。通过监督与评估，可检查执行过程是否朝着设定的目标前进，评估短期和长期影响，根据影响评估确定行动是否真的对战略目标有贡献。同时为下一步 IWRM 目标的调整与手段的改进提供关键信息。通常监督与评估也需要利益相关者团体的参与，并反馈到决策与管理过程中。只有通过利益相关者的参与，使其信赖评估过程并深知评价结果，才便于更好地调配支持资源。对面临进行全面改革的水资源管理战略制定者和实施者来说，采用 IWRM 并不是要求抛弃现有的一切重新开始，而是对现有制度和规划过程进行改造或是在此基础上建设，以获得更为集成的方法。

二、流域集成水资源管理理论

客观上说，IWRM 需要将流域作为基本单元，实施流域层面的水资源管理（世界粮农组织，2000）。流域集成水资源管理（IRBM）是 IWRM 在流域尺度上的应用，是 IWRM 的子集，是 IWRM 在国家内或国际上跨界区域尺度上的实践。

（一）基本概念

IRBM 强调以流域为管理单元，运用跨行政区协调规划与决策的方法规划水资源管理，以确保人类生存与可持续发展在流域层面对水资源质与量的重要需求能够得到满足。IRBM 被定义为以一种集成与协调的方法规划管理流域内的自然资源，即鼓励利益相关者在流域背景中考虑一系列社会与环境方面的相互联系，它是一个人们可以由此发展某种愿景、对共享价值理念及行动达成一致、做出明确的决策及共同管理流域内自然资源的过程，通过考虑其对流域内所有资源及人群的影响，做出土地、水资源及其他环境资源利用的决策。IRBM 理念提供了生态学及以超越传统多目标规划的方法开发解决复杂自然资源管理问题的途径。IRBM 试图从生态学的视角处理经济发展与资源利用的问题，并辨识资源可持续利用的限度。这些限度可被定义为生态指标状况的恶化，如果继续恶化下去，生态或许将会发生不可逆的变化，因而不能自我维持。IRBM 也用来应对基本的人类需求问题，如保证人们能便捷地、可支付得起地、公平适度地利用。IRBM 中保持生态系统健康的目标并不是后来附加上去的，而是从集成的维度管理流域水资源。IRBM 考虑更大范围的问题，包括社会影响、不断变化的社会价值观及生态系统功能。IRBM 将全面地纳入以环境价值和人类利用为目标的水文区域管理中涉及的物理、生物及社会经济变量。IRBM 意味着将流域内各类利益相关者集合到一起以协调管理行动和资源利用。这些利益相关者包括政府机构、社区组织、工商及其他组织，以及有特定关系或利益关系的个体。尽管难以明确，但 IRBM 也涉及同样具有利益关系的公众。这种参与式的方式有利于制定更加全面、更能明确各种相互关系及更能包含多样化目标的策略。更重要的是，显然协调的方法能获得更大的支持与更多的承诺，提高了实施的可能性。

（二）实施框架

Mitchell 与 Hollick 明确了集成流域管理的五个建构模块。一是运用系统的方法，即关注流域内自然与人类系统及其内部组分，以及这些部分间的相互关系。二是运用战略的方法，即关注主要的而不是所有的问题与变量（通过咨询利益相关者），以及这些问题与变量间的联系。三是发挥利益相关者作用的方法，即公众及非政府团体应该参与到资源管理决策中，并得到认可的方法。四是用伙伴关系的方法，即通过达成目标共识、确定角色与职责，建立冲突解决机制，使州政府、地方政府、非政府组织及个体都能各负其责。五是运用均衡的方法，即对发展经济的考虑必须从生态保护系统角度进行权衡，并符合社会规范与价值。实施的条件包括问题的范围需要行业、政府机构、私人组织、学术组织间展开空前的合作。诉诸技术的手段保护生态环境及长期流域活力的基本成分日益增强的趋势必须强化。信息管理的复杂性及所需要的实验操作范围通常超越了单个机构的能力，必须扭转当前以牺牲数据驱动的决策为代价寻求概念性方法的趋势；必须纠正环境制度内外行动的不一致性。人类活动是影响生态系统活力的关键因素，因而要实现生物圈的长期可持续性发展，必须将人类活动因素融入对环境保护的考虑。

（三）基本特征

总体看，IRBM 具有以下基本特征：协调行动，而不是行动的合并；自下而上的管理补充自上而下的管理；战略性的规划而不是全面性的努力，行动应有目标和选择性，并优化行动安排；将目标进行集成而不是出于单一或多目标的原因规划资源的利用与保护；主动地而非被动地规划资源利用，在资源利用中，问题发生前或引起注意前，就去识别问题；运用成本有效而非指令性的资金管理机制；只要有可能，尽量运用伙伴关系与成本分担的方案；在协作的工作环境中与合伙人共事，而不是运用对抗的指示的管理；鼓励相关人员承担责任而不是通过命令－控制的方式；授予地方及区域决策权，而不是集权与指令；基于“解决问题”的方式进行管理而不是功能上的管理；建立灵活的组织，而不是刚性的、非灵活的结构；提供与 IRBM 有关的、合适的、可支付得起的信息；运用对文化需求与性别问题的敏感并给予这些问题考虑的公平的管理方法，且不因其位置远离其他水资源管理人员的决策过程而歧视集水区的管理者。

三、综合水污染治理与综合流域水污染治理

水污染治理是当前我国公共环境治理的重要内容。水污染治理体现在水资源管理中的水质管理方面，因此，上述IWRM及IRBM的理念、目标原则及实施框架不仅适用于水资源管理，而且适用于水环境治理。将IWRM与IRBM理念、目标原则及实施框架拓展应用于水环境治理与流域水污染治理的理论架构如下。

（一）关于综合水污染治理与综合流域水污染治理的内涵

根据IWRM的定义，综合水污染治理（Integrated Water Pollution Governance，IWPG）的概念可被界定为，将土地资源的开发利用纳入水污染治理过程，以公平的、不损害关键生态系统可持续性的方式，促进水、土等协调利用与相关污染治理，使人类水环境社会和经济福利最大化的过程。综合流域水污染治理（Integrated Basin Water Pollution Governance，IBWPG）是以流域为基本空间单元的综合水污染治理，即以流域为基本空间单元和治理整体，以公平的、不损害关键生态系统可持续性的方式，促进整个流域水、土等资源环境协调利用与相关污染治理，使流域居民社会和经济福利最大化的过程。IBWPG的基本特征如下。一是整体性。视流域/区域内社会、经济、自然要素为一个统一整体，以流域为管理单元，重视流域水循环的完整性，促进水环境治理的组织、协调，整体性是综合水污染治理区别于传统水环境治理的最基本特征。二是公平性。水环境是人类生存与生产发展的必需物质条件，水污染治理要满足人们的基本需求，保障各层次、各领域水环境权益。三是高效性。水环境容量具有限性，因而必须使水环境容量得到尽可能高效的利用，将水环境作为社会经济商品使水环境容量使用由低效流向高效。四是可持续性。水环境具有限性、脆弱性及必要性，因此必须保证水环境的利用不削弱生态系统的支撑能力和威胁后代人的水环境

利益。五是协同性。通过广泛参与达成共同目标下不同利益相关者间的协调。

（二）关于综合水污染治理与综合流域水污染治理的原则与目标

根据综合水资源管理要求，IWPG 的基本原则如下。一是可持续性原则。水体对污染物的容纳和净化能力有限而脆弱，且对于维持人类生计与发展及生态环境可持续必不可少，因而需要对水环境可持续治理，保证将水污染物排放限定在可容纳和净化范围之内并符合水功能水质标准要求。二是参与性原则。水污染治理涉及诸多利益群体，包括各类水污染物排放者、受害者、治理者及政策制定者等，广泛的参与不仅可以提高决策者与公众环境意识，而且有效参与还可为水污染治理的科学决策制定与有效实施奠定坚实基础。三是高效性原则。水环境容量即在不影响水的正常用途的情况下水体能容纳和净化并保持生态平衡的能力。水环境是一种重要且有限的资源，具有经济价值，这种价值源自水体对水污染物净化容纳相对于排污者自行处理产生的成本。因此，水环境容量可被视为一种经济商品，这要求在明确排污权或水环境容量产权关系的基础上，对水环境容量高效率地使用，并激励污染物减排和治理。

综合水污染治理的目标即通过水污染治理要达到的最终效果。根据 IWRM 的目标，综合水污染治理的目标包括以下三个既相互联系又相互独立的方面。一是环境可持续目标。通过水污染治理保证自然水体水质的良好状态和持续改善。其最低目标是将人类水污染物的排放限定在自然水体可容纳和净化的能力范围内，以维持水体生态功能。其一般目标是通过水污染治理维持各类功能水体各项功能的可持续，如自然保护区及源头水要达到并维持Ⅰ类水质标准，生活饮用水水源水体应达到并维持Ⅱ类水质标准等。其最理想的目标是实现人类对自然水体污染物的零排放，保持自然水体的零污染。二是社会公平性目标。水污染治理即自然水体水质管理涉及社会公众的健康及水环境权益的公平性。综合水污染治理需要考虑社会性目标，即通过水污染治理减少水污染对公众健康的影响，维持水环境权益的社会公平，减少相关社会纠纷以维持社会稳定。达成此目标要考察水污染治理是否减少了社会公众水污染相关疾病发生的概率，是否减少了水污染造成的水质纠纷发生的概率。三是经济效益目标。水污染治理具有经济效益，主要体现为通过水污染治理产生的相关经济成本的降低（单位排污量经济效益的增加）或单位综合经济产出排污量的降低。此外，水污染治理的经济效益还体现为单位治理投资减排量的增加或单位减排量所需投资的减少。水污染治理也具有间接的经济效益，如特定区域或流域水质变好或良好水质的维持通过发展水产养殖业、观光旅游业或改善投资环境带来的相关经济收益。

（三）关于综合水污染治理与综合流域水污染治理的实施框架

水污染治理的本质是自然水体水质管理，具体涉及工农业清洁生产、废污水的收集处理、自然水体污染净化等多方面多环节的治理措施。但从公共环境治理的角度来看，依据 IWRM 理念与实施框架，综合水污染治理的实施框架如下。

（1）实施环境。实施环境主要包括污水污染治理的国家、省区、流域政策与法律法规，促进广泛参与的讨论平台或机制及其信息和能力建设，以及一个灵活、多样的资金支持机制。实施环境改革的关键主要包括：制定水环境治理政策，为水污染治理设置政策目标；建立水污染治理的法律框架，为实现政策目标应当遵从的强制性规则；建立资金支持机制，为水污染治理提供充足的资金支持，包括政府财政投资与社会投资。需要注意的是，政策法律制度的制定需要公众与利益相关团体（非政府组织、社区组织及其他社会群体）的共同参与并建立决策监督机制，以保证政策、法规的协调一致性。

（2）治理体制。综合水污染治理体制即水污染治理实施主体及其运行与权责制度规范。综合水污染治理体制不仅包括建立正式的治理机构体系，还包括建立协调管理机构关系及机构自我约束的正式的规章制度。各管理机构间不恰当的责任划分、不充分的协调机制、管理权限的缺失或重叠、权利与责任搭配不当及缺乏实施能力，都会给综合水污染治理实施造成障碍。需要注意的是，建立机构间的协调机制不是简单的合并机构，责任分工依然必要，关键是如何建立起机构间的协作关系。综合水污染治理体制主要包括建立完善的、彼此协调的治理组织框架，即建立从国家到地方、从流域到社区、从政府到民间的水污染治理组织，以及相应的治理协同机制和规章制度；机构的能力建设，即开发人力资源，更新水污染治理决策者、执行者和所有部门专业技术人员的技能和理解力，提高组织工作效率；鼓励自治，通过鼓励建立排污行业协会，进行自我排污行为管控，可以降低政府对水环境治理的成本。

（3）治理手段。管理手段是实现水污染治理目标的具体操作性工具。综合水污染治理强调治理工具的多样性和综合集成性。其关键内容包括以下几个方面。一是水污染评价，以获得要解决的水污染问题的有用基本信息，明确水环境问题的性质和范畴；二是建立信息系统与交流机制，以更好地获取改善水污染的知识，提高政府人员、部门决策者、相关利益团体、公众的水污染问题意识，有利于多方共同参与协商解决水污染问题；三是排污权分配，实施排污总量控制、定额管理、动态调整机制，根据区域或流域水环境容量确定和控制排污总量，在排污总量限定内确定各排污单位的排污定额，优先将排污权配置于经济效益高的产业，倒逼企业清洁生产、控污减排，提高单位水环境容量的产出和经济价值，并根据区域或流域环境治理目标的提升和经济发展的要求动态调整排污总量和优化定额分配；四是协商仲裁，为保证诸多水污染主体公平享有优质水环境，需要有效解决水污染纠纷，如流域上下污染纠纷，为此需要建立可供相关利益方协商解决的平台和仲裁机构；五是直接管制，即由水环境治理部门制定具体排污规则并强制实施和全过程的监督管理，实施相关奖罚；六是经济激励，即运用价值手段与价格杠杆实现水污染治理的效率与公平，包括排污收费、排污权交易、污染补偿、清洁生产补贴；七是工程技术手段，如清洁生产技术的采用、污水处理工程设施的建设、水体污染消除技术的投入等，可以实现从源头减排和提高单位排污量的经济效益等。上述各类工具相互影响、相互配合，对于解决水污染治理问题具有不可替代的作用。当然，值得注意的是，这些工具应基于当地特定流域或地区可利用的环境与社会经济条件，以及人们的社会价值选择而灵活应用。

本章小结

本章作为本研究的基础，对流域水污染治理的相关概念进行界定，对流域水污染治理的相关理论进行了系统梳理和阐述，最后基于集成思想流域建构了支撑本研究的流域综合水污染治理的理论框架。本研究认为，流域是众多自然与人文地理环境要素的空间载体，其中，水系是构成流域最基本的地理要素，以水系为纽带，各环境要素密切联系，形成了一个相对独立完整的地域综合体。由于流域的整体性和系统性，流域水污染治理应该以流域为基本单元，采用系统化治理措施。水污染治理至少包含以下三个方面的内涵：从源头减少废水和污染物排放量；采取多种措施对排放的污水及被污染水体进行综合治理；加强对水污染从源头减排到末端处理整个过程的管理，以管促治。在集成视角下，流域水污染治理是以流域为基本空间单元的综合水污染治理，即以流域为基本空间单元和治理整体，以公平的、不损害关键生态系统可持续性的方式，促进整个流域水、土等资源环境协调利用与相关污染治理，使流域居民社会和经济福利最大化的过程。

第三章　我国流域水污染治理绩效评价

水污染治理绩效评价是水环境治理的重要环节，通过绩效评价可检验相关政策措施的成效，发现治理中的缺陷或不足，为改进和完善相关政策措施，提高污水治理水平提供基础信息和重要依据。

第一节　流域水污染治理绩效评价相关概念与理论

水污染治理绩效评价即污水治理成效评价，是对水污染治理实现治理目标程度的定性或定量判别。流域水污染治理绩效评价是对流域水污染治理措施实现治理目标程度的定性或定量判别。评价污水治理绩效的根本目的在于度量政府所制定的污水治理政策及其他利益相关者，如企业和社会为了治理污水所做的努力是否达到了预期的污水治理效果。

狭义的污水治理绩效是评价污水治理政策目标是否实现，更多地考虑的是治理的投入产出回报率的问题；广义的污水治理绩效更多地考虑治理带来的近期和长期的影响（田园宏等，2017）。早期的水污染治理评价对象聚焦在单个水厂，较多借助环境科学的研究方法，将水质作为评价内容。公共管理学科的学者进入这一研究领域，并将其研究对象扩大到宏观的城市、区域以及国家层面，评价内容涉及生态、经济、社会多方面效益。本研究就是从公共管理学科的角度，从较为宏观的流域层面对水污染治理绩效的研究。

水污染治理绩效评价从内容上看，可包含过程评价和结果评价两个方面。其中，过程评价侧重评价水污染治理过程中各类人力、物力、财力的投入量，以及形成的相关组织机构、工程技术、设备设施的成果；结果评价是对水污染治理最终结果即达成的生态、社会、经济效益的评价，如水体水质的改善、水质纠纷的减少带来污染损失的减少或产值增加等。水污染治理过程评价结果尽管不能作为水污染治理的最终成效，但对于完善治理措施有直接的指导意义，结果评价结果直接反映水污染治理的最终成效，间接反映了水污染治理过程措施的优劣。结果评价是当前水污染治理绩效评价的重点。

第二节　流域水污染治理绩效评价指标体系的构建

流域集成水污染治理绩效评价指标体系是综合全面衡量水污染治理对特定流域有关社会、经济与环境发展目标影响的一系列特征量，也是对流域水污染治理绩效进行全面系统评价的基础。流域水污染治理评价指标体系选取的依据和原则如下。

一、指标体系选取的依据

（一）可持续发展理念

如前所述，现代流域水环境治理旨在推动可持续发展，是人类可持续发展战略的重要组成部分。因而流域水环境治理及其绩效评价指标的选取应该符合可持续发展理念。

（二）流域复合系统思想

流域内的人类社会系统、经济系统、水文系统、生态环境系统是一个相互制约、相互影响的统一整体。流域水污染治理的关键在于协调好这一复合系统中各组分及其内部各因素间的复杂关系，使社会、经济、环境良性协调发展。因而流域水环境治理绩效评价指标的选取必须全面反映各子系统发展及其相互关系状态。

（三）流域水环境治理目标

流域水环境治理有三个相对独立的目标：一是环境（含河道内、外水环境）可持续性，保证生态环境用水水质需求，维持河道内外生态环境的可持续性；二是社会公正性，保证社会各群体用水公平、用水安全；三是经济上高效，通过对污水排放行为的管理，提高水体环境容量效率和效益，使人类社会、经济福利最大化。本研究就是依据 IWRM 的这三个目标，主要选取反映这三个方面的特征的量作为衡量研究区域 IWRM 绩效的指标。

（四）流域地理环境特征

水污染治理可发生在不同的空间尺度或区域类型。不同区域类型的基本特征、具体的发展目标及面临的水污染问题不尽相同，因而水污染治理的关注焦点和目标取向也就有所差异，绩效评价涉及的主要内容也可能存在差异。本研究对流域水污染治理绩效评价指标的选取将充分考虑流域的自然人文特征及水污染特征。

二、指标体系选取的原则

本研究对流域水污染治理绩效评价指标体系的构建将遵循指标体系建构的一般原则。

（一）目的性原则

每个单项绩效指标体系的确定都应考虑该项指标在整个绩效评价指标体系中的地位和作用，明确它所反映的是评价对象哪方面的特征和性质，并由此确定该指标的名称、含义和口径范围。

（二）科学性原则

评价指标的选取必须在理论上有一定的科学依据。流域水污染治理绩效评价指标体系构建的理论依据是可持续发展、水资源复合系统理论及 IWRM 多目标要求，即要全面系统地体现 IWRM 多目标要求与可持续发展理念，综合反映流域集成水环境治理的绩效。

（三）可比性原则

指标应尽量选用那些惯用的和固定的统计指标，指标计算口径统一。这样一方面便于收集有关数据，另一方面更便于流域本身纵向或与其他流域横向比较。

（四）可操作性原则

指标选取应考虑到该地区数据资料的来源，如统计年鉴、水资源公报等。应尽量选取目前统计制度中包含的或经过计算等简单手段可获得的指标数据。对于那些评价中必需的但在已有的统计资料中没有的数据，可用相近指标替代或通过问卷调查或访谈获得。

三、指标体系的建构

根据 IWRM 的目标原则，污水治理目标要求有，一是将污水排放严格限制在自然水体能够容纳净化的范围之内，不至于对水生态环境及依赖的水生态环境造成损害；二是保证污水排放不影响下游及周围居民生活、生产用水对水质的要求；三是将有限的水体净化服务功能配置于经济效益高的生产部门，并尽力提高治污投资效率与效益。上述三个方面的要求既相互独立又相互联系，分别体现了污水治理的环境、社会、经济三个方面的目标。水污染治理绩效应综合反映上述三种效益。

根据上述水污染治理三个方面的目标要求可构建当前流域水污染治理绩效评价指标体系，如表 3–1 所示。评价维度包含环境绩效、社会绩效、经济绩效三个维度，9 个指标。

需要说明的是，现有学者提出污水治理绩效评价指标体系的指标繁多而不便操作，且结果性指标与过程性指标因混同而相互独立性不强。其实，从最终促进区域可持续发展与增进居民社会、经济与环境福利角度来看，污水治理绩效过程性指标终将通过结果性指标体现出来。比如，"功能区水质达标率"比"污径比"更能体现污水治理的最终环境绩效，控制污径比最终是为了提高水质达标率，即降低排污对水生态的影响。因此，本研究仅选取少数最能体现污水治理各方面最终结果的 9 个指标构建流域水污染治理绩效评价指标体系，这样可使指标体系简洁明了，也便于政府实际考评部门操作应用。

表 3–1　当前流域水污染治理绩效评价指标体系

评价维度	评价指标	指标解释与核算方法	单位
环境绩效	功能区水质达标率 I1	当前流域内达标的水功能区河长 / 总的水体功能区河长 ×100%，反映流域水环境水质达标率	%
	水体水质优良率 I2	当前流域内 I – Ⅲ类水河长 / 流域总河长 ×100%，反映流域水环境水质整体优良率	%
	劣质水削减率 I3	近 10 年流域劣质水体（Ⅳ – 劣Ⅴ类）平均削减率，反映流域水污染治理的动态环境成效	%

续 表

评价维度	评价指标	指标解释与核算方法	单位
社会绩效	水污染事件发生率 I4	流域平均每万人发生的水污染事件的件数，是反映流域水污染治理社会绩效的逆向指标	件 / 万人
	水污染事故发生率 I5	流域平均每万人发生的水污染事故的件数，是反映流域水污染治理社会绩效的逆向指标	件 / 万人
	水污染事件削减率 I6	近 5 年流域万人发生的水污染事件的平均减少比率，是反映流域水污染治理社会绩效的正向指标	%
经济绩效	单位排污量产值 I7	流域 GDP/ 排污总量，或是万元产值排污量的倒数，体现源头治理或水环境容量配置经济效率绩效	万元
	水污染损失削减率 I8	流域近 5 年水污染造成的经济损失平均递减率，是反映水污染治理挽回经济损失的经济绩效	%
	单位投资污水处理量 I9	流域污水达标处理总量 / 流域污水治理投资总额，反映污水治理工作投资效率的绩效	吨 / 万元

第三节 流域水污染治理绩效评价的方法与思路

本研究采用单项指标评价与加权综合指数评价相结合的方式，对我国流域水污染治理绩效展开评价。首先，基于调查对各项评价指标赋值，并根据相应的标准对特定流域水污染治理绩效进行定量评价。其次，基于对各项指标的赋权，采用加权综合法得出各流域各维度绩效评价指数及总体水污染治理绩效评价指数，根据评价指数和评价标准对流域水污染治理环境、社会、经济绩效及总体绩效进行定量评价。

一、指标权重的确定

流域水污染绩效评价是一个多目标 / 准则综合评价问题。在评价过程中不仅要多角度考虑水污染治理绩效，而且要考虑这些方面相对于流域总体发展目标的相对重要程度。这类问题多半是半定性问题，单凭评价者的经验知识确定难免过于主观，而只靠建立数学模型进行定量分析又难以将定性问题进行完全定量化。层次分析法（Analytic Hierarchy Process，AHP）融合了有关专家的经验，是能将评价者的定性分析转化为定量分析的一种分析方法，是解决这类问题行之有效的方法，该方法已经在政治、社会、经济和环境等各个领域的评价决策方面得到了非常广泛的应用。为确定污水治理绩效评价指标权重，本研究采用 AHP，并基于 30 位专家的评判意见，最终确定政府污水治理绩效评价指标的权重。AHP 的基本原理与操作过程如下。

AHP 最早由美国运筹学家 Saaty 教授于 20 世纪 70 年代提出，它能够将专家对各要素定性比较的结果进行定量分析，从数学分析的角度给出各要素的排序权重。由此可见，AHP 是一种定性定量分析相结合的方法，它既保证了专家经验知识的充分利用，又保证了推理过程的正确性和科学性。其基本原理如下：首先将复杂系统简化为有序递阶层次结构；其次以某因素为准则对其支配下的各因素进行两两比较建立判断矩阵；再通过计算判断该矩阵的最大特征根及对应的特征向量，得到该层因素相对于准则的权重；最后依次由下而上合成得到最低层因素相对于最高层（总目标）的相对重要性权重。

同层次因素相对上一层次特定因素的重要性并不一定相同。AHP 通过构造矩阵来确定各层次中各因素的权重，即决策者对每一层次中各因素对于上一层次控制因素的相对重要性进行两两对比判断，并通过合适的数值标度这些判断，这就是构造判断矩阵。准则层相对于目标层的相对重要性判断矩阵形式如表 3-2 所示。其中，b_{ij} 表示相对于目标 G 来讲，C_i 对 C_j 的重要性之比。为了使决策判断量化，形成数值判断矩阵，需要引入合适的标度。一般采用 Saaty 教授提出的 1–9 标度法，如表 3–3 所示。

表 3–2　判断矩阵形式

以G为准则	C_1	C_2	…	C_i
C_1	b_{11}	b_{12}	…	b_{1i}
C_2	b_{21}	b_{22}	…	b_{2i}
⋮	⋮	⋮	…	⋮
C_i	b_{i1}	b_{i2}	…	b_{ji}

表 3–3　1–9 标度法

标　度	含　义
1	表示两个因素相比，具有同样的重要性
3	表示两个因素相比，一个因素比另一个因素稍微重要
5	表示两个因素相比，一个因素比另一个因素明显重要
7	表示两个因素相比，一个因素比另一个因素强烈重要
9	表示两个因素相比，一个因素比另一个因素极端重要
2，4，6，8	表示上述两相邻判断的中间值情况
倒数	因素 i 与 j 的重要性之比为 b_{ij}，那么因素 j 与 i 重要性之比为 $b_{ji}=1/b_{ij}$

对判断矩阵求其特征向量可得同一层次因素相对于其上一层次某因素的相对重要性权重。其基本原理是，假设将单位质量为 1 的物体随机分成 n 小块，每块质量分别为 w_1，w_2，…，w_n。对其质量分别两两对比得到判断矩阵 $\boldsymbol{A}$。

$$\boldsymbol{A}=\begin{bmatrix} \frac{w_1}{w_1} & \frac{w_1}{w_2} & \cdots & \frac{w_1}{w_n} \\ \frac{w_2}{w_1} & \frac{w_2}{w_2} & \cdots & \frac{w_2}{w_n} \\ \vdots & \vdots & & \vdots \\ \frac{w_n}{w_1} & \frac{w_n}{w_2} & \cdots & \frac{w_n}{w_n} \end{bmatrix} \quad (3-1)$$

显然矩阵满足条件：$b_{ij}>0$、$b_{ii}=1$、$b_{ji}=1/b_{ij}$、$b_{ij}=b_{ik}*b_{kj}$，其中 i、j、$k=1$，2，…，n。用质量向量 $\boldsymbol{W}=(w_1, w_2, \cdots w_n)^{\mathrm{T}}$ 右乘矩阵 $\boldsymbol{A}$，即可得到

$$\boldsymbol{AW}=\begin{bmatrix} \frac{w_1}{w_1} & \frac{w_1}{w_2} & \cdots & \frac{w_1}{w_n} \\ \frac{w_2}{w_1} & \frac{w_2}{w_2} & \cdots & \frac{w_2}{w_n} \\ \vdots & \vdots & & \vdots \\ \frac{w_n}{w_1} & \frac{w_n}{w_2} & \cdots & \frac{w_n}{w_n} \end{bmatrix}\begin{bmatrix} w_1 \\ w_2 \\ \vdots \\ w_n \end{bmatrix}=\begin{bmatrix} nw_1 \\ nw_2 \\ \vdots \\ nw_n \end{bmatrix}=n\boldsymbol{W} \quad (3-2)$$

由式 3–2 可知，以 n 小块物体质量为分量的向量 $\boldsymbol{W}$ 是判断矩阵 $\boldsymbol{A}$ 对应于 n 的特征向量。据有关矩阵理论可知，n 是矩阵 $\boldsymbol{A}$ 唯一非零且最大的特征根，而 $\boldsymbol{W}$ 为其对应的特征向量。显然，特征向量 $\boldsymbol{W}$ 即相对于物体总重的 n 块物体相对质量的排序，故层次排序问题可以归结为计算判断矩阵的最大特征根及其对应的特征向量问题。

在得到同层次上各因素相对于上层次某因素权重的排序向量后，还需要将低层次各因素，尤其是各方案相对于总目标权重进行排序，即总排序。其计算公式为

$$b_i=\sum_{j=1}^{n} b_{ij} a_j \quad (3-3)$$

式中，a_j 表示目标 G 控制下的准则层 C 中准则 C_j 相对于目标 G 的单层

次排序权重；b_{ij} 表示准则层中准则 C_j 控制下的子准则层中子准则 I_i 或方案层中方案 A_i 相对于准则 C_j 单层次排序权重（若 I_i / A_i 与 C_j 无关，则 b_{ij} =0）；b_i 表示子准则 I_i 或方案 A_i 相对于总目标 G 的排序权重。

在构造判断矩阵过程中，由于客观事物的复杂性及决策者主观判断的模糊性，决策者一般不能精确地判断同层次两种因素相对重要性的比值，判断结果也不能满足一致性条件：$a_{ij}=a_{ik}*a_{kj}$。当判断矩阵过于偏离一致性时，其可靠性会受到怀疑，因此为了保证得到的结论基本合理，必须对判断矩阵进行一致性检验，即层次单排序一致性检验。此外，虽然经过了一定精度下的层次单排序一致性检验，但在层次总排序时，各层次的非一致性会累加起来，最终分析结果可能会有较严重的非一致性，因而还需要进行层次总排序一致性检验。层次单排序一致性检验与层次总排序一致性检验方法分别如下。

根据有关矩阵定理，当 n 阶正互反矩阵 $\boldsymbol{A}$ 为一致性矩阵（$\boldsymbol{A}$ 中元素满足 $a_{ij}a_{jk}=a_{ik}$，其中 $i,j,k=1,2,\cdots,n$）时，$\boldsymbol{A}$ 的最大特征根 $\lambda_{\max}=n$，当矩阵 $\boldsymbol{A}$ 为非一致性矩阵时，必有 $\lambda_{\max}>n$，$\lambda_{\max}$ 比 n 大得越多，$\boldsymbol{A}$ 的非一致性程度也就越严重。由此，通常可通过计算随机一致性比率 CR=CI/RI 对判断矩阵进行一致性检验。其中，CI 为一致性指标，CI= $\frac{\lambda_{\max}-n}{n-1}$；RI 为平均随机一致性指标，RI= $\frac{\lambda'_{\max}-n}{n-1}$。RI 通过随机地从数字 1 ～ 9 及其倒数中抽取数字并用随机方法构造 500 个正互反 n 阶样本矩阵，求其最大特征根的平均值 $\lambda'_{\max}$。Saaty 教授给出了不同阶数下的 RI 值，如表 3–4 所示。当 CR ＜ 0.10 时，表示判断矩阵的一致性是可以接受的，否则应对判断矩阵做适当修正甚至需要重新判断。

表 3–4　不同阶数下的 RI 值

n	1	2	3	4	5	6	7	8	9
RI	0	0	0.58	0.90	1.12	1.24	1.32	1.41	1.45

设 I 层次某些因素相对于其上一层次某因素 C_j（j=1,2,⋯,m）的一致性指标为 C_i，相应地，平均随机一致性指标 RI_j（C_i、RI_j 在相应的层次单排序一致性检验时已经求得），那么 I 层随机一致性比率计算公式为

$$CR = \frac{\sum_{j=1}^{m} a_j CI_j}{\sum_{j=1}^{m} a_j RI_j} \tag{3-4}$$

式中，a 为 C_j 相对于目标层的排序权重。同样，当 $CR < 0.10$ 时，层次总排序具有满意的一致性，否则应对判断矩阵做适当修正甚至需要重新判断。

AHP 确定要素权重所需信息主要依据的是专家 / 决策者对问题的认识程度。由于专家个人经验、价值观及知识结构等方面的个体差异，致使个人对问题的判断往往带有一定的个人偏好，具有一定的片面性。为使最终的评价结果更能反映多数人的意见，增强评价的公平性与合理性，本研究以问卷调查为基础，采用多位专家评价，即群组评价的方式。

调查问卷共包括四部分：评价专家的基本信息；问卷填写说明；流域水污染集成治理绩效指标权重确定；所需问卷调查表。采用专家群组评价法确定指标权重需要对这些专家的评判结果进行综合。综合的方法有多种，每种方法各有利弊，本研究采用加权对数平均综合排序法。其基本思路是，设有 M 位专家，根据每位专家的重要性给每位专家赋予不同权重（本研究取等权重），得专家权重向量 $\boldsymbol{\lambda} = \left(\lambda_1, \lambda_2, \cdots, \lambda_M\right)^T$，且 $\lambda_1 + \lambda_2 + \cdots + \lambda_M = 1$；然后对各专家判断矩阵中各元素进行综合，得到综合判断矩阵；最后计算各因素排序向量。公式如下。

$$\lg a_{ij} = \left(\lambda_1 \lg a_{ij1} + \lambda_2 \lg a_{ij2} + \cdots + \lambda_k \lg a_{ijk} + \cdots + \lambda_M \lg a_{ijM}\right) \tag{3-5}$$

式中，a_{ijk}（k=1,2,⋯,M）为第 k 位专家判断矩阵中的元素值；a_{ij} 为综合处理后判断矩阵中的元素值。依据上述 AHP 原理、方法，在对多位专家的判断矩阵综合处理的基础上，通过求各综合判断矩阵的特征根及其

对应的特征向量并经过层次单排序和层次总排序一致性检验后，得到准则层与指标层各要素的比较结果和排序权重（本部分采用 Excel、Expert Choice 11.5 软件进行数据处理）。

二、评价方法模型

在计算各项评价指标权重的基础上，采用综合加权指数法计算研究区污水治理综合绩效值，其计算公式如下所示。

$$I = \sum_{i=1}^{m} w_i I_i \tag{3-6}$$

式中，I、I_i、w_i 分别表示研究区污水治理综合绩效指数和第 i 项指标绩效评分及其权重。

第四节　我国流域水污染治理绩效评价结果与解释

一、评价指标选择与数据收集

本研究重点对流域水污染治理环境绩效进行评价是因为，首先，环境绩效数据易获取；其次，当前我国流域水污染治理的目的重在改善我国流域水环境质量；最后，其他两类绩效均受环境绩效影响，随着排污量减少，水质提升，水污染纠纷事件和单位产值需排放污水量也会下降。在研究中，通过分析研究期内我国七大流域与三大片区河流各类水质占比及其变化，评价研究期为近 20 年我国流域水污染治理绩效。最终采取环境绩效核心的指标即水质优良率（Ⅰ－Ⅲ类水占比）作为代表性指标对我国流域水污染治理绩效进行定量评价。为能更真实地反映各流域近 20 年水污染治理环境绩效，本研究选取各流域研究期内水质优良率的多年平均值、年均增长率、年增长率变异标准差为评价指标，并采用综合加权法核算各流域近 20 年水污染治理综合绩效值，并加以比较。其原因如下：Ⅳ－Ⅴ类水与劣Ⅴ类水的治理成效最终会反映到流域水质优良率（Ⅰ－Ⅲ类水占比）的提高上，因此以水质优良率而非Ⅳ－Ⅴ类水与劣Ⅴ类水占比作为水污染治理绩效比较合适；评价研究期某一年的水质优良率因其受随机因素等的影响并不能代表全部评价研究期的水污染治理水平，因而选用水质优良率的多年平均值作为重要评价指标；因为水质优良率的绝对值可能受流域径流量、经济水平等非治理因素影响而一直处于高水平，所以采用评价期水质优良率的年均增长率（也可反映增幅）来平衡这类因素的影响；绩效提升过程中的稳定性也是反映水污染治理及其绩效水平的重要指标，因而采用了水质优良率的年增长率变异标准差来反映这一特征，作为绩效的重要衡量指标。

本研究中，我国七大流域与三大片区河流域水污染治理水质优良率数据均来自中国生态环境状况公报（2002—2022 年），数据来自对覆盖七大流域与和浙闽片河流、西北诸河、西南诸河流域第 700 个国控断面的水质监测。本研究将流域监测水质分为 5 类，其中，Ⅰ、Ⅱ类水质可用于集中式生活饮用水地表水源地一级保护区、珍稀水生生物栖息地、鱼虾类产卵场、仔稚幼鱼的索饵场等；Ⅲ类水质可用于集中式生活饮用水地表水源地二级保护区、鱼虾类越冬场、洄游通道、水产养殖区等渔业水域、游泳区；Ⅳ类水质可用于一般工业用水区和人体非直接接触的娱乐用水区；Ⅴ类水质可用于农业用水区及一般景观要求水域；劣Ⅴ类水质除调节局部气候外，几乎无使用功能。其中Ⅰ－Ⅲ类水质为优良水质，Ⅳ－Ⅴ类水质与劣Ⅴ类水为劣质水。各类水质比率以当年监测到的各类水质国控断面占总国控断面的比例计算。2002—2022 年我国流域各类水质占比如表 3–5 所示。

表 3-5　2002—2022 年长江、黄河、珠江、松花江、淮河流域流域各类水质占比

年份	长江水质情况 /%				黄河水质情况 /%				珠江水质情况 /%				松花江水质情况 /%				淮河水质情况 /%			
	Ⅰ-Ⅲ	Ⅳ-Ⅴ	劣Ⅴ	综合	Ⅰ-Ⅲ	Ⅳ-Ⅴ	劣Ⅴ	综合	Ⅰ-Ⅲ	Ⅳ-Ⅴ	劣Ⅴ	综合	Ⅰ-Ⅲ	Ⅳ-Ⅴ	劣Ⅴ	综合	Ⅰ-Ⅲ	Ⅳ-Ⅴ	劣Ⅴ	综合
2002	51.5	23.5	25.0	中污	22.7	27.6	49.7	重污	73.5	18.3	8.2	轻污	27.8	57.4	14.8	轻污	16.1	39.8	44.1	重污
2003	71.8	17.5	10.7	轻污	22.7	38.6	38.7	中污	81.8	12.1	6.1	良	7.7	74.4	17.9	轻污	18.6	41.9	39.5	中污
2004	72.1	18.3	9.6	轻污	36.4	34.1	29.5	中污	78.8	15.1	6.1	良	21.9	53.7	24.4	中污	19.8	47.6	32.6	中污
2005	76.0	13.0	11.0	良	34.0	41.0	25.0	中污	76.0	18.0	6.0	良	24.0	57.0	19.0	轻污	17.0	51.0	32.0	中污
2006	76.0	17.0	7.0	良	50.0	25.0	25.0	中污	82.0	15.0	3.0	良	24.0	55.0	21.0	中污	26.0	44.0	30.0	中污
2007	81.5	11.7	6.8	良	63.7	13.6	22.7	中污	81.8	15.2	3.0	良	23.8	57.2	19.0	轻污	25.6	48.8	25.6	中污
2008	85.6	8.6	5.8	良	68.2	11.3	20.5	中污	84.9	12.1	3.0	良	33.3	52.4	14.3	轻污	38.4	39.5	22.1	中污
2009	87.4	8.7	3.9	良	68.2	6.8	25.0	中污	84.9	12.1	3.0	良	40.5	50.0	9.5	轻污	37.3	45.3	17.4	轻污
2010	88.6	7.6	3.8	良	68.2	11.3	20.5	中污	84.9	12.1	3.0	良	47.6	40.5	11.9	轻污	41.9	41.8	16.3	轻污
2011	80.9	13.8	5.3	良	69.8	11.6	18.6	轻污	92.9	0	7.1	优	45.2	40.5	14.3	轻污	41.9	43.0	15.1	轻污
2012	86.2	9.4	4.4	良	60.7	21.3	18.0	轻污	90.7	5.6	3.7	优	58.0	36.3	5.7	轻污	47.4	34.7	17.9	轻污
2013	89.4	7.5	3.1	良	58.1	25.8	16.1	轻污	94.4	0	5.6	优	55.7	38.6	5.7	轻污	59.6	28.7	11.7	轻污
2014	88.1	8.8	3.1	良	59.7	27.4	12.9	轻污	94.5	1.8	3.7	优	62.1	33.3	4.6	轻污	56.4	28.7	14.9	轻污
2015	89.4	7.5	3.1	良	61.3	25.8	12.9	轻污	94.5	1.8	3.7	优	65.2	29.0	5.8	轻污	54.3	36.1	9.6	轻污
2016	82.4	14.1	3.5	良	59.1	27.0	13.9	轻污	89.8	6.6	3.6	良	60.2	33.3	6.5	轻污	53.3	39.5	7.2	轻污
2017	84.5	13.3	2.2	良	57.6	26.3	16.1	轻污	87.3	8.5	4.2	良	69.5	25.9	5.6	轻污	46.1	45.6	8.3	轻污
2018	87.4	10.8	1.8	良	66.5	21.1	12.4	轻污	84.8	9.7	5.5	良	58.0	29.9	12.1	轻污	57.2	40.0	2.8	轻污
2019	91.7	7.7	0.6	优	73.0	18.2	8.8	轻污	86.1	10.9	3.0	良	66.3	30.9	2.8	轻污	63.6	35.8	0.6	轻污
2020	96.7	3.3	0	优	84.7	15.3	0	良	92.7	7.3	0	优	82.4	17.6	0	良	78.9	21.1	0	良
2021	97.0	2.9	0.1	优	81.8	14.4	3.8	良	92.3	6.6	1.1	优	61.0	34.7	4.3	轻污	80.3	19.7	0	良
2022	98.1	1.9	0	优	87.4	10.3	2.3	良	94.3	5.4	0.3	优	70.5	27.5	2.0	轻污	84.4	15.6	0	良

说明：表中数据主要反映了各流域国控断面总体水质情况（未区分各流域干支流情形）。

表 3-6 2002—2022 年海河、辽河、浙闽片河流、西北诸河、西南诸河、总体水质占比

年份	海河水质情况 /%				辽河水质情况/%				浙闽片河流水质情况/%				西北诸河水质情况/%				西南诸河水质情况 /%				总体水质情况 /%			
	Ⅰ-Ⅲ	Ⅳ-Ⅴ	劣Ⅴ	综合	Ⅰ-Ⅲ	Ⅳ-Ⅴ	劣Ⅴ	综合	Ⅰ-Ⅲ	Ⅳ-Ⅴ	劣Ⅴ	综合	Ⅰ-Ⅲ	Ⅳ-Ⅴ	劣Ⅴ	综合	Ⅰ-Ⅲ	Ⅳ-Ⅴ	劣Ⅴ	综合	Ⅰ-Ⅲ	Ⅳ-Ⅴ	劣Ⅴ	综合
2002	14.4	14.4	71.2	重污	17.9	29.9	52.2	重污	50.0	34.6	15.4	轻污	84.2	15.8	0	良	87.5	0.0	12.5	良	29.1	30.0	40.9	重污
2003	21.5	24.6	53.9	重污	29.7	29.7	40.6	重污	63.3	36.7	0	轻污	84.2	15.8	0	良	58.8	29.4	11.8	轻污	38.1	32.2	29.7	中污
2004	25.4	17.9	56.7	重污	32.4	29.7	37.9	中污	67.8	29.0	3.2	轻污	89.3	10.7	0	良	82.3	5.9	11.8	良	41.8	30.3	27.9	中污
2005	22.0	24.0	54.0	重污	30.0	30.0	40.0	重污	75.0	25.0	0	良	85.0	11.0	4.0	良	84.0	6.0	12.0	良	41.0	32.0	27.0	中污
2006	22.0	21.0	57.0	重污	35.0	22.0	43.0	重污	75.0	25.0	0	良	82.0	14.0	4.0	良	82.0	6.0	12.0	良	46.0	28.0	26.0	中污
2007	25.9	21.0	53.1	重污	43.2	16.3	40.5	重污	78.2	21.8	0	良	82.1	14.3	3.6	良	82.4	11.7	5.9	良	49.9	26.5	23.6	中污
2008	28.6	20.6	50.8	重污	35.1	32.4	32.5	中污	71.9	28.1	0	轻污	92.8	3.6	3.6	优	88.2	0	11.8	良	55.0	24.2	20.8	中污
2009	34.4	23.4	42.2	重污	41.7	22.2	36.1	中污	68.7	31.3	0	轻污	73.1	23.1	3.8	轻污	88.2	5.9	5.9	良	57.3	24.3	18.4	轻污
2010	37.1	22.6	40.3	重污	40.5	35.2	24.3	中污	80.6	14.9	4.5	良	92.8	3.6	3.6	优	88.2	0	11.8	良	59.9	23.7	16.4	轻污
2011	31.7	30.2	38.1	中污	40.5	48.7	10.8	轻污	80.6	12.9	6.5	良	91.4	4.3	4.3	优	94.1	5.9	0	优	61.0	25.3	13.7	轻污
2012	39.1	28.1	32.8	中污	43.6	41.9	14.5	轻污	80.0	20.0	0	良	98.0	0	2.0	优	96.8	3.2	0.0	优	68.9	20.9	10.2	轻污
2013	39.1	21.8	39.1	中污	45.5	49.1	5.4	轻污	86.7	13.3	0	良	98.0	0	2.0	优	100	0.0	0.0	优	71.7	19.3	9.0	轻污
2014	39.1	23.4	37.5	中污	41.8	50.9	7.3	轻污	84.5	15.5	0	良	98.0	0	2.0	优	93.6	3.2	3.2	优	71.2	19.8	9.0	轻污
2015	42.2	18.7	39.1	中污	40.0	45.5	14.5	轻污	88.9	11.1	0	良	96.0	4.0	0	优	96.6	3.4	0	优	72.1	19.0	8.9	轻污
2016	37.3	21.7	41.0	重污	45.3	39.6	15.1	轻污	94.4	5.6	0	优	93.6	6.4	0	优	90.5	7.9	1.6	优	71.2	19.7	9.1	轻污
2017	41.7	25.4	32.9	中污	49.1	32.0	18.9	轻污	88.8	10.4	0.8	良	96.8	3.2	0	优	95.2	3.2	1.6	优	71.8	19.8	8.4	轻污
2018	46.2	33.8	20.0	中污	49.1	28.8	22.1	中污	88.8	11.2	0	良	96.8	3.2	0	优	95.2	0	4.8	优	74.2	18.9	6.9	轻污
2019	51.9	40.6	7.5	轻污	56.4	34.9	8.7	轻污	95.2	4.0	0.8	优	96.8	3.2	0	优	93.6	3.2	3.2	优	79.0	18.0	3.0	良
2020	64.0	35.4	0.6	轻污	70.9	29.1	0	轻污	96.8	3.2	0	优	98.4	1.6	0	优	95.2	1.6	3.2	优	87.5	12.3	0.2	良
2021	68.4	31.2	0.4	轻污	81.4	18.6	0	良	95.0	5.0	0	优	96.2	3.8	0	优	96.2	2.3	1.5	优	87.1	12.0	0.9	良
2022	74.8	25.2	0	轻污	84.5	15.5	0	良	98.5	1.5	0	优	96.1	3.9	0	优	96.9	1.6	1.5	优	90.3	9.3	0.4	优

说明：表中数据主要反映了各流域国控断面水质情况。

二、我国流域总体及分流域水污染治理绩效评价

（一）近 20 年我国流域水污染治理总体绩效及其变化评价分析

图 3-1 所示为全国流域各类水质总体占比近 20 年变化趋势图。

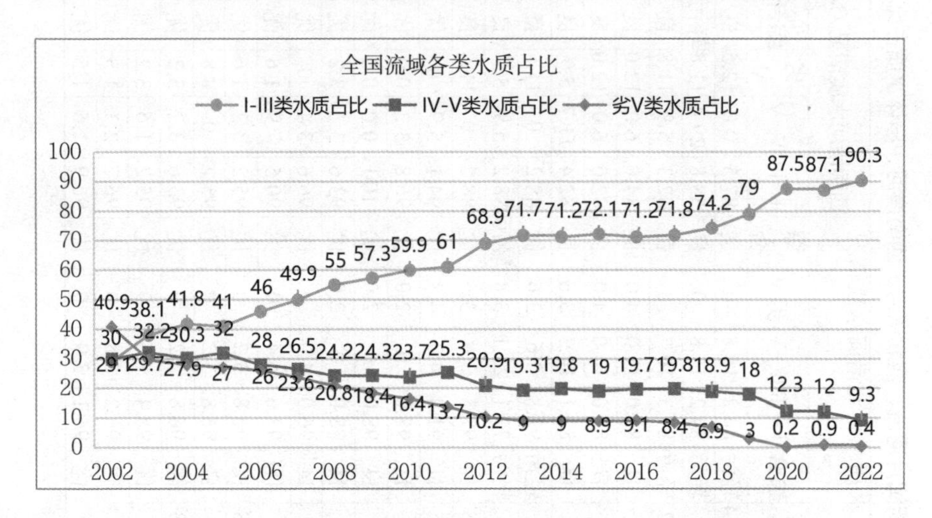

图 3-1　全国流域各类水质总体占比近 20 年变化趋势图

（1）Ⅰ－Ⅲ类水质占比（水质优良率水平）及其变化情况分析。①就水质优良率看，研究期初，我国流域水质优良率总体不高，2002 年仅为 29.1%，这表明 21 世纪初我国流域水环境总体很差，属于重污染级别。研究期末，我国流域水质优良率大幅提高，2020—2022 年均超过 87%，2022 年达到了 90.3%，表明当前我国流域水环境得到了大大改善，水环境总体属于优秀级别。经计算，我国流域近 20 年水质优良率年平均值为 63.05%，表明近 20 年我国流域水质总体较差。②就水质优良率变化情况看，近 20 年我国水质优良率变化总体呈快速大幅增长趋势，但具有显著的阶段性和微波动性。近 20 年，我国流域水质优良率由 2002 年的 29.1% 上升到 2022 年的 90.3%，总体提高了 61.2 个百分点，年均提高 3.06 个百分点；研究期前 10 年，水质优良率由 29.1% 提升到 68.9%，

年均提升 3.98 个百分点；2012 年后 10 年，由 68.9% 上升到 90.3%，增长了 21.4 个百分点，年均提升 2.14 个百分点；2017 年以来近 5 年稳步提升了 18.5 个百分点，年均提升 3.7 个百分点。这表明，近 20 年特别是前 10 年与党的十九大以来，我国流域水环境治理总体成效显著。就其阶段性看，我国流域水质优良率经历了 2002—2004 年、2005—2012 年、2017—2022 年三个快速提升阶段，分别增长了 12.7%、27.9%、18.5%，年均分别增长 4.2%、4.0%、3.7%，以及 2013—2017 年一个稳定期，保持在 71.1% ～ 72.1%。2017—2022 年我国流域优良水质快速提升，表明经过我国实施《水十条》后，特别是党的十九大以来，我国优良水质提升显著，相关治理政策措施得力、效果显著。经计算，研究期我国流域水质优良率上升波动标准差为 5.22，相对于总变化趋势各中间年份水质优良率平均波动幅度为 4.76，表明近 20 年我国水质优良率上升过程总体有一定的不稳定性，有关保护政策及效果有一定的波动性。

（2）Ⅳ – Ⅴ类水质占比大小及其变化情况分析。①就Ⅳ – Ⅴ类水质占比水平看，研究期初，我国Ⅳ – Ⅴ类水质占比较大，2002 年高达 30%，表明研究期初，即 21 世纪初，我国流域水环境污染较重。至研究期末，我国流域Ⅳ – Ⅴ类水质占比已大幅降低，2022 年降至 9.3%，表明当前我国流域Ⅳ – Ⅴ类水质得到了较好的治理。经计算，我国流域近 20 年该类水占比年平均值为 22.7%，表明近 20 年我国流域Ⅳ – Ⅴ类水质总体处于较高水平。②就Ⅳ – Ⅴ类水质占比变化情况看，我国流域该类水质总体呈现缓慢下降趋势，但同样具有显著的阶段性。研究期内，我国流域Ⅳ – Ⅴ类水质占比由 2002 年的 30% 降至 2022 年的 9.3%，降幅为 20.7 个百分点，年均降低 1.03 个百分点。研究期前 10 年降幅为 9.1 个百分点，年均降低 0.91 个百分点；后 10 年降幅为 11.6，年均降幅为 1.16 个百分点；2017 年以来近 5 年降幅为 10.5 个百分点，年均降幅为 2.1 个百分点，远高于研究期平均水平。这表明近 5 年即党的十九大以来我国对Ⅳ – Ⅴ类水治理成效最为显著。其阶段性体现在，整个统计大体可分为三个相对平稳期、三个显著下降期。其中，三个相对平稳期分别为2002—2005年，Ⅳ－Ⅴ类水质占比维持在30%～32%；2008—2010年，Ⅳ－Ⅴ类水质占比维持在23.7%～24.2%；2013—2019年，Ⅳ－Ⅴ类水占比维持在18%～19.9%。三个显著下降期分别为2005—2008年，Ⅳ－Ⅴ类水质占比降幅为7.8个百分点；2011—2013年，Ⅳ－Ⅴ类水质占比降幅为6个百分点；2019—2022年，Ⅳ－Ⅴ类水质占比降幅为8.7个百分点。另外，研究期内2003年、2005年、2011年、2017年还出现了波动上升，但幅度微小。经计算，研究期我国流域Ⅳ－Ⅴ类水质下降波动标准差为3.25，相对于总变化趋势各中间年份Ⅳ－Ⅴ类水质占比平均波动幅度为2.78，表明近20年我国Ⅳ－Ⅴ类水质占比下降过程较为稳定或波动不大，相关治理政策效果较为稳定。

（3）劣Ⅴ类水质占比大小及其变化情况分析。①就劣Ⅴ类水质占比水平看，研究期初我国流域劣Ⅴ类水质总体占比大，2002年劣Ⅴ类水质占比达40.9%，表明21世纪初我国流域水环境严重恶化，超过40%的流域水体基本失去使用功能，水污染治理任务艰巨紧迫。研究期末，我国流域劣Ⅴ类水质大幅下降到不到1%，2022年仅为0.4%，表明当前我国流域劣Ⅴ类水得到了很好治理。经计算，我国流域近20年劣Ⅴ类水质年平均值为14.78%，意味着近20年我国流域总体有14.78%的水体存在严重恶化，失去使用功能。②就劣Ⅴ类水质占比变化情况看，我国流域该类水总体呈现较快下降趋势。劣Ⅴ类水质由2002年的40.9%降低至2022年的0.4%，降幅达40.5%，年均降幅为2.03%，这表明，近20年来我国消灭劣Ⅴ类水质工作成效显著，总体上基本消除了劣Ⅴ类水质。这得益于党和国家对生态环境治理的高度重视，2007年我国正式提出了生态文明建设，2012年党的十八大将生态文明建设列入中国特色社会主义事业“五位一体”总体布局。从水环境治理政策措施看，2012年国务院出台《关于实行最严格水资源管理制度的意见》，提出确立水功能区限制纳污红线，严格控制入河湖排污总量；为切实加大水污染防治力度、保障国家水安全，2015 年 4 月我国出台专项水污染治理政策措施即《水十条》，地方积极行动开展“剿灭”劣Ⅴ类水质行动。近 20 年我国流域劣Ⅴ类水质占比下降过程同样具有阶段性，大体可分为两个显著下降期和两个平稳期。显著下降期为 2002—2012 年，降幅为 30.7 个百分点，年均降幅达 3.07 个百分点；2017—2019 年，降幅为 5.4 个百分点，年均降幅为 1.8 个百分点。两个稳定期分别为 2013—2016 年，占比维持在 9% 左右；2020—2022 年，占比维持在 0.9% 以下。经计算，研究期内，我国流域劣Ⅴ类水质下降波动标准差为 6.89，相对于总体变化趋势各中间年份Ⅳ－Ⅴ类水质占比平均波动幅度为 6.49，表明近 20 年我国劣Ⅴ类水质占比下降过程具有一定的不稳定性。

（4）我国流域水环境治理成效综合分析。综合我国流域三类水质占比及其变化情况可知，近 20 年我国流域水环境治理总体成效显著。虽然研究期初，即 21 世纪初，我国水环境恶化严重，但经过多年长期不懈的治理，研究期末水环境已大大改观，当前我国流域总体已基本消灭劣Ⅴ类水质，Ⅳ－Ⅴ类水质治理还需继续努力。就治理成效变化趋势看，研究期内总体呈较快上升趋势，但具有显著阶段性特征。大体可分为“两快一稳定”三个阶段，即研究期内 2012 年前与 2017 年之后为绩效提升快阶段，2012—2017 年为基本稳定不变阶段。

（二）近 20 年长江流域水污染治理绩效及其变化评价分析

图 3-2 所示为长江流域各类水质占比近 20 年变化趋势图。

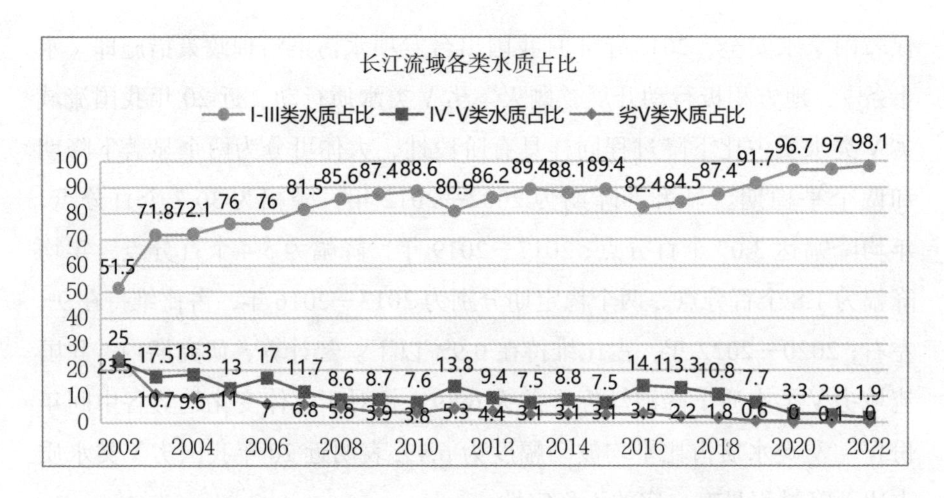

图 3–2 长江流域各类水质占比近 20 年变化趋势图

基于图 3–2，对我国长江流域近 20 年水污染治理绩效及其变化评价分析如下。

（1）Ⅰ－Ⅲ类水质占比（水质优良率水平）及其变化情况分析。①就水质优良率看，研究期初，即 21 世纪初，我国长江流域水质优良率总体不高，2006 年之前各年份均低于 80%，2002 年为 51.5%，表明 21 世纪初我国长江流域水环境总体较差，属于中污染级别。研究期末，我国长江流域水质优良率大幅提高，2020—2022 年均超过 96%，2022 年达到 98.1%，表明当前我国长江流域水环境得到了大大改善，水质环境总体属于优秀级别。经计算，我国长江流域近 20 年水质优良率年平均值为 83.92%，表明近 20 年我国长江流域水质总体良好。与全国流域总体情况比较，我国长江流域研究期内水质显著高于全国平均水平。②就水质优良率变化情况看，近 20 年长江流域水质优良率总体呈上升趋势，但具有显著波动性。近 20 年长江流域优良水质比重由 51.5% 提高到了 98.1%，提高了 46.6 个百分点，年均提高 2.33 个百分点；研究期前 10 年，由 51.5% 提升到 86.2%，增幅 34.7 个百分点，年均提升 3.47 个百分点；2012 年以来近 10 年，提高了 11.9 个百分点，年均提升 1.19 个百分点；2017 年以来近 5 年，稳步提升了 13.6 个百分点，年均提升 2.27 个百分点，增速最快。这表明，近 20 年，特别是党的十九大以来，我国长江流域水污染治理总体成效显著。其波动性体现在水质优良率在 2010 年和 2013 年（同 2015 年）出现两个峰值，分别为 88.6% 和 89.4%，2011 年和 2016 年出现两个谷值，分别为 80.9% 和 82.4%，波动幅度约达 8 个百分点。这表明，近 20 年受经济发展压力影响，作为我国重要经济带的长江流域水污染治理成效具有很强的不稳定性，水污染治理经济发展压力大。此外，长江流域水质优良率出现两个稳定提升阶段，即 2002—2010 年与 2016—2022 年，表明这两个阶段长江流域水污染治理力度逐渐加大，政策措施落实持续严格。这与 2016 年习近平总书记提出长江流域“共抓大保护，不搞大开发”，推动长江经济带“走生态优先、绿色发展之路”的宏伟蓝图并得到切实贯彻落实有着密切关系。经计算，研究期长江流域水质优良率提升过程中相对于总变化趋势各中间年份平均波动幅度为 10.08，其标准差为 12.42，表明近 20 年我国长江流域水质优良率上升过程总体具有较大的不稳定性，绩效具有较强的波动性。

（2）Ⅳ－Ⅴ类水质占比水平及其变化情况分析。①就长江流域Ⅳ－Ⅴ类水质占比水平看，研究期初，即 21 世纪初，该类水质占比偏高，为 23.5%；研究期末，该类水质占比降低至低于 5%，2022 年仅为 1.9%，表明当前我国长江流域该类水质得到了很好的治理，成效显著。经计算，我国长江流域近 20 年该类水质年平均值为 10.80%，处于较低水平。与全国流域总体情况比较，我国长江流域研究期内Ⅳ－Ⅴ类水质占比水平显著低于全国平均水平。②就Ⅳ－Ⅴ类水质占比变化情况看，近 20 年该类水质占比总体呈下降趋势，但不难看出具有显著波动性和不稳定性，其波动方向与水质优良率变化方向恰好相反。在图 3-2 中，由 2002 年的 23.5% 降低到 2022 年的 1.9%，降低了 21.6 个百分点，年均降低 1.08 个百分点；研究期前 10 年即 2012 年前，降幅为 14.1 个百分点，年均降低 1.41 个百分点；2012 年以后 10 年降低 7.5 个百分点，年均降幅为 0.75

个百分点，2017年以后5年降低11.4个百分点，年均降低2.3个百分点，表明此阶段该类水治理绩效最为显著。其波动性显著地体现在2004年、2006年、2011年与2016年，这4年出现了4个Ⅳ－Ⅴ类水质占比波动上升峰值，分别为18.3%、17%、13.8%与14.1%，表明期间长江流域Ⅳ－Ⅴ类水质污染出现反弹，治理成效具有不稳定性。经计算，研究期长江流域Ⅳ－Ⅴ类水质占比下降过程中相对于总变化趋势各中间年份平均波动幅度为4.08，其标准差为4.68，高于全国平均水平，表明近20年我国水质优良率上升过程总体具有一定的不稳定性。

（3）劣Ⅴ类水质占比水平及其变化情况分析。①就长江流域劣Ⅴ类水质占比水平看，研究期初，即21世纪初，该类水质占比偏高，为25%；研究期末近3年低于0.1%，2022年为0%，表明21世纪初我国长江流域水质恶化较为严重，约¼的水体失去使用功能；当前我国长江流域劣Ⅴ类水质得到了很好的治理，基本消除了劣Ⅴ类水。经计算，我国长江流域近20年该类水质占比年平均值为5.28%，处于较低水平。与全国流域总体情况比较，我国长江流域研究期内劣Ⅴ类水质占比水平大大低于全国平均水平，表明长江流域近20年水质总水质恶化并不严重。这也可能与长江流域降水丰富、径流量大，生态环境相对较好，对排入污水的稀释、净化能力大有关。②就Ⅳ－Ⅴ类水质占比变化情况看，近20年该类水质占比除前5年外总体呈较为平缓的下降趋势，波动不大。由2002年的25%降低到2022年的0%，降低了25个百分点，年均降低1.25个百分点，这表明长江流域劣Ⅴ类水质治理措施得力，治理成效显著。研究期前10年劣Ⅴ类水质占比下降最为显著，由2002年的25%降低至2012年的4.4%，降低了20.6个百分点，年均降低2.06个百分点。研究期后10年，降低4.4个百分点，年均降低0.44个百分点。经计算，研究期长江流域劣Ⅴ类水质占比下降过程中相对于总变化趋势各中间年份平均波动幅度为7.59，其标准差为8.47，高于全国平均水平，表明近20年我国水质优良率上升过程总体具有一定的不稳定性，体现为前快后慢。

（4）长江流域水环境治理成效综合分析。综合长江流域三类水质占比及变化情况可知，近 20 年长江流域水环境治理成效显著。尽管研究期前 5 年总体水环境较差，但经过近 20 年的治理，研究期末水环境大大改善，已基本消灭劣Ⅴ类水，Ⅳ－Ⅴ类水质占比也处于极低水平。就治理成效变化趋势看，研究期内总体呈显著上升趋势但具有显著的波动性和不稳定性。

（三）近 20 年黄河流域水污染治理绩效及其变化评价分析

图 3–3 所示为黄河流域各类水质占比近 20 年变化趋势图。

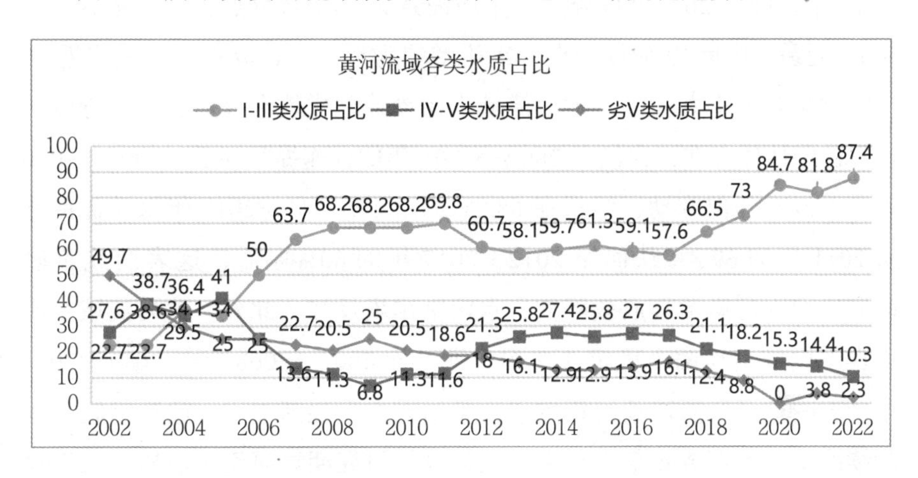

图 3–3　黄河流域各类水质占比近 20 年变化趋势图

基于图 3–3，对我国黄河流域近 20 年水污染治理绩效及其变化评价分析如下。

（1）Ⅰ－Ⅲ类水质占比（水质优良率水平）及其变化情况分析。①就水质优良率看，研究期初，即 21 世纪初，我国黄河流域水质优良率很低，2005 年之前各年份均低于 40%，2002 年仅为 22.7%，表明 21 世纪初我国黄河流域水环境总体很差，属于重度污染级别。研究期末，黄河流域水质优良率已有大幅提高，研究期后 3 年均超过 80%，2022 年达到 87.4%，表明当前我国黄河流域水环境得到了大大改善，水质环境总体属于良好级别。经计算，我国黄河流域近20年水质优良率年平均值为59.70%，表明近20年我国黄河流域水质平均情况较差，总体属于轻度污染级别。与全国流域总体情况比较，我国黄河流域研究期内水质略低于全国平均水平。②就水质优良率变化情况看，近20年我国黄河流域水质优良率总体呈显著提升趋势，但具有较强的阶段性和显著的不稳定性。黄河流域水质优良率由2002年的22.7%提升到2022年的87.4%，提高了64.7个百分点，年均提高约3.23个百分点，略高于全国平均水平；研究期前10年，提升了38个百分点，年均增长3.8个百分点，2012年以后10年提高了26.7个百分点，年均提升2.67个百分点；2017年后5年来稳步提高了近30个百分点，年均增幅为近6个百分点。这表明近20年特别是党的十九大以来黄河流域水污染治理成效十分显著。其阶段性和不稳定性体现在，在经过2002—2008年的快速提升期后，2008—2010年几乎没有任何变动，维持在68.2%的水平；2011—2017年水质优良率从2011年的69.8%跌回至2012—2017年的60%左右，这表明此阶段黄河流域水污染治理成效降低，水污染出现反弹。此外，黄河流域水质优良率同样出现两个稳定快速提升期，即2002—2008年与2017—2022年，表明这两个阶段黄河流域水污染治理力度逐渐加大，政策措施落实持续严格，治理成效最为显著。经计算，研究期黄河流域水质优良率提升过程中相对于总变化趋势各中间年份平均波动幅度为9.07，其标准差为12.37，表明近20年我国水质优良率上升过程总体具有较大不稳定性，绩效具有较强波动性。

（2）Ⅳ－Ⅴ类水质占比水平及其变化情况分析。①就黄河流域Ⅳ－Ⅴ类水质占比水平看，研究期初该类水质占比偏高，为27.6%；研究期末，该类水质占比仍超过10%，2022年为10.3%，表明当前我国黄河流域该类水质虽得到一定程度的治理，但成效有限。经计算，我国黄河流域近20年该类水质年平均值为21.61%，处于较高水平。与全国流域总体情况比较，我国黄河流域研究期内Ⅳ－Ⅴ类水质占比与全国流域平均水平基本持平。②就Ⅳ－Ⅴ类水质占比变化情况看，近20年该类水质占比总体呈下降趋势，但不难看出具有很大的波动性和不稳定性，其波动方向与水质优良率变化方向恰好相反。近20年，黄河流域Ⅳ－Ⅴ类水质占比由27.6%降低至2022年的10.3%，降低了近17.3个百分点，年均降低0.86%。其间存在两大下降期：2005—2009年，降低了34.2个百分点，年均降低8.1个百分点；2017—2022年，降幅为16个百分点，年均降幅为3.2个百分点。表明这两个时期黄河流域Ⅳ－Ⅴ类水质治理绩效最为显著。其显著波动性和不稳定性体现在，在经历了2002—2005年的小幅波动上升后，2005—2009年大幅度逐年下降，由41%降低至6.8%；但2009—2014年又快速逐年上升至27.4%；2014—2017年稳定在26%左右，2017年后逐年稳步下降至2022年的10.3%，这同样表明黄河流域的水污染治理面临着污染反弹压力，水污染治理任务依然艰巨。经计算，研究期黄河流域Ⅳ－Ⅴ类水质占比下降过程中相对于总变化趋势各年份平均波动幅度为7.69，其标准差为8.94，表明近20年黄河流域Ⅳ－Ⅴ类水质占比下降过程及其治理效果具有显著的不稳定性。

（3）劣Ⅴ类水质占比水平及其变化情况分析。①就劣Ⅴ类水质占比看，研究期初，即21世纪初，我国黄河流域劣Ⅴ类水质占比很高，前三年均超过29%，2002年高达49.7%，表明21世纪初我国黄河流域水质恶化严重，近一半的水体失去使用功能。研究期末，黄河流域劣Ⅴ类水质占比已大幅降低，最后三年均低于4%，2022年为2.3%，表明当前我国黄河流域劣Ⅴ类水已得到很好治理，水质恶化已根本扭转。经计算，我国黄河流域近20年劣Ⅴ类水质占比平均值为18.69%，表明近20年我国黄河流域水质恶化总体处于较严重程度，高于全国流域平均水平。②就劣Ⅴ类水质占比变化情况看，黄河流域劣Ⅴ类水质占比近20年间总体显著下降，但具有一定阶段性和不稳定性。总体来看，近20年黄河流域劣Ⅴ类水质占比由2002年的49.7%降低至2022年的2.3%，降低了47.4个百分点，年均降低2.37个百分点，表明近20年黄河流域劣Ⅴ类水治理成效显著。其阶段性大体可分为三个显著下降期与三个微波动上升期：2002—2008 年、2009—2014 年、2017—2020 年为连续显著下降期，下降幅度分别为 29.2、12.1、16.1 个百分点；三次微波动分别发生在 2009 年、2017 与 2021 年前后。这表明研究期黄河流域劣Ⅴ类水治理也具有一定的不稳定性。经计算，研究期黄河流域劣Ⅴ类水质占比相对于总变化趋势平均变动值为 7.56，其标准差为 9.65，表明近 20 年我国劣Ⅴ类水质占比下降过程总体具有较大的不稳定性，绩效具有较强的波动性。

（4）黄河流域水环境治理成效综合分析。综合黄河流域三类水质占比及其变化情况可知，近 20 年黄河流域水环境治理成效显著。尽管研究期前 5 年总体水环境较差，劣Ⅴ类水质占比高居不下，属于重度污染；但经过近 20 年的治理，水环境大大改善，已基本消灭劣Ⅴ类水，Ⅳ－Ⅴ类水质占比也处于极低水平。就治理成效变化趋势看，研究期内总体呈显著上升趋势，但具有显著的阶段性和不稳定性，水质恶化时有反弹，说明治理过程具有艰巨性和问题具有复杂性。

（四）近 20 年珠江流域水污染治理绩效及其变化评价分析

图 3-4 所示为珠江流域各类水质占比近 20 年变化趋势图。

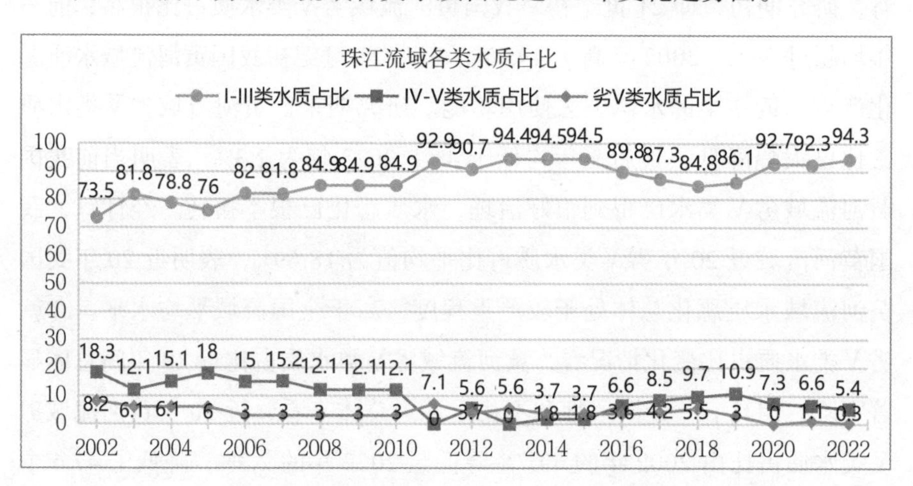

图 3-4　珠江流域各类水质占比近 20 年变化趋势图

基于图 3-4，对我国珠江流域近 20 年水污染治理及其变化评价分析如下。

（1）Ⅰ－Ⅲ类水质占比（水质优良率水平）及其变化评价分析。①就水质优良率看，研究期初，即 21 世纪初，我国珠江流域水质优良率相对较高，2005 年之前各年份均高于 73%，2002 年仅为 73.5%，表明 21 世纪初我国珠江流域水环境总体较好，属于轻度污染至良好级别。研究期末，珠江流域水质优良率有了进一步提高，研究期末三年均超过 92%，2022 年达到 94.3%，表明当前珠江流域水环境得到了进一步改善，总体属于优秀级别。经计算，我国珠江流域近 20 年水质优良率年平均值为 86.80%，表明近 20 年我国珠江流域水质总体优秀。与全国流域总体情况比较，研究期内我国珠江流域内水质显著优于全国平均水平。②就水质优良率变化情况看，近 20 年我国珠江流域水质优良率总体呈现缓慢提升趋势，且仍具有显著阶段性和一定的波动性。近 20 年珠江流域水质优良率由 2002 年的 73.5% 提升到 2022 年的 94.3%，提高了 20.8 个百分点，年均提高约 1.04 个百分点；研究期前 10 年提高了 17.2 个百分点，年均提高 1.72 个百分点；2012 年以后 10 年提高了 3.6 个百分点，年均提高 0.36 个百分点；2017 年以后 5 年提高了近 9.5 个百分点，年均提高 1.9 个百分点。这表明近 20 年特别是党的十九大以来珠江流域水污染治理成效显著。其阶段性和波动性体现在，在经过 2002—2003 年的快速提升后，2003—2005 年逐年降低，2005 年降低至 76%；2005—2006 年经小幅上升后，2007—2010 年进入一个相对平稳期，维持在 81.8% ～ 84.9%；之后在经过小幅上升后，2011—2015 年再次进入一个平稳期，维持在 90.7% ～ 94.5%，占比水平达到研究期的最高峰；但 2015—2018 年又逐年下跌，降低至 2018 的 84.8%，降幅达近 10 个百分点。这反映了研究期间珠江流域水污染治理成效的不稳定性，水质又恶化的反弹性问题。2018—2020 年又逐步提升到 92.7%，之后维持在 92.3% ～ 94.3% 的高位水平。经计算，研究期珠江流域水质优良率提升过程中相对于总变化趋势各中间年份平均波动幅度为4.22，其标准差为5.35，这也表明近20年珠江流域水质优良率提升过程总体具有一定的不稳定性和波动性。

（2）Ⅳ－Ⅴ类水质占比水平及其变化情况分析。①就Ⅳ－Ⅴ类水质占比水平看，研究期初，即21世纪初，我国珠江流域该类水质占比偏高，2010年之前各年份均高于10%，2002年为18.3%。研究期末2022年降至5.4%的较低水平，近20年珠江流域该类水治理取得了一定的成效，但仍有提升的空间。经计算，我国珠江流域近20年该类水质占比平均值为9.25%，低于全国流域平均水平。②从珠江流域Ⅳ－Ⅴ类水质占比变化趋势看，虽总体呈缓慢下降趋势，但具有阶段性和一定的不稳定性。近20年，珠江流域Ⅳ－Ⅴ类水质占比由18.3%降低至2022年的5.4%，降低了12.9个百分点，年均降低0.64个百分点。其阶段性和不稳定性在经历了2002—2003年的下降至12.1%后，2003—2005年又逐年回升至18%；2005—2011年又逐步降低至0%，随后2012年又小幅回升至5.6%，之后降低至2013年的0%并在2014年与2015年维持在低于2%的较低水平；但2015—2019年又逐年上升至10.9%，随后逐年回落至2022年的5.4%。这同样表明，珠江流域的水污染面临着该类水质反弹压力、治理绩效不稳的问题。经计算，研究期珠江流域Ⅳ－Ⅴ类水质占比下降过程中相对于总变化趋势各年份平均波动幅度为3.39，其标准差为5.19，表明近20年珠江流域Ⅳ－Ⅴ类水治理效果具有一定的不稳定或波动性，但幅度较小。

（3）劣Ⅴ类水质占比水平及其变化情况分析。①就劣Ⅴ类水质占比看，整个研究期珠江流域劣Ⅴ类水质占比总体较低，未超过10%。研究期初前4年稍高，在6%～8.2%，2002年最高，为8.2%；研究期末后3年降至接近0%的极低水平。2022年仅为0.3%。经计算，我国珠江流域近20年劣Ⅴ类水质占比年均值为3.95%。这表明研究期内我国珠江流域水环境恶化较轻。②从珠江流域劣Ⅴ类水质占比变化趋势看，近20年珠江流域该类水质占比总体呈小幅下降趋势，但具有明显阶段性和小幅波动性特征。珠江流域该类水质占比由2002年的8.2%降低至2022年的0.3%，降低了7.9个百分点，年均降低0.39个百分点。其阶段性与波动性体现在，2002—2006年经过一个降幅为5.2%的显著下降期后，2006—2010年进入一个平稳期，维持在3%左右；2010—2014年出现两次小幅波动上升，峰值出现在2011年和2013年，分别为7.1%与5.6%；2014—2018年进入第二个相对平稳期，维持在3.7%～5.5%；2018—2020年进入第二个显著下降期，降幅为5.5个百分点；2020年之后进入第三个相对平稳期，维持在0%～1.1%。经计算，研究期珠江流域劣Ⅴ类水质占比相对于总变化趋势平均变动值为1.57，其标准差为1.97，这也表明近20年珠江流域劣Ⅴ类水质占比下降过程总体具有相对稳定性。

（4）珠江流域水环境治理成效综合分析。综合珠江流域三类水质占比及其变化情况可知，近20年珠江流域水环境保护较好，治理成效显著。尽管研究期前5年总体存在一定程度的污染，但大多年份水质维持良好。值得注意的是，研究期末Ⅳ类以下水质仍占一定比率，需继续加大治理力度。研究期内治理绩效变化具有显著阶段性和一定的波动性，但总体波动幅度相对不大。

（五）近20年松花江流域水污染治理绩效及其变化评价分析

图3-5所示为松花江流域各类水质占比近20年变化趋势图。

图 3-5　松花江流域各类水质占比近 20 年变化趋势图

基于图 3-5，对我国松花江流域水污染治理绩效及其变化评价分析如下。

（1）Ⅰ－Ⅲ类水质占比（水质优良率水平）及其变化情况分析。①就水质优良率看，研究期初，即 21 世纪初，我国松花江流域水质优良率很低，2005 年之前各年份均低于 28%，2003 年仅为 7.7%，表明 21 世纪初我国松花江流域水环境极差，总体属于重度污染级别。研究期末，松花江流域水质优良率有了较大幅度提高，2022 年为 70.5%，表明当前松花江流域水环境得到显著改善，但仍属轻度污染级别，还需进一步改善和加强治理。经计算，我国松花江流域近 20 年水质优良率年平均值为 47.84%，表明近 20 年我国松花江流域水环境总体较差，属于中度污染级别。与全国流域总体情况相比，研究期内我国松花江流域水质显著低于全国平均水平。②就水质优良率变化情况看，近 20 年我国松花江流域水质优良率总体显著呈波动性提升趋势。近 20 年松花江流域水质优良率由 2002 年的 27.8% 提升到 2022 年的 70.5%，提高了 42.7 个百分点，年均提高约 2.13 个百分点；2012 年以后 10 年提高了 12.5 个百分点，2017 年以后 5 年来提高了 1 个百分点。这表明近 20 年特别是党的十九大以来松花江流域水污染治理总体成效显著，但近 10 年特别是近 5 年来治理成效提升缓慢。其波动性体现在 2002—2003 年先大幅下降至 7.7%，随后又大幅上升至 2005 年的 24%，之后分别在 2011 年、2013 年、2016 年、2018 年与 2021 年出现 5 个谷值，分别为 45.2%、55.7%、60.2%、58%、61%，最大变幅高达 21.4 个百分点。这反映了近 20 年松花江流域水污染治理成效极不稳定，有水质恶化不断反弹的问题。此外，松花江流域水质优良率出现两个稳定快速提升期，即 2007—2010 年与 2018—2020 年，分别提升了 23.8 个百分点和 24.4 个百分点。这表明这两个阶段松花江流域水污染治理措施得力，成效最为显著。经计算，研究期松花江流域水质优良率提升过程中相对于总变化趋势各中间年份平均波动幅度为 7.43，其标准差为 9.54，这也表明近 20 年松花江流域水质优良率上升过程总体具有较大的不稳定性和波动性。

（2）Ⅳ－Ⅴ类水质占比水平及其变化情况分析。①就Ⅳ－Ⅴ类水质占比水平看，2002 年Ⅳ－Ⅴ类水质占比为 57.4%，2003 年更是高达 74.4%，这表明，21 世纪初我国松花江流域水环境污染十分严重，面临着严重的治理压力。研究期末，松花江流域该类水质占比有显著下降，但仍占较大比例。2021 年与 2022 年分别占比 34.7% 与 27.5%，表明该类水污染依然严重，治理压力依然较重。经计算，近 20 年该类水质年均占比为 41.67%，远高于全国平均水平。②从近 20 年松花江流域Ⅳ－Ⅴ类水质占比变化看，总体呈显著下降趋势，同时具有显著阶段性和波动性。近 20 年，松花江流域Ⅳ－Ⅴ类水质占比由 2002 年的 57.4% 降低至 2022 年的 27.5%，降幅为 29.9 个百分点，年均降低 1.49 个百分点。其阶段性和波动性突出体现为研究期初与研究期末两个显著波动上升期和一个较快下降期。其中，两个显著波动上升峰值出现在 2003 年与 2021 年，分别为 74.4% 和 34.7%，最大变幅为 20.7 个百分点。这同样也反映了松花江流域的水污染面临着反弹压力，治理绩效不稳的问题。较快下降期为 2004—2020 年，降幅达 36.1 个百分点，年均降幅为 2.26 个百分点。经计算，研究期松花江流域Ⅳ－Ⅴ类水质占比下降过程中相对于总变化趋势各年份平均离散幅度为5.20，其标准差为6.76，这也表明近20年松花江流域Ⅳ－Ⅴ类水治理效果具有一定的不稳定或波动性。

（3）劣Ⅴ类水质占比水平及其变化情况分析。①就占比水平看，研究初期松花江流域劣Ⅴ类水质占比处于较高水平，2002年为14.8%，2004年为24.4%，为研究期内最高值，表明21世纪初松花江流域水质恶化较重。研究期末该类水质占比已降低至低于5%的较低水平，2022年为2%，表明近期松花江流域水质恶化现象有了较大改观。经计算，研究期松花江流域劣Ⅴ类水质占比年平均值为10.53%，表明研究期内总体处于轻度恶化状态。②从松花江流域劣Ⅴ类水质占比变化趋势看，近20年总体呈波动下降趋势，由2002年的14.8%降低至2022年的2%，降低了12.8个百分点，年均降低0.64个百分点。其波动性体现在研究期内出现了三个波峰，分别出现在2004年、2011年、2018年，峰值分别为24.4%、14.3%、12.1%，最大波动幅度为9.8个百分点。这表明，近20年松花江流域劣Ⅴ类水治理总体得到重视，治理成效显著，但劣Ⅴ类水质污染有不断反弹特征。此外，研究期内还出现了两个显著下降期和一个变动平稳期。平稳期出现在2012—2017年，两个显著下降期分别为2006—2009年与2018—2020年，降幅分别为11.5和12.1个百分点。经计算，研究期各年份劣Ⅴ类水质占比相对于总变化趋势的离散幅度平均值为3.42，标准差为4.84，这也表明近20年松花江流域劣Ⅴ类水治理绩效总体波动性小，稳定性较好。

（4）松花江流域水环境治理成效综合分析。综合近20年松花江流域三类水质占比及其变化情况可知，松花江流域近20年水环境治理取得显著成效，但具有较为突出的波动性和稳定性，且当前总体水环境不太理想，Ⅳ－Ⅴ类水质占比仍偏高，未来治理任务仍很艰巨，仍需继续强化相关治理措施，保持治理的高压态势，并将治理重点放在Ⅳ－Ⅴ类水质的治理上。

（六）辽河流域水环境治理绩效及其变化评价分析

图 3-6 所示为辽河流域各类水质占比近 20 年变化趋势图。

图 3-6　辽河流域各类水质占比近 20 年变化趋势图

基于图 3-6，对我国辽河流域近 20 年水污染治理绩效及其变化评价分析如下。

（1）Ⅰ－Ⅲ类水质占比（水质优良率水平）及其变化情况分析。①就水质优良率看，研究期初我国辽河流域水质优良率很低，2002 年仅为 17.9%，2005 年之前各年份均低于 33%，表明 21 世纪初我国辽河流域水环境很差，总体属于重度污染。研究期末，辽河流域水质优良率有了大幅度提高，2022 年为 84.5%，表明当前辽河流域水环境得到大大改善总体处于良好级别。经计算，我国辽河流域近 20 年水质优良率年平均值为仅 45.41%，表明近 20 年我国辽河流域水环境总体较差，属于中度污染级别。与全国流域总体情况相比，研究期我国辽河流域水质显著低于全国平均水平。②就水质优良率变化情况看，近 20 年辽河流域总体呈稳定波动上升趋势，但明显分为先慢后快两个不同阶段。总体来看，近 20 年辽河流域水质优良率由 2002 年的 17.9% 提升到 2022 年的 84.5%，提高了66.6个百分点，年均提高约3.33个百分点；2012年以后10年间提高了40.9个百分点，年均提高了4.09个百分点；2017年以后5年间提高了35.4个百分点，年均提高了7.08个百分点。这表明，近20年特别是党的十八大以来，尤其是党的十九大以来，辽河流域水污染治理总体成效最为显著。其上升阶段性体现在，2002—2018年为缓慢微波动性上升阶段，中间分别在2008年与2015年出现小幅波动性下降；2018—2022年为快速增长期，增长幅度达35.4个百分点，年均增幅约为8.9个百分点。经计算，研究期辽河流域水质优良率提升过程中相对于总变化趋势各中间年份平均波动幅度为8.80，标准差为11.70，这也表明近20年辽河流域水质优良率上升过程总体具有较大不稳定性。

（2）Ⅳ－Ⅴ类水质占比水平及其变化情况分析。①就占比大小看，研究期前4年Ⅳ－Ⅴ类水质占比29.7%～30%，占比较高；研究期末，2022年Ⅳ－Ⅴ类水质占比为15.5%，仍处于较高水平。经计算，我国辽河流域近20年该类水质占比年平均值为32.78%，最高值达50%，这表明，近20年我国辽河流域该类水质占比整体偏高，总体治理效果不太理想。②就辽河流域近20年Ⅳ－Ⅴ类水质占比变化看，总体呈小幅下降趋势，但期间具有波动频繁且波动幅度大的特点。辽河流域Ⅳ－Ⅴ类水质占比由2002年的29.9%波动下降至2022年的15.5%，降幅仅为14.4%，年均降幅为0.72个百分点，表明辽河流域该类水治理成效不显著。其波动性体现在前期回落后又反弹上升，出现三次波动峰值，分别在2008年、2011年与2019年，最大上升幅度为26.7个百分点，这反映了治理绩效不稳的问题。经计算，研究期辽河流域Ⅳ－Ⅴ类水质占比下降过程中相对于总变化趋势各年份平均离散幅度为11.46，标准差为15.28，这也表明近20年辽河流域Ⅳ－Ⅴ类水治理效果具有很大的不稳定性和波动性。

（3）劣Ⅴ类水质占比水平及其变化情况分析。①就占比水平看，研究期初劣Ⅴ类水质占比超高，前三年超过37%，2002年更是高达52.2%，表明 21 世纪初辽河流域水质恶化十分严重，超过近一半的水体失去使用功能。到研究期末，劣Ⅴ类水质占比大幅降低至 0%，最后三年一直保持在 0% 的水平，表明当前辽河流域基本消灭了劣Ⅴ类水质，该类水质治理成效显著。经计算，我国辽河流域近 20 年劣Ⅴ类水质占比年平均值为 22.11%，表明近 20 年我国辽河流域总体水质恶化较重，高于全国平均水平。②从近 20 年辽河流域劣Ⅴ类水质占比变化趋势看，总体呈较大幅度阶梯性、波动性下降趋势。近 20 年辽河流域劣Ⅴ类水质占比由 2002 年的 52.2% 降低至 2022 年的 0%，降幅为 52.2 个百分点，年均降低约 2.61 个百分点。其阶梯性、波动性变化体现在，2002—2004 年经过较大幅降低后，2004—2006 年进入平稳缓慢变动期，维持在 40% 左右；随后 2007—2013 年又经历了两次阶段性较大幅度降低，由 40.5% 降低至 5.4%；之后 2013—2018 年又经过较大幅度提升至 22.1% 后，2018—2020 年又大幅度降低至 0%，并维持在 0% 的水平。这表明近 20 年辽河流域劣Ⅴ类水治理一直得到高度重视，治理成效显著，但具有显著阶段性特点与一定的恶化反弹性。经计算，研究期辽河流域劣Ⅴ类水质占比下降过程中相对于总变化趋势各年份平均离散幅度为 6.06，标准差为 8.32，这也表明近 20 年辽河流域劣Ⅴ类水治理效果具有显著不稳定性和波动性。

（4）辽河流域水环境治理成效综合分析。综合近 20 年辽河流域三类水质占比及其变化情况可知，辽河流域近 20 年水环境治理取得很大成效，但具有较为突出的不稳定性；当前劣Ⅴ类水治理成效很好，但Ⅳ－Ⅴ类水质占比仍偏高，未来治理任务仍很艰巨，仍需继续强化相关治理措施，保持治理的高压态势，并将治理重点放在Ⅳ－Ⅴ类水质的治理上。

（七）海河流域水污染治理绩效及其变化评价分析

图 3-7 所示为海河流域各类水质占比近 20 年变化趋势图。

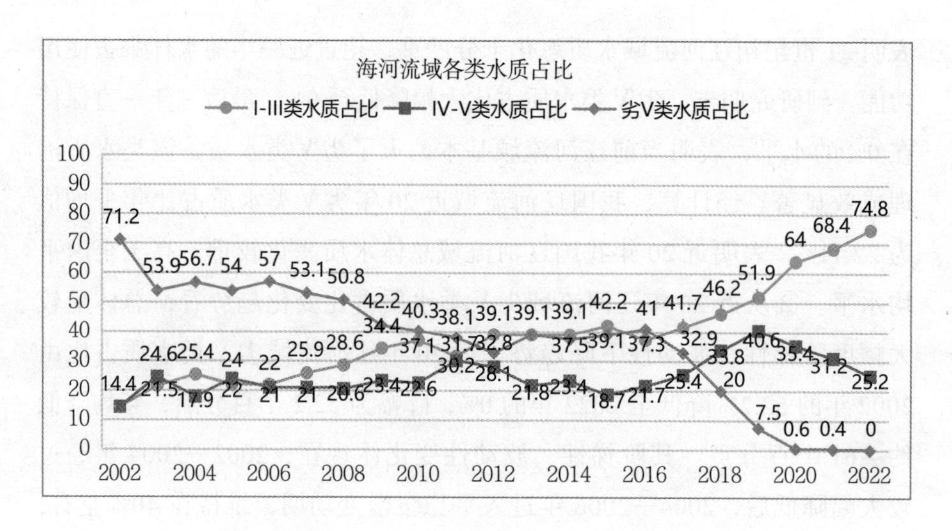

图 3-7 海河流域各类水质占比近 20 年变化趋势图

基于图 3-7，对我国海河流域近 20 年各类水质占比及其变化情况分析如下。

（1）近 20 年海河流域Ⅰ－Ⅲ类水质占比（水质优良率）及其变化分析。①就水质优良率看，研究期初我国海河流域水质优良率极低，2005 年之前各年份均低于 26%，2002 年仅为 14.4%，显著低于同期全国流域的平均水平，表明 21 世纪初我国海河流域水环境很差，属于重度污染水平。研究期末，海河流域水质优良率较大幅度提高，2022 年为 74.8%，表明当前海河流域水环境得到较大幅度的改善，但总体仍处于轻度污染水平。经计算，我国海河流域近 20 年水质优良率年平均值为 38.42%，表明近 20 年我国海河流域总体水质较差，属于中度污染级别。与全国流域总体情况相比，研究期内我国海河流域水质显著低于全国平均水平。②就水质优良率变化情况看，近 20 年我国海河流域水质优良率总体呈大幅提升且阶段性明显、波动幅度小的特点。近 20 年海河流域水质优良率由 2002 年的 14.4% 提升到 2022 年的 74.8%，提高了 60.4 个百分点，年均提高约 3.02 个百分点；2012 年以后 10 年间提高了 35.7 个百分点，年均提高 3.57 个百分点；2017 年以后 5 年间提高了 33.1 个百分点，年均提高 6.62 个百分点。这表明近 20 年特别是党的十九大以来，海河流域水污染治理总体成效显著。阶段性体现为整个研究期大体分为三个较为稳定的快速提升期，即 2002—2004 年、2006—2010 年与 2016—2022 年，分别提升了 11 个百分点、15.1 个百分点与 37.5 个百分点；一个稳定期，即 2012—2016 年，其值大体维持在 39.1% 左右。波动性体现在 2006 年、2011 年、2016 年出现三个波动上升谷值，分别为 22%、31.7% 与 37.3%，最大变动幅度为 6.9 个百分点。这反映了近 20 年海河流域水污染治理成效总体稳定、波动幅度小的特征。经计算，研究期海河流域水质优良率提升过程中相对于总变化趋势各中间年份平均离散幅度为 7.04，标准差为 9.37，高于全国流域平均水平，这也表明近 20 年海河流域水质优良率上升过程总体具有显著不稳定性。

（2）Ⅳ – Ⅴ类水质占比水平及其变化情况分析。①就占比大小看，研究期前 5 年低于 25%，2002 年为 14.4%，略低于全国平均水平；研究期末 2022 年为 25.2%；经计算，研究期内年均值为 25%。这表明研究期海河流域Ⅳ – Ⅴ类水质总体仍处于较高水平，治理任务依然艰巨。②就海河流域近 20 年Ⅳ – Ⅴ类水质占比变化看，总体呈显著波动上升趋势，且具有显著波动性与阶段性。2002 年海河流域Ⅳ – Ⅴ类水质占比由 14.4% 波动上升至 2022 年的 25.2%，升幅为 10.8%，年均升幅为 0.54 个百分点，表明海河流域该类水治理压力依然严重，成为未来流域水污染治理的重点。其波动性体现在 2003 年、2011 年与 2019 年出现三个波动峰值，分别为 24.6%、30.2%、40.6%，最大波动幅度为 11.9 个百分点。这同样反映了海河流域面临着污染不断反弹、治理绩效不稳的问题。但值得注意的是，研究期末 4 年，海河流域该类水质总体呈快速下降趋势，下降幅度达 15.4 个百分点，表明近期该类水治理成效显著。经计算，研究期海河流域该类水质占比变化过程中，相对于总变化趋势各中间年份平均离散幅度为 5.48，标准差为 7.20，略高于全国流域平均水平，这也表明近 20 年海河流域治理绩效具有一定的不稳定性。

（3）劣Ⅴ类水质占比水平及其变化情况分析。①就占比大小看，研究期前5年海河流域劣Ⅴ类水质占比均超过50%，2002年甚至达到71.2%；研究期末3年海河流域劣Ⅴ类水质占比降至1%以下，2022年为0%；经计算，研究期内海河流域劣Ⅴ类水质占比年均值为36.58%。这表明21世纪初水质恶化已经到十分严重的程度，超过50%乃至70%的水体失去使用功能；近20年海河流域水质恶化程度较高；但经近20年的治理当前海河流域基本消除了劣Ⅴ类水，水环境大大改善。②从近20年海河流域劣Ⅴ类水质占比变化趋势看，总体呈阶梯性快速下降趋势。近20年，海河流域劣Ⅴ类水质占比由2002年的71.2%降低至2022年的0%，降幅为71.2个百分点，年均降低约3.56个百分点，特别是从2016年后近6年降幅最大，降低约41个百分点。其阶梯性变化体现在，2002—2003年经过快速大幅降低后，2003—2006年进入平稳缓慢变动期，维持在55%左右；随后2006—2012年经历了显著的较大幅度降低，由57%降低至32.8%，随后经过小幅提升后，2013—2016年又进入一个稳定缓慢变动期，比率维持在39.1%左右；之后2016—2020年又经历显著大幅降低，由41%降低至0.6%，2020—2022年进入较低水平的稳定期；这表明近20年海河流域劣Ⅴ类水治理成效十分显著，但具有显著阶段性特点。经计算，研究期内海河流域劣Ⅴ类水质占比下降过程中，相对于总变化趋势各年份平均离散幅度为5.85，标准差为8.25，表明近20年海河流域劣Ⅴ类水治理效果具有一定的不稳定性。

（4）就流域各年份各类水质占比看，近20年海河流域总体水质较差，水质优良率多数年份在50%以下，Ⅳ－Ⅴ类水质占比大多年份超过20%，劣Ⅴ类水质占比多数年份维持在40%以上。这表明，近20年海河流域水污染总体污染严重，治理任务艰巨。近些年水环境已大大改善，基本消除了劣Ⅴ类水，但Ⅳ－Ⅴ类水质高居不下成为未来治理的重点。从近20年海河流域各类水质变化特征看，海河流域水污染治理成效具有一定的不稳定性，需要加大相关治理措施的执行力度。

（八）淮河流域水污染治理绩效及其变化评价分析

图 3-8 所示为淮河流域各类水质占比近 20 年变化趋势图。

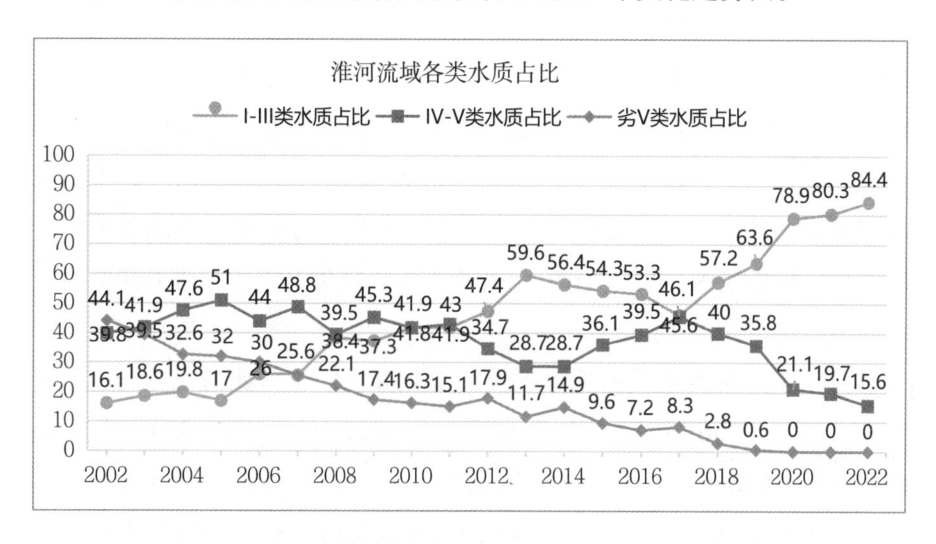

图 3-8　淮河流域各类水质占比近 20 年变化趋势图

基于图 3-8，对我国淮河流域近 20 年水污染治理绩效及其变化评价分析如下。

（1）Ⅰ－Ⅲ类水质占比水平及其变化分析。①占比情况分析，研究期初，2002—2005 年该流域水质优良率未超过 20%，2002 年仅为 16.1%，低于全国平均水平近 10 个百分点；研究期末，2022 年淮河流域水质优良率达到 84.4%；经计算，近 20 年淮河流域水质优良率年均值为 41.91%。这表明，21 世纪初我国淮河流域水污染十分严重，属于重度污染水平；近 20 年总体低于全国流域的平均水平；当前淮河流域水环境大大改善，水质良好。②就水质优良率变化趋势看，近 20 年我国淮河流域水质优良率总体呈快速稳定提升趋势，但中间经历了一次较大幅度下降波动。近 20 年淮河流域水质优良率由 2002 年的 16.1% 提升到 2022 年的 84.4%，提高了 68.3 个百分点，年均提高约 3.41 个百分点；2012 年以后 10 年提高了 37 个百分点，年均提高 3.7 个百分点；2017 年以后 5 年提高了 38.3 个百分点，年均提高 7.66 个百分点。这表明近 20 年特别是党的十九大以来，淮河流域水污染治理总体成效十分显著。其波动性体现在，在经历了 2002—2013 年的较为稳定的显著上升期后，2013—2017 年由 59.6% 大幅下降至 46.1%，降幅达 13.5 个百分点，随后又大幅快速上升至 2022 年的 84.4%。这反映了近 10 年淮河流域水污染治理成效的不稳定性，并在一定程度上存在水质恶化反弹问题。经计算，研究期淮河流域劣Ⅴ类水质占比下降过程中，相对于总变化趋势各年份平均离散幅度为 5.17，标准差为 7.54，表明近 20 年淮河流域劣Ⅴ类水治理效果具有一定的不稳定性。

（2）Ⅳ－Ⅴ类水质占比水平及其变化分析。①占比情况分析，研究期初，2002—2005 年Ⅳ－Ⅴ类水质占比超过 39%，2005 年达到 51%；研究期末，2022 年Ⅳ－Ⅴ类水质占比降为 15.6%；经计算，近 20 年Ⅳ－Ⅴ类水质占比年均值为 37.53%。这表明 21 世纪初，淮河流域该类水质污染较为严重；近 20 年该类水质占比总体偏高，近期该类水质占比仍比较大，仍需加大治理力度。②就其变化趋势看，近 20 年淮河流域Ⅳ－Ⅴ类水质占比总体呈缓慢性下降、波动性显著的趋势。近 20 年，淮河流域Ⅳ－Ⅴ类水质占比由 2002 年的 39.8% 降低至 2022 年的 15.6%，降幅为 24.2 个百分点，年均降低约 1.21 个百分点。最为突出的是 2017 年以后 5 年，该类水质呈快速逐年下降趋势：降幅最大，为 30 个百分点；减速也最快，年均达 6 个百分点。其波动性突出体现在 2005 年、2007 年、2009 年、2017 年出现 4 个显著的波动上升峰值，分别为 51%、48.8%、45.3%、45.6%，最大变幅为 10.8 个百分点。这也反映了淮河流域面临着污染不断反弹压力，治理绩效不稳的问题。经计算，研究期淮河流域Ⅳ－Ⅴ类水质占比下降过程中，相对于总变化趋势各年份平均离散幅度为 9.83，标准差为 12.12，这也表明近 20 年淮河流域Ⅳ－Ⅴ类水治理效果具有较大不稳定性。

（3）劣Ⅴ类水质占比水平及其变化分析。①占比情况分析。研究期初，2002—2005 年淮河流域劣Ⅴ类水质占比超过 30%，2002 年高达 44.1%，高于全国流域平均水平；研究期末 3 年劣Ⅴ类水质连续三年维持 0%；经计算，淮河流域近 20 年劣Ⅴ类水质占比年均为 16.56%，略低于全国流域平均水平。这表明 21 世纪初，淮河流域水质恶化较为严重，但研究期总体情况相对较轻，当前流域基本消除了劣Ⅴ类水，水质恶化问题基本解决。②变化情况分析。从近 20 年淮河流域劣Ⅴ类水质占比变化趋势看，研究期虽有波动，但总体呈匀速稳定较快大幅下降趋势。流域劣Ⅴ类水质占比由 2002 年的 44.1% 降低至 2022 年的 0%，降低了 44.1 个百分点，年均降幅为 2.21 个百分点。这表明，近 20 年淮河流域劣Ⅴ类水治理成效显著且稳定提升。经计算，研究期淮河流劣Ⅴ类水质占比下降过程中，相对于总变化趋势各年份平均离散幅度为 5.48，标准差为 6.38，小于全国平均水平，这也表明近 20 年淮河流域该类水治理效果的相对稳定性。

（4）就流域各年份各类水质占比看，近 20 年淮河流域总体水质较差，水质优良率多数年份在 60% 以下，Ⅳ－Ⅴ类水质占比大多年份超过 30%，劣Ⅴ类水质占比多数年份超过 10%。这表明，近 20 年淮河流域水污染总体污染严重，治理任务艰巨。从绩效变化趋势看，淮河流域水环境治理，特别是Ⅳ－Ⅴ类水治理成效具有较大不稳定性。

（九）浙闽片河流水环境治理绩效及其变化评价分析

图 3-9 所示为浙闽片河流各类水质占比近 20 年变化趋势图。

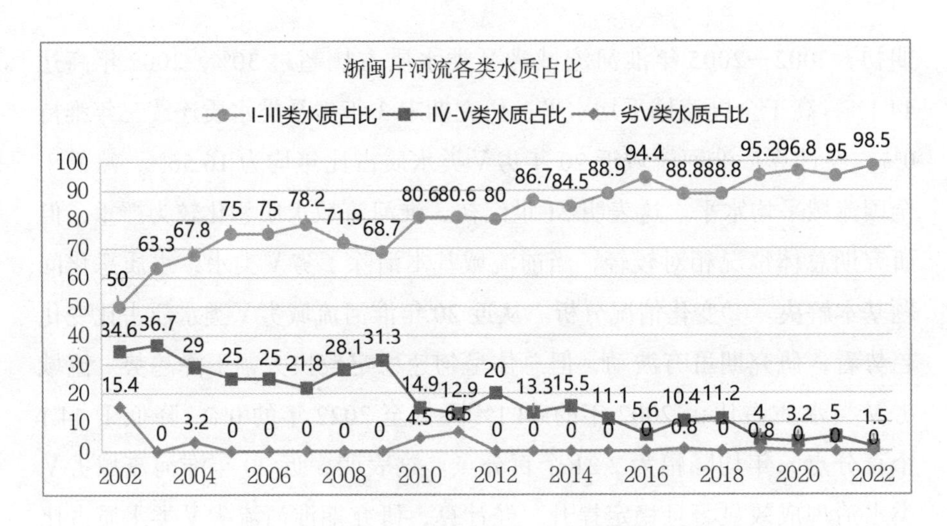

图 3–9　浙闽片河流各类水质占比近 20 年变化趋势图

（1）Ⅰ－Ⅲ类水质占比水平及其变化分析。就浙闽片河流水质优良率变化趋势看，近 20 年区域内水质优良率总体呈较大·幅度波动性上升趋势，但具有显著阶段性。总体看，近 20 年区域内河流水质优良率由 2002 年的 50% 提升到 2022 年的 98.5%，提高了 48.5 个百分点，年均提高约 2.43 个百分点；2012 年以后 10 年间提高了 18.5 个百分点，2017 年以后 5 年间提高了 9.7 个百分点。其主要快速提升阶段性体现为 2002—2007 年、2009—2016 年、2018—2022 年，分别增长了 28.2 个百分点、25.7 个百分点与 9.7 个百分点；研究期波动性主要体现在 2007|—2009 年与 2016–2017 年出现两次较大幅度下降波动，最大降幅为 9.5 个百分点。经计算，研究浙闽片河流Ⅰ－Ⅲ类水质占比过程中，相对于总变化趋势各年份平均离散幅度为 7.19，其标准差为 9.22，表明近 20 年浙闽片河流Ⅰ－Ⅲ类水治理效果具有一定不稳定性。

（2）Ⅳ－Ⅴ类水质占比变化分析。该区域近 20 年Ⅳ－Ⅴ类水质占比变化总体呈波动下降趋势。区域内Ⅳ－Ⅴ类水质占比由 2002 年的 34.6% 波动下降至 2022 年的 1.5%，降幅达 33.1%，年均降幅为 1.65 个百分点，表明区域Ⅳ－Ⅴ类水治理成效显著。其波动性体现在，在前期微小波动上升回落后又反弹波动上升出现三次较大峰值，分别在 2009 年、2012 年、2018 年，其最大变动幅度为 9.5 个百分点，出现在 2009 年。这也反映了该区域该类水质不断反弹的压力和治理绩效不稳定的问题。经计算，研究期浙闽片河流Ⅳ－Ⅴ类水质占比下降过程中，相对于总变化趋势各年份平均离散幅度为 3.16，标准差为 3.87，说明近 20 年该流域各年份Ⅳ－Ⅴ类水治理效果相对于总体变化趋势变动不大，具有相对稳定性。

（3）劣Ⅴ类水质占比变化分析。近 20 年该区域劣Ⅴ类水质占比在前期大幅下降后除两次较大幅度波动上升外，多数年份维持在较低（0%）的水平上。近 20 年该区域劣Ⅴ类水质占比由 2002 年 15.4% 降低至 2022 年的 0%，降幅为 15.4 个百分点，年均降幅为 0.77 个百分点。两次较大波动上升分别发生在 2004 年与 2011 年，最大升幅为 6.5 个百分点，出现在 2011 年；其余年基本维持在 0% 的水平上。这反映了近 20 年该区域河流总体水质恶化不严重。这与该区域降水丰沛，径流量大，对排入污水稀释净化能力较好有关。经计算，研究期间，该流域劣Ⅴ类水质占比下降过程中，相对于总变化趋势各年份平均离散幅度为 6.52，其标准差为 7.90，考虑到研究期内除个别年份外，该片流域劣Ⅴ类水质占比大多维持在 0% 的水平，说明尽管该区域流域劣Ⅴ类水质占比各年份平均变动幅度较大，但总体治理效果较为稳定。

（十）西南诸河流域水环境治理绩效及其变化情况分析

图 3-10 所示为西南诸河流域各类水质占比近 20 年变化趋势图。

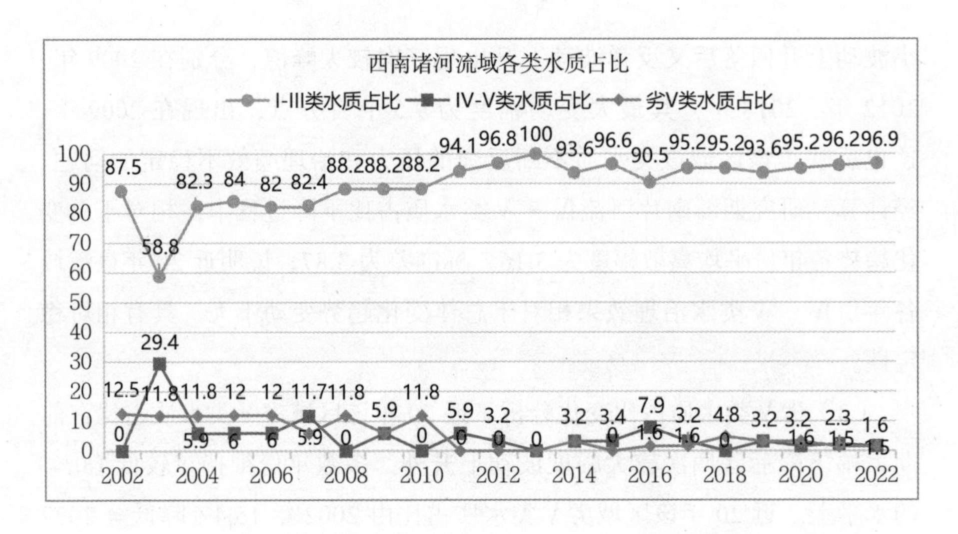

图 3-10　西南诸河流域各类水质占比近 20 年变化趋势图

根据图 3-10 对我国西南诸河流域水环境治理绩效评价分析如下。

（1）从水污染形势看水污染治理绩效。研究期内除 2003 年较大幅度波动下降外，西南诸河水质优良率均保持在 80% 以上；Ⅳ－Ⅴ类、劣Ⅴ类水质占比也多保持在低于 13% 的较低水平；经核算，三类水质占比年平均值分别为 89.79%、4.78% 与 5.53%。这表明，除 2003 年外，研究期内西南诸河总体水质优良，水环境治理绩效好。比较研究期初与研究期末不难发现，研究期末比研究期初劣Ⅴ类水质占比进一步降低，均低于 5%；而水质优良率进一步提高，多高于 95%。这表明当前流域水环境治理绩效有了进一步提高。

（2）从水质优良率变化看水污染治理绩效变化，研究期该流域水质优良率总体呈增长趋势，且以 2013 年为界大体分为前后两个不同变化阶段，即前 11 年除 2003 年大幅下降外，2003—2013 年为较大幅度稳定上升阶段，后 9 年增幅较小且有微小幅度波动。具体体现为，该区域河流水质优良率由 2002 年的 87.5% 提升到 2022 年的 96.9%，总体提高了 9.4 个百分点，年均提高约 0.47 个百分点；2017 年以后 5 年间提高了 1.7 个百分点。其较快提升阶段，即 2002—2013 年增幅 12.5 个百分点。研究期波动性体现在，2003 年出现大幅波动下降，谷值为 58.8%，降幅达 28.7 个百分点；另外，在 2014 年与 2016 年也有小幅下降波动。经计算，西南诸河各年份水质优良率相对于研究期内总变化趋势离散均值为 4.18，标准差为 7.4。这体现了近 20 年西南诸河流域水污染治理绩效有显著提升，但也具有一定的波动性和不稳定性。

（3）从该区域Ⅳ－Ⅴ类水质占比变化看水污染治理绩效变化。总体以 2019 年为界明显分为两个不同的变化阶段，前阶段总体呈多次较大幅波动变化特征；后阶段呈缓慢逐年下降特征。具体体现为，前一阶段分别在 2003 年、2007 年、2009 年、2011 年和 2016 年有 5 个显著的回升峰值，最大回升幅度为 29.4，发生在 2003 年。后一阶段由 3.2% 下降至 1.6%，反映了西南诸河Ⅳ－Ⅴ类水治理绩效的不稳定性，Ⅳ－Ⅴ类水污染具有一定的反弹性。从 2002 年到 2022 年Ⅳ－Ⅴ类水质占比从 0% 上升为 1.6%，略有增加，平均年增幅为 0.08 个百分点。经计算，西南诸河各年份Ⅳ－Ⅴ类水质占比相对于研究期内总变化趋势离散均值为 4.29，标准差为 7.60。这体现了近 20 年西南诸河流域水污染治理绩效从研究期初到研究期末总体变化不大，但期间有一定的波动性和不稳定性。

（4）从劣Ⅴ类水质占比变化看水污染治理绩效变化。从 2002 年至 2022 年劣Ⅴ类水质占比由 12.5% 下降至 1.5%，降幅为 11 个百分点，年均降幅为 0.55 个百分点，表明西南诸河劣Ⅴ类水治理成效有一定程度的提高。从其过程特征看，以 2006 年、2010 年为界大体分为变化特征不同的三个阶段，2002—2006 年区域内河流劣Ⅴ类水质占比维持在 12% 左右，几乎没有变化，为一个变动平稳期；2006—2010 年为较大波动上升期，出现两次较大波动，波动最大幅度为 11.8 个百分点，2011—2022 年虽出现两次波动，但波动幅度小，其他年份均稳定维持在低于 3.2% 的较低水平。这也反映了该区域河流水质近 20 年治理绩效的阶段差异性和一定的不稳定性。经计算，西南诸河各年份劣Ⅴ类水质占比相对于研究期内总变化趋势离散均值为 2.58，标准差为 3.50。这体现了近 20 年西南诸河流域水污染治理绩效总体虽有一定的波动性与不稳定性，但相对于研究期内变化总趋势不稳定性较小。

（十一）西北诸河流域水污染治理绩效及其变化分析

图 3-11 所示为西北诸河流域各类水质占比近 20 年变化趋势图。

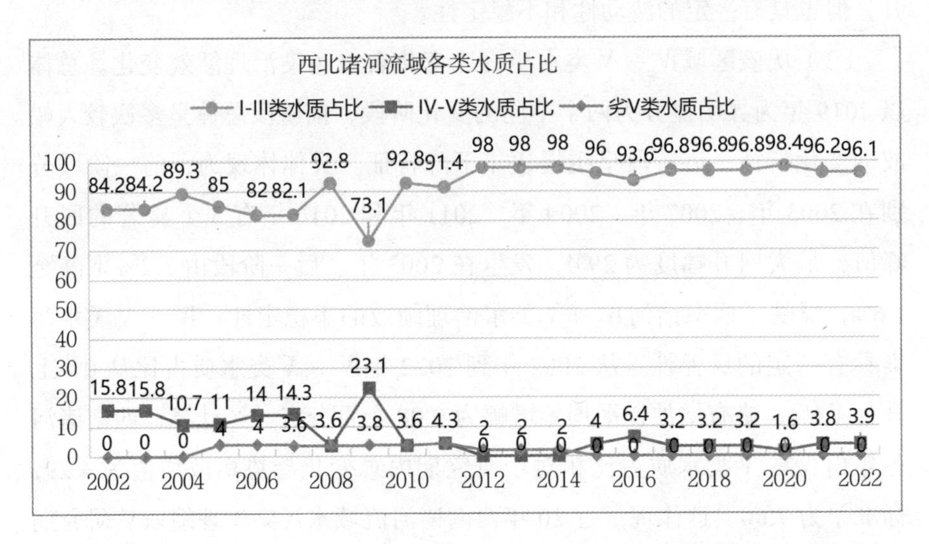

图 3-11　西北诸河流域各类水质占比近 20 年变化趋势图

根据图 3-11 对我国西北诸河流域水污染治理绩效及其变化进行评价分析如下。

（1）从各类水质占比情况评价水污染治理绩效。与西南诸河流域相似，研究期内西北诸河流域水质优良率占比除 2009 年外总体一直保持在 82% 以上，特别是 2011 年以后一直保持在 90% 以上，2017 年以后更是保持在 96% 以上。与之相反，Ⅳ－Ⅴ类水质占比除 2009 年外总体保持在低于 16% 的水平上；劣Ⅴ类水质各年份均保持在低于 5% 的较低水平，特别是研究期后 7 年一直保持在 0% 的水平，基本消除了水质恶化问题。经计算，西北诸河研究期内三类水质占比年平均值分别为 91.50%、6.93% 与 1.57%。这表明研究期内特别是 2017 年以来我国西北诸河水质总体优良，水环境保护与水污染治理绩效显著。

（2）从水质优良率变化趋势看西北诸河水污染治理绩效。研究期西北诸河水质优良率总体呈小幅增长趋势，且以 2012 年为界大体分为两个不同变化阶段，即前 10 年呈较大幅度波动上升阶段，后 10 年为高位平稳微变动阶段。该区域河流水质优良率由 2002 年的 84.2% 提升到 2022 年的 96.1%，提高了 11.9 个百分点，年均提高约 0.59 个百分点；2012 年以后 10 年间小幅降了 1.9 个百分点，2017 年以后 5 年间降低了 0.7 个百分点。其较快提升阶段为 2003—2004 年、2007—2008 年，2009—2010 年、2011—2012 年，最大增幅 19.7 个百分点。前 10 年的波动性体现在，在前期增长后 2006 年和 2009 年出现两个波动下降谷值，分别为 82% 与 73.1%，最大降幅达 19.7 个百分点。后 10 年稳定性体现在基本稳定在 93.6% ~ 98%。这体现了研究期内，西北诸河流域水污染治理绩效有小幅提升，且有一定的不稳定性和波动性特点。经计算，西北诸河各年份水质优良率相对于研究期内总变化趋势离散均值为 3.84，标准差为 5.13。这说明近 20 年西北诸河流域水污染治理绩效有显著提升，总体波动性和不稳定性较小。

（3）从Ⅳ－Ⅴ类水质占比变化分析西北诸河流域水污染治理绩效变化。研究期内西北诸河Ⅳ－Ⅴ类水质占比总体呈波动性显著缓慢下降趋势，但明显分为两个不同的变化阶段：前 10 年总体下降幅度较大，波动性也较大；后 10 年呈稳定的低位微波动特征。区域内Ⅳ－Ⅴ类水质占比由 2002 年的 15.8% 波动下降至 2022 年的 3.9%，降幅为 11.9%，年均降幅为 0.59 个百分点。前 10 年显著降低体现在从 2002 年的 15.8% 降低至 2012 年的 0%，降幅达 15.8 个百分点，波动性体现在 2009 年出现一次较大幅度的波动上升，升幅达 19.5 个百分点。后 10 年稳定性体现在基本稳定在 0% 至 4% 之间，仅在 2016 年出现一次小幅度上升波动，波动幅度为 6.4%，此后回落并维持在 3.2%～3.9% 的水平。经计算，西北诸河各年份Ⅳ－Ⅴ类水质占比相对于研究期内总变化趋势离散均值为 4.30，标准差为 5.57。这说明，近 20 年西北诸河流域水污染治理绩效总体有显著提升，但有一定的波动性和不稳定性，特别是在研究期的前期。

（4）从近20年该区域劣Ⅴ类水质占比变化评价水污染治理绩效。研究期内西北诸河流域劣Ⅴ类水质占比除2005—2014年波动上升维持在2%至4.3%之间的较低水平上外，其他年份均为0%。从2002年到2022年该类水质占比变化为0%。这表明，西北诸河流域劣Ⅴ类水除2005—2014年治理绩效稍差外，其他年份均治理绩效优秀。经计算，西北诸河各年份劣Ⅴ类水质占比相对于研究期内总变化趋势离散均值为1.57，标准差为2.35。这说明近20年西北诸河水质恶化治理及绩效总体稳定，变动不大。

三、我国各流域水污染治理绩效及其变化比较分析

（一）基于水质优良率及其变化的比较分析

我国各流域优良水质占比变化趋势比较图和近20年线性变化趋势比较图分别如图3-12和图3-13所示。

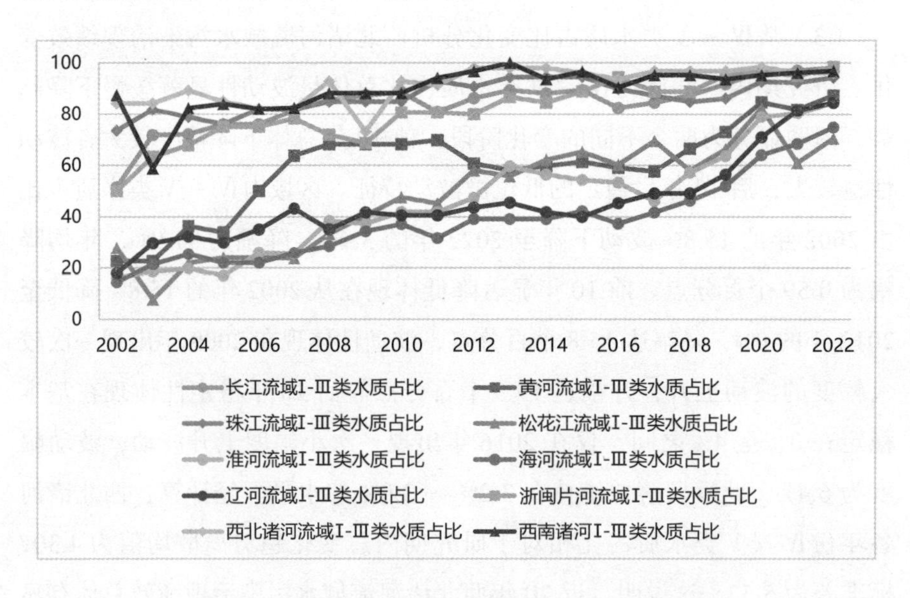

图3-12 我国各流域优良水质占比变化趋势比较图

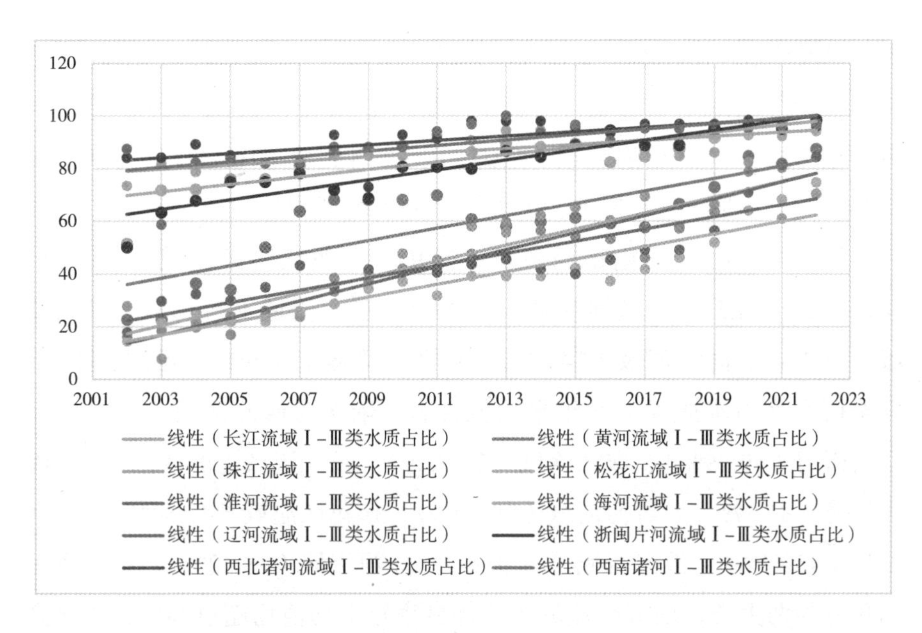

图 3-13　我国各流域优良水质近 20 年线性变化趋势比较图

（1）基于Ⅰ-Ⅲ类水质占比（水质优良率）大小比较分析各流域水污染治理绩效差异评价。①总体看，我国十大流域Ⅰ-Ⅲ类水质占比按大小可分为差异显著的两大类。第一类包括长江流域、珠江流域、浙闽片河流、西南诸河流域、西北诸河流域五大流域，近 20 年各年份占比较大，水质较好；第二类包括黄河流域、松花江流域、辽河流域、淮河流域、海河流域五大流域，近 20 年各年份占比较小，水质较差。具体表现在，第一类流域在研究期初年份水质优良率多高于 50%，研究期末年份水质优良率均高于 90%，多在 95% 以上；中间年份水质优良率多高于 70%；第二类流域在研究期初年份水质优良率多低于 30%，研究期末年份水质优良率均低于 90%，中间年份水质优良率多低于 60%。②比较具体流域，第一类流域中，西北诸河流域和西南诸河流域水质相对较好，浙闽片河流与长江流域总体水质较差，而珠江流域居中；第二类流域中，黄河流域水质相对较好，海河流域最差，松花江流域、辽河流域、淮河流域三个流域居中。③研究期初各流域水质优良率由大到小分别为西南诸河流域（87.5%）、西北诸河流域（84.2%）、珠江流域（73.5%）、长江流域（51.5%）、浙闽片河流（50%）、松花江流域（27.8%）、黄河流域（22.7%）、辽河流域（17.9%）、淮河流域（16.1%）、海河流域（14.4%）。④研究期末其排名由大到小分别为浙闽片河流（98.5%）、长江流域（98.1%）、西南诸河流域（96.9%）、西北诸河流域（96.1%）、珠江流域（94.3%）、黄河流域（87.4%）、辽河流域（84.5%）、淮河流域（84.4%）、海河流域（74.8%）、松花江流域（70.5%）（见图 3-14）。⑤按研究期内水质优良率年平均值排名，依次为西北诸河（91.50%）、西南诸河（89.79%）、珠江流域（86.80%）、长江流域（83.92%）、浙闽片河流（81.37%）、黄河流域（59.70%）、松花江流域（47.84%）、辽河流域（45.41%）、淮河流域（41.91%）、海河流域（38.42%），据此也可明显分为两大类，前五个流域水质优良率年平均值均超过 80%，明显高于全国流域综合水平（63.05%）；而后五个流域水质优良率年平均值均低于 60%，明显低于全国流域的综合水平，各流域近 20 年水质优良率年平均值比较如图 3-15 所示。

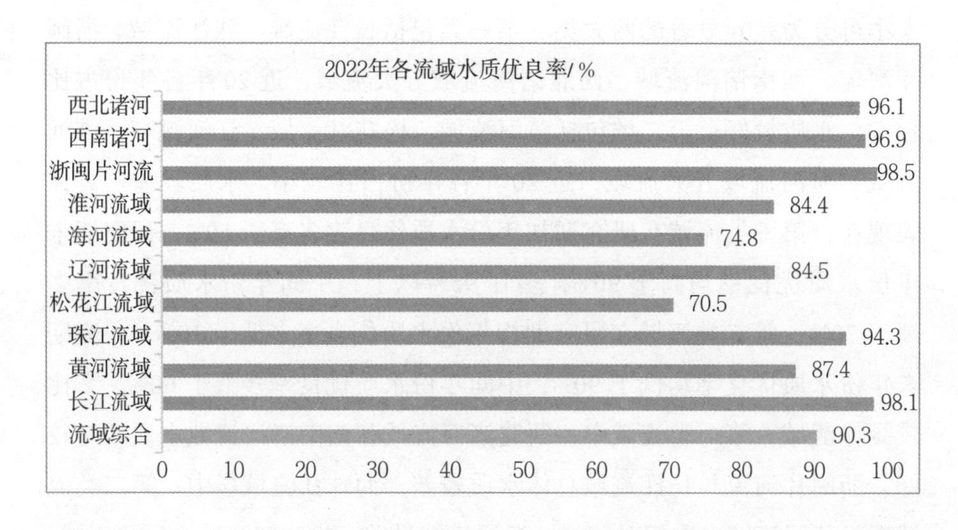

图 3-14　2022 年各流域水质优良率比较

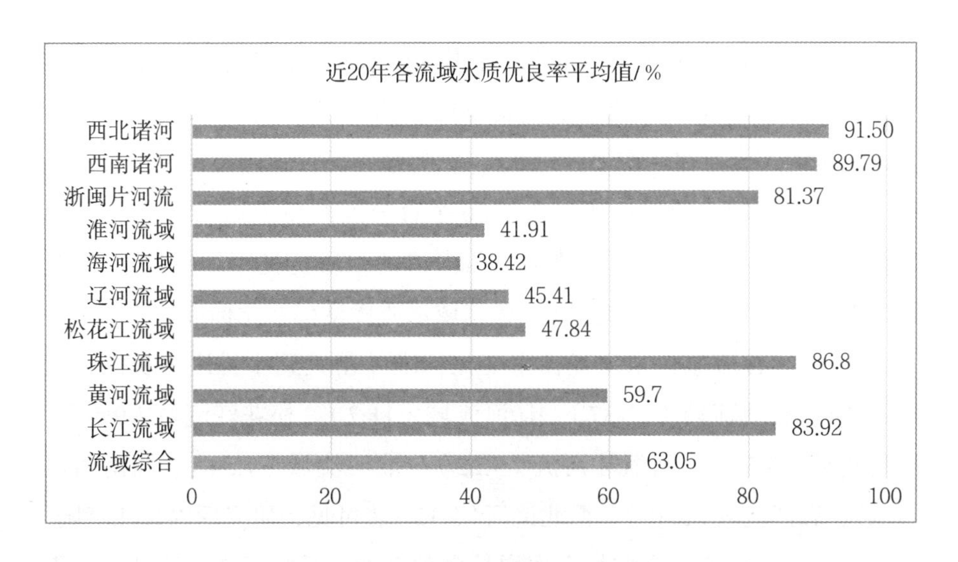

图 3-15　各流域近 20 年水质优良率年平均值比较

（2）Ⅰ－Ⅲ类水质占比（水质优良率）变化比较。近 20 年我国十大流域水质优良率总体均呈现明显非线性波动增长趋势，但增长幅度与速度及其上升稳定性与波动性存在较大差异，且具有阶段差异性。①根据研究期内水质优良率增幅和增速（波动性），各流域可分为两类：第一类包括长江流域、珠江流域、浙闽片河流、西南诸河流域、西北诸河流域五大流域，水质优良率上升幅度小、速度慢，但总体波动性较小而稳定；第二类包括黄河流域、松花江流域、辽河流域、淮河流域、海河流域五大流域，水质优良率上升幅度大、速度快，且总体波动性较大而不稳定，其中，黄河流域与松花江流域最为典型。②按研究期内水质优良率增幅（见图 3-16）及年均增幅，各流域由大到小排序为淮河流域（68.3，3.41）、辽河流域（66.6，3.33）、黄河流域（64.7，3.23）、海河流域（60.4，3.02）、浙闽片河流（48.5，2.43）、长江流域（46.6，2.33）、松花江流域（42.7，2.13）、珠江流域（20.8，1.04）、西北诸河（11.9，0.59）、西南诸河（9.4，0.47）（括号内第一个数为研究期末比研究期初各流域水质优良率增长的百分点数，第二个数为各流域研究期年均增长百分点数。下同）。可见，各流域按水质优良率增幅与增速大致可分为三类，前 4 个流域水质优良率增幅均超过 60 个百分点，多超过全国流域的综合水平（61.2，3.06），归为第一类；浙闽片河流、长江流域、松花江流域水质优良率均低于 50 个百分点而高于 40 个百分点，归为第二类；珠江流域、西北诸河、西南诸河水质优良率增幅低于 21 个百分点，归为第三类。③近 20 年各流域水质优良率变化标准差比较如图 3-17 所示。各流域按水质优良率变化标准差由大到小排序为长江流域（12.42）、黄河流域（12.37）、辽河流域（11.7）、松花江流域（9.54）、海河流域（9.37）、闽浙片河流（9.22）、淮河流域（7.54）、西南诸河（7.6）、珠江流域（5.35）、西北诸河（5.13）。可见，研究期内长江流域、黄河流域、辽河流域水质优良率增长变动最大，反映了 3 个流域水污染治理绩效的相对不稳定性；珠江流域与西北诸河流域水质优良率变动最小，反映了其水污染治理绩效变化的相对稳定性。其阶段差异性体现在，2002—2012 年，各流域水质优良率总体增长较快，但波动性较大，表明此阶段治理成效具有不稳定性；2012—2017 年，我国流域水质优良率多处于相对稳定期，第一类流域多维持在 40% ～ 60%，第二类流域多维持在 80% ～ 95%；2017—2022 年，除少数流域外，我国第一类流域水质优良率总体进入快速增长期，且波动性不大；第二类流域进入缓慢增长期与稳定期。值得注意的是，受 2021 年经济恢复，排放增加的影响，部分流域该年度出现水质优良率不同程度的下降，如黄河流域、浙闽片河流、松花江流域，其中松花江流域波动最大，波动幅度达到 21.4 个百分点。

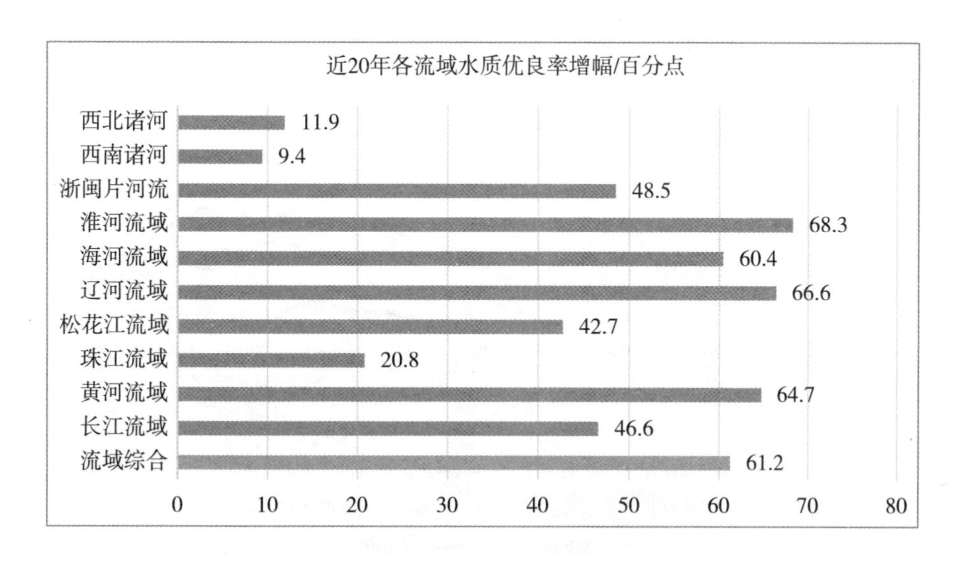

图 3-16 近 20 年各流域水质优良率增幅比较

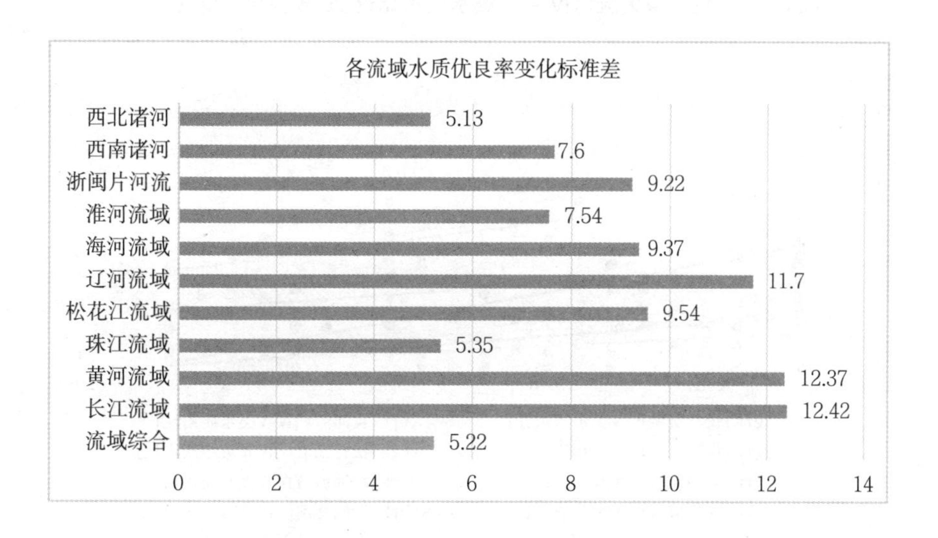

图 3-17 近 20 年各流域水质优良率变化标准差比较

（二）基于Ⅳ－Ⅴ类水质占比及其变化的绩效比较分析

我国各大流域Ⅳ－Ⅴ类水质占比近 20 年变化趋势比较图和线性变化趋势比较图分别如图 3-18 和 3-19 所示。

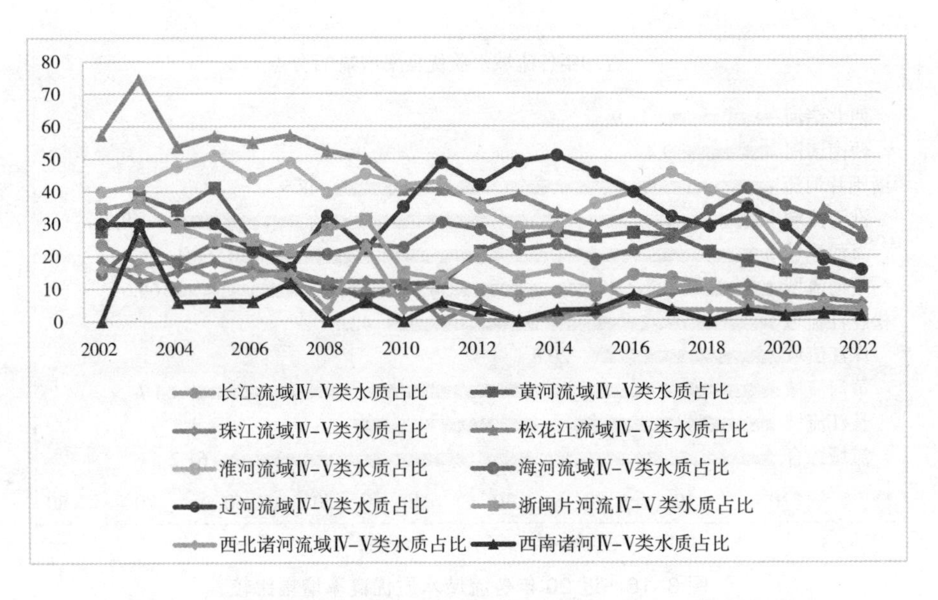

图 3-18 我国各大流域Ⅳ－Ⅴ类水质占比近 20 年变化趋势比较图

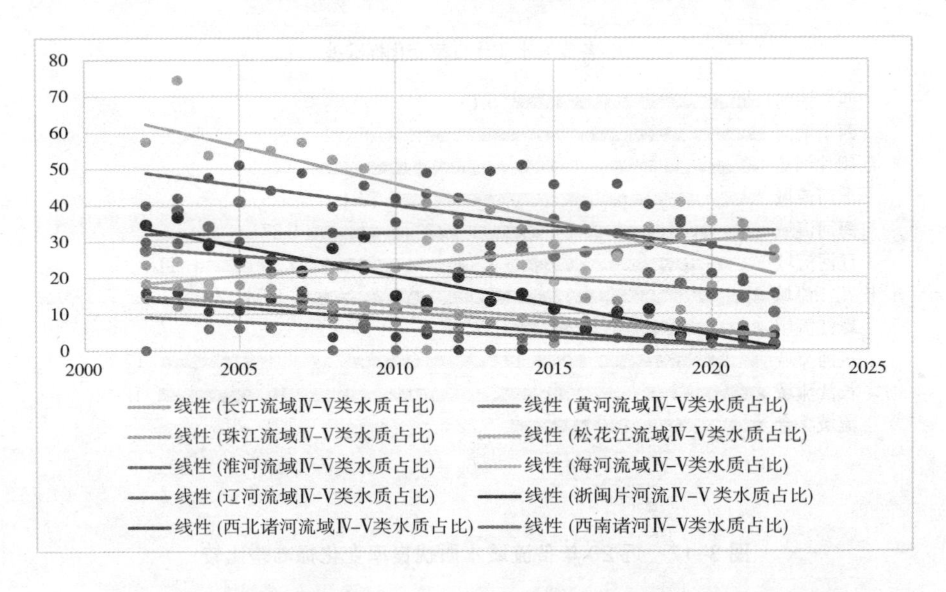

图 3-19 我国各大流域Ⅳ－Ⅴ类水质占比近 20 年线性变化趋势比较图

基于图 3-18 与图 3-19，对十大流域Ⅳ－Ⅴ类水质占比及其变化情况比较分析如下。

（1）Ⅳ－Ⅴ类水质占比大小比较分析。近 20 年我国各流域Ⅳ－Ⅴ水质占比总体呈现较大差异。①研究期初，2002 年各流域Ⅳ－Ⅴ类水质最大占比超过 50%，最小占比接近 0%，相差超过 50%。2002 年各流域Ⅳ－Ⅴ类水质占比从高到低排序依次为松花江流域（57.4%）、淮河流域（39.8%）、浙闽片河流（34.6%）、辽河流域（29.9%）、黄河流域（27.6%）、长江流域（23.5%）、珠江流域（18.3%）、西北诸河流域（15.8%）、海河流域（14.4%）、西南诸河流域（0%）。②研究期末的 2022 年，各流域Ⅳ－Ⅴ类水质占比差异显著缩小，但也存在一定的差距。其中，松花江流域和海河流域较高，位于 20% ～ 30%；其次是淮河流域、辽河流域与黄河流域，位于 10% ～ 20%；其余 5 个流域包括长江流域、珠江流域、浙闽片河流、西南诸河流域、西北诸河流域最小，低于 6%。③研究期末 2022 年，各流域Ⅳ－Ⅴ类水质占比（见图 3-20）从高到低依次是松花江流域（27.5%）、海河流域（25.2%）、淮河流域（15.6%）、辽河流域（15.5%）、黄河流域（10.3%）、珠江流域（5.4%）、西北诸河流域（3.9%）、长江流域（1.9%）、西南诸河流域（1.6%）、浙闽片河流（1.5%）。2002—2022 年各流域Ⅳ－Ⅴ类水质占比总体相对较高的是松花江流域和淮河流域、辽河流域，大部分年份不低于 30%；珠江流域、西北诸河流域、西南诸河流域等大多年份低于 20%，海河流域等则处于 20% ～ 30% 的中间水平。④各流域研究期内按Ⅳ－Ⅴ类水质占比平均值排名依次为松花江流域（41.67%）、淮河流域（37.53%）、辽河流域（32.78%）、海河流域（25%）、黄河流域（21.6%）、浙闽片河流（17.14%）、长江流域（10.80%）、珠江流域（9.25%）、西北诸河（6.93%）、西南诸河（4.78%）。近 20 年各流域Ⅳ－Ⅴ类水质占比平均值比较如图 3-21 所示。这也反映了近 20 年各流域Ⅳ－Ⅴ类水治理绩效的差异性，黄河流域、浙闽片河流、长江流域、珠江流域、西北诸河、西南诸河低于全国流域综合水平（22.7%），治理绩效较好；而松花江流域、淮河流域、辽河流域、海河流域显著高于全国流域综合水平，治理绩效较差。

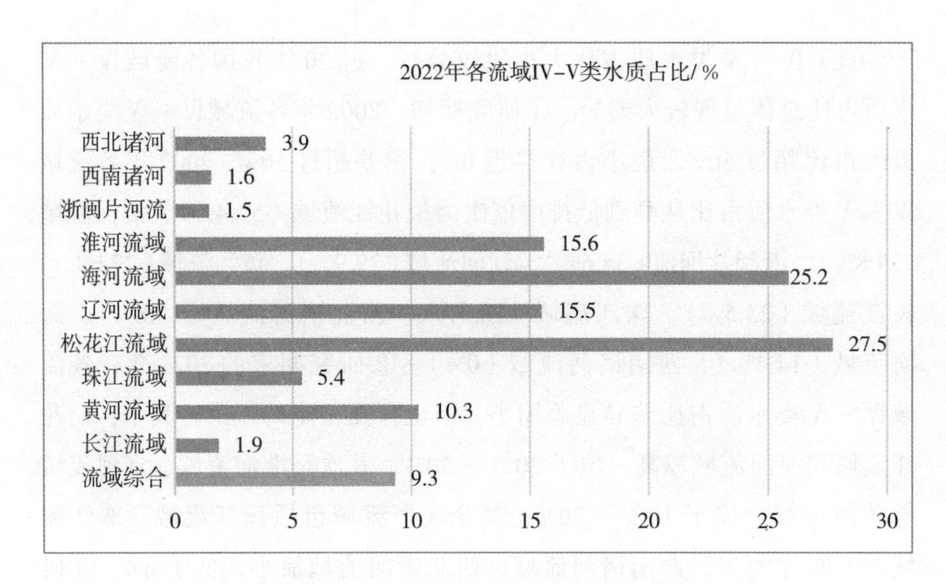

图 3-20　2022 年各流域Ⅳ－Ⅴ类水质占比比较

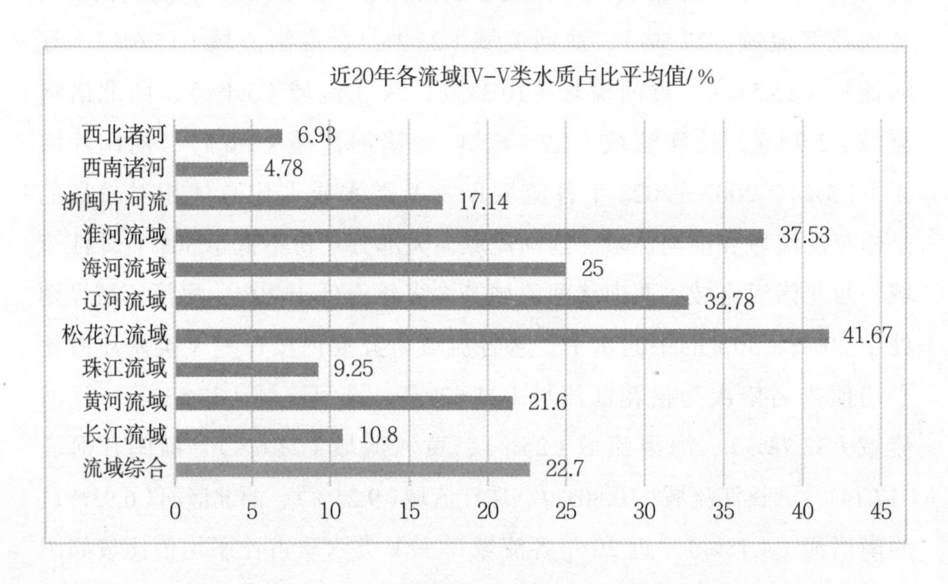

图 3-21　近 20 年各流域Ⅳ－Ⅴ类水质占比年均值比较

（2）Ⅳ－Ⅴ类水质占比变化情况比较。各流域总体上多呈现非线性波动性降低趋势，但其间各流域下降幅度与波动性大小不同。①在下降速度方面，松花江流域、淮河流域，浙闽片河流下降幅度和速度均明显快于其他流域，相反海河流域变动速度最小且呈一定增加趋势，其余诸流域增加速度与幅度处于中间水平。具体来看，研究期内各流域Ⅳ－Ⅴ类水质占比降幅（见图 3-22）和平均降幅由大到小分别为浙闽片河流（33.1，1.65）、松花江流域（29.9，1.49）、淮河流域（24.2，1.41）、长江流域（21.6，1.08）、黄河流域（17.3，0.86）、辽河流域（14.4，0.72）、珠江流域（12.9，0.64）、西北诸河流域（11.9，0.59）、西南诸河流域（−1.6，−0.08）、海河流域（−10.8，−0.54）。②在波动幅度方面，辽河流域波动幅度最大，其次是淮河流域、海河流域、西南诸河流域，而长江流域、西北诸河流域最小。按各流域研究期Ⅳ－Ⅴ类水质占比相对于总变化趋势变化标准差大小排序依次为辽河流域（15.28）、淮河流域（12.12）、黄河流域（8.94）、西南诸河流域（7.60）、海河流域（7.20）、松花江流域（6.76）、西北诸河流域（5.57）、珠江流域（5.19）、长江流域（4.68）、浙闽片河流（3.87），均高于全国流域综合水平（3.25）（见图 3-23）。这表明研究期内各流域中辽河流域、淮河流域Ⅳ－Ⅴ类水治理绩效具有较大不稳定性，而长江流域、浙闽片河流水Ⅳ－Ⅴ类水治理绩效稳定性较好。

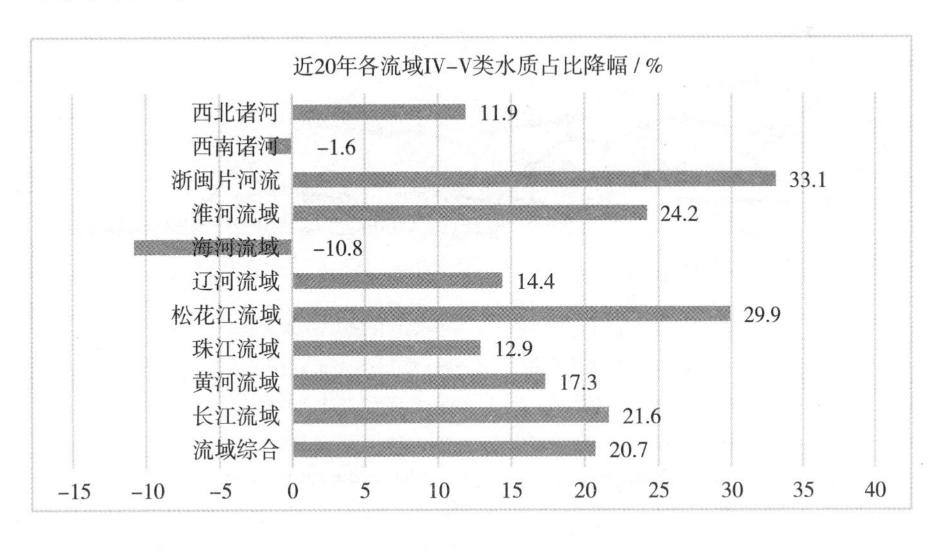

图 3-22　近 20 年各流域Ⅳ－Ⅴ类水质占比降幅比较

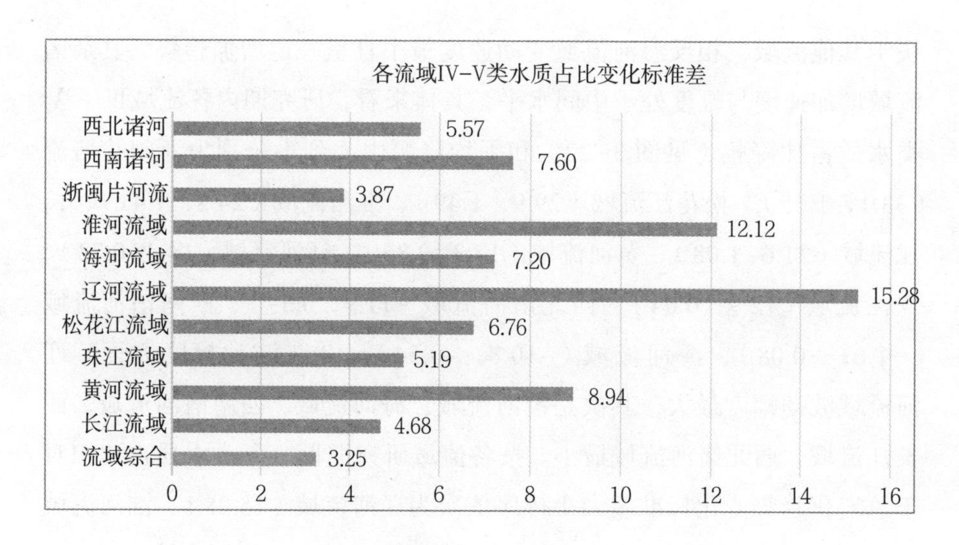

图 3–23　近 20 年各流域Ⅳ – Ⅴ类水质占比变化标准差

（三）基于劣Ⅴ类水质占比及其变化的绩效比较分析

我国各流域劣Ⅴ类水质占比近 20 年变化趋势比较图和线性变化趋势比较图分别如图 3–23 和图 3–24 所示。

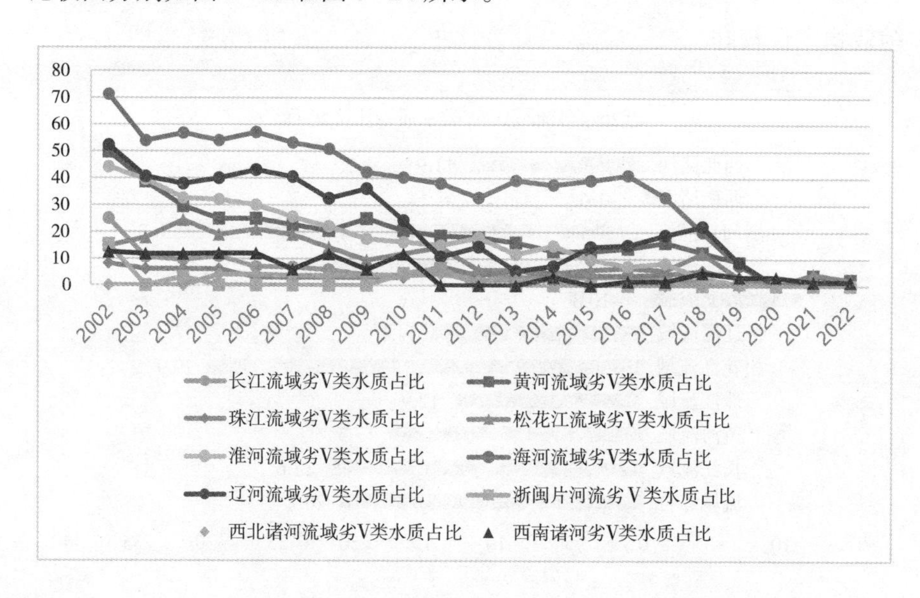

图 3–24　我国各流域劣Ⅴ类水质占比近 20 年变化趋势比较图

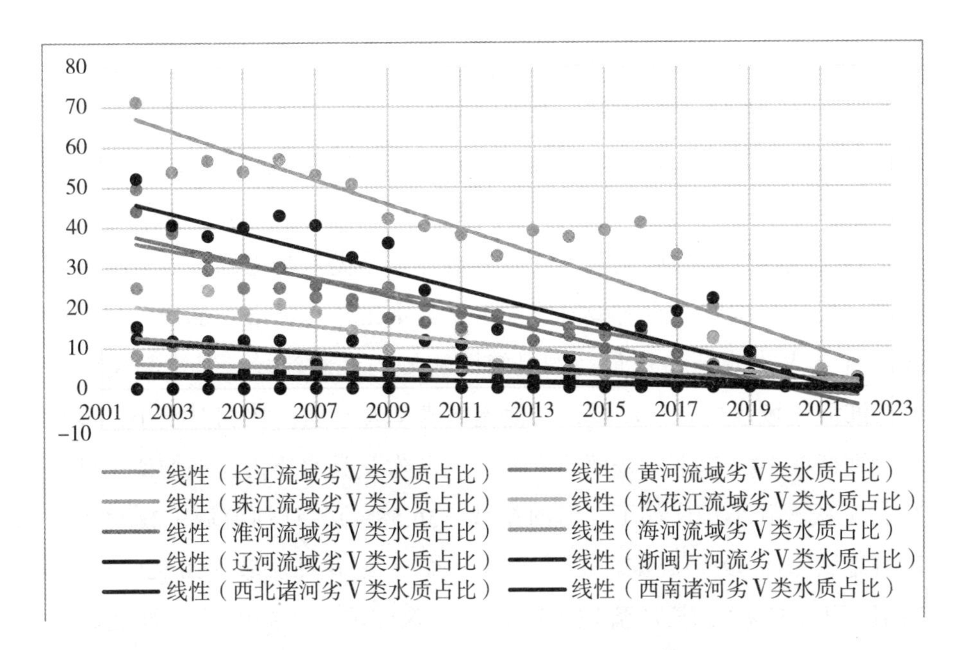

图 3-25　我国各流域劣Ⅴ类水质占比近 20 年线性变化趋势比较图

（1）各流域近 20 年劣Ⅴ类水质占比大小比较。据图 3-24 和图 3-25，总体来看我国各流域劣Ⅴ类水质占比在 2020 年之后差异不大，均保持在低于 5% 的较低水平，但在此前各年份均呈现较大差异。在 21 世纪初，2002 年海河流域劣Ⅴ类水质占比最高，超过 70%；其次是辽河流域、黄河流域及淮河流域，均超过 40% 而低于 55%；再次是长江流域、浙闽片河流、松花江流域、西南诸河流域，均超过 10% 而低于 25%；而珠江流域与西北诸河流域最低，均小于 10%，其中西北诸河流域最低，为 0%。2002 年各流域劣Ⅴ类水质占比按大小具体排序为海河流域（71.2%）、辽河流域（52.2%）、黄河流域（49.7%）、淮河流域（44.1%）、长江流域（25%）、浙闽片河流（15.4%）、松花江流域（14.8%）、西南诸河流域（12.5%）、珠江流域（8.2%）、西北诸河流域（0%）。其中，海河流域、辽河流域、黄河流域、淮河流域劣Ⅴ类水质占比均超过全国流域的综合水平（40.9%），水质恶化严重，劣Ⅴ类水治理成效较差；而长江流域、浙闽片河流、松花江流域、西南诸河流域、珠江流域、西北诸河流域水质较好，治理成效较好。至研究期末（2022 年），各流域劣Ⅴ类水质占比大大降低，按大小排序为黄河流域（2.3%）、松花江流域（2%）、西南诸河（1.5%）、珠江流域（0.3%），其他流域（0%）（见图 3-26）。表明各流域特别是海河流域、辽河流域等劣Ⅴ类水治理成效显著；黄河流域、松花江流域、西南诸河消灭劣Ⅴ类水工作还需继续加强。2002—2022 年劣Ⅴ类水质占比最高的是海河流域与辽河流域，其次是黄河流域、淮河流域、松花江流域，其他流域劣Ⅴ类水质占比相对较小，多数年份维持在 10% 以下。按照研究期各流域劣Ⅴ类水质占比平均值（见图 3-27）从大到小排序如下：海河流域（36.58%）、辽河流域（22.11%）、黄河流域（18.69%）、淮河流域（16.56%）、松花江流域（10.53%）、西南诸河（5.53%）、长江流域（5.28%）、珠江流域（3.95%）、西北诸河（1.57%）、浙闽片河流（1.49%）。其中，海河流域、辽河流域、黄河流域、淮河流域研究期内劣Ⅴ类水质占比年均值均超过全国流域平均水平（14.78%），属于水质恶化较为严重的流域；其余各流域低于全国平均水平，属于水质恶化不严重流域。

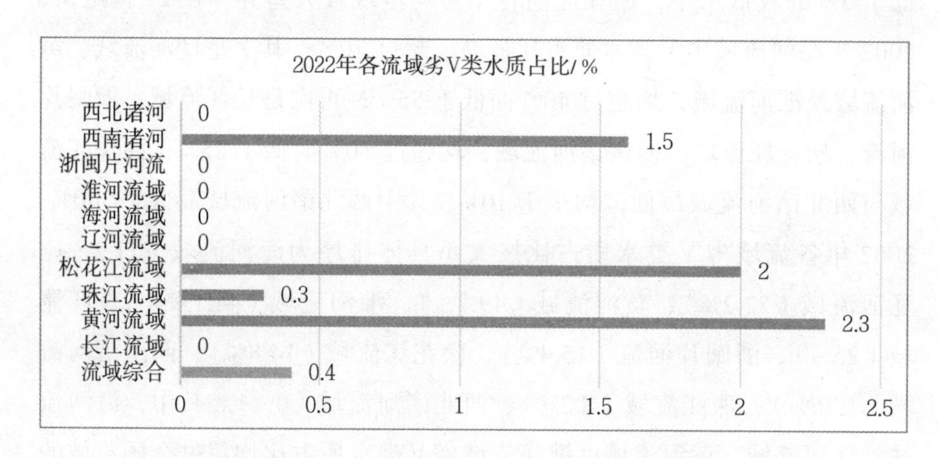

图 3-26　2022 年各流域劣Ⅴ类水质占比比较

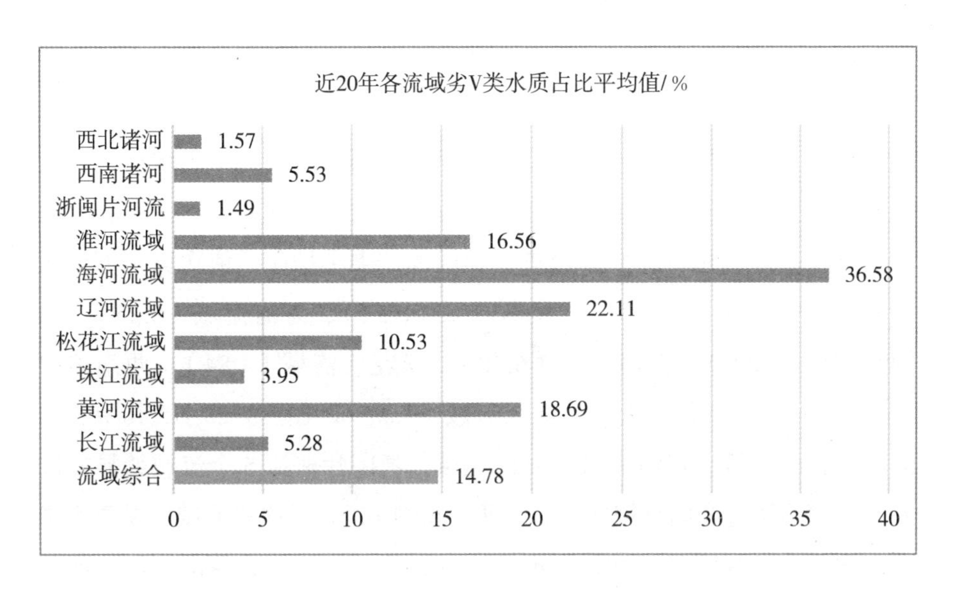

图 3-27　近 20 年各流域劣Ⅴ类水质占比平均值比较

（2）根据各流域近 20 年劣Ⅴ类水质占比变动差异比较治理绩效差异。据图 3-24 和图 3-25，总体看各流域多呈现非线性波动降低趋势，但期间各流域波动与下降幅度不同。海河流域波动幅度最大，其次是辽河流域；松花江流域、西南诸河流域虽总体下降幅度较小，但也呈现显著的波动性；其余诸流域期间虽有波动，但幅度较小，波动少。具体表现如下。①劣Ⅴ类水治理绩效提升幅度和速度差异显著。研究期前后各流域劣Ⅴ类水质占比降幅（见图 3-28）和平均降幅由大到小分别为海河流域（71.2，3.56）、辽河流域（52.2，2.61）、黄河流域（47.4，2.37）、淮河流域（44.1，2.21）、长江流域（25，1.25）、浙闽片流域（15.4，0.77）、松花江流域（12.8，0.64）、西南诸河流域（11，0.55）、珠江流域（7.9，0.39）、西北诸河流域（0，0）。按劣Ⅴ类水质占比水平及其变化可将各流域分为三大类，海河流域明显高于其他流域，其降幅与和降速也最高，可归为第一类；其次是辽河流域、黄河流域、淮河流域，劣Ⅴ类水质占比及其降低幅度相对较小，可归为第二类；其他诸流域劣Ⅴ类水质占比及其降低幅度最小，可归为第三类。这表明研究期内海河流域、辽河流域、黄河流域、淮河流域的劣Ⅴ类水治理成效提升最大，高于全国各流域的综合水平（40.5，2.03）；长江流域、浙闽片河流等均小于全国流域平均水平，绩效提升较为缓慢。②根据研究期各流域劣Ⅴ类水质占比变化波动性差异比较各流域劣Ⅴ类水治理绩效的稳定性差异。按照各流域劣Ⅴ类水质占比相对总变动趋势变异标准差大小排序，依次为黄河流域（9.65）、长江流域（8.47）、辽河流域（8.32）、海河流域（8.25）、浙闽片河流（7.90）、淮河流域（6.38）、松花江流域（4.84）、西南诸河（3.50）、西北诸河（2.35）、珠江流域（1.97）（见图 3-29）。其中黄河流域、长江流域、辽河流域、海河流域、浙闽片河流 5 个流域变异标准差较大，均超过全国流域的综合水平（6.89），表明这些流域劣Ⅴ类水绩效变化具有较高不稳定性；而淮河流域、松花江流域、西南诸河、西北诸河、珠江流域变异标准差均小于全国流域综合水平，表明这些流域劣Ⅴ类水治理绩效具有相对稳定性。

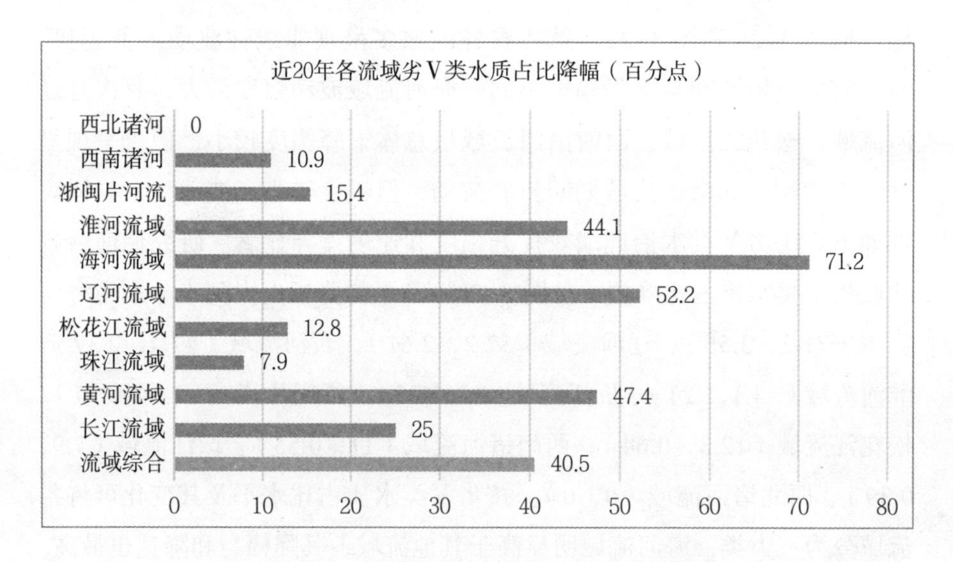

图 3-28　近 20 年各流域劣Ⅴ类水质占比降幅比较

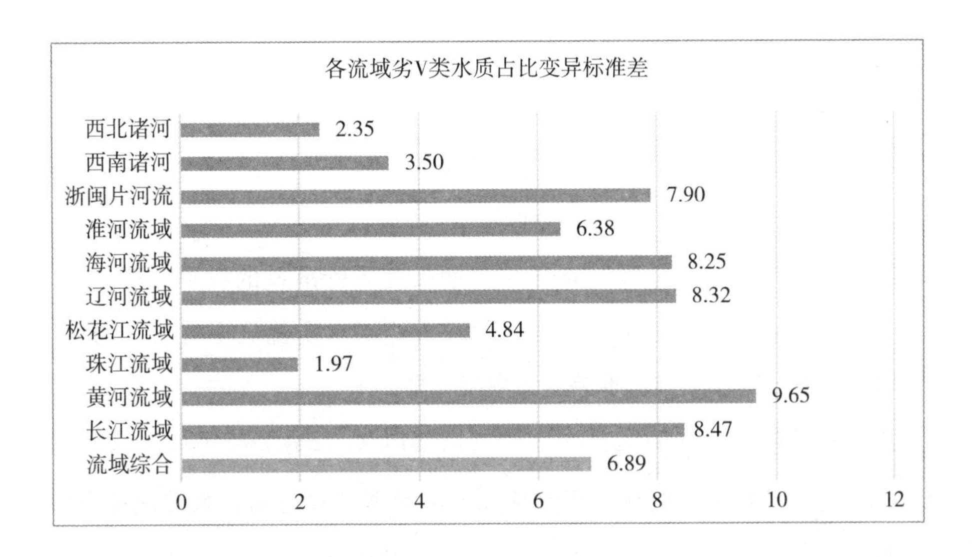

图 3-29　近 20 年各流域劣Ⅴ类水质占比变异标准差比较

四、各流域近 20 年水污染治理绩效综合定量评价

为能更真实地反映各流域近 20 年水污染治理环境绩效，本研究选取各流域近 20 年水质优良率的年平均值、年均增长幅度、增长变异标准差为评价指标，采用综合加权法核算各流域近 20 年水污染治理综合绩效值，并加以比较。其原因如下：Ⅳ－Ⅴ类水质与劣Ⅴ类水质的治理成效最终会反映到流域水质优良率（Ⅰ－Ⅲ类水质占比）的提高上，因此以水质优良率而非Ⅳ－Ⅴ类水质与劣Ⅴ类水质占比作为水污染治理绩效比较合适；研究期某一年的水质优良率因受随机因素等的影响并不能代表全部研究期的水污染治理水平，因而选用水质优良率的年平均值作为重要评价指标；由于水质优良率的绝对值可能受流域径流量、经济水平等非治理因素影响而一直处于高水平，所以采用研究期水质优良率年均增长率（也可反映增幅）来平衡这类因素的影响；绩效提升过程中的稳定性也是反映水污染治理及其绩效水平的重要指标，因而采用水质优良率年增长变异标准差来反映这一特征，作为绩效的重要衡量指标。考虑到

三个指标对治理绩效指示意义的大小，采用 AHP 法计算各指标的权重。

流域水污染治理绩效核算公式：

$$Z_i = w_1 x_{1i} + w_2 x_{2i} + w_3 x_{3i} \quad (3-7)$$

式中，Z_i 为第 i 个流域水污染治理绩效评价值；w_1、w_2、w_3 分别表示水质优良率的年平均值、年均增长率、增长变异标准差的权重，即 0.50、0.30、0.20；x_{1i}、x_{2i}、x_{3i} 分别表示第 i 个流域水质优良率的年平均值、年均增长率、增长变异标准差这三项指标值。

三项指标中，水质优良率年平均值（以 X_1 表示）与年均增长幅度（以 X_2 表示）为正向指标，其值越大表示治理绩效越高；水质优良率增长变异标准差（以 X_3 表示）为逆向指标，其值越大表示治理绩效越小。为便于核算，在核算时会对原始指标值进行无量化即标准化。

其中，正向指标值标准化采用极差标准化公式：

$$x'_{ji} = \frac{x_{ji} - \min(x_j)}{\max(x_j) - \min(x_j)} \quad (j = 1,2,3;\ i = 1,2,3,\cdots,10) \quad (3-8)$$

逆向指标值标准化采用极差标准化公式：

$$x'_{ji} = \frac{\max(x_j) - x_{ji}}{\max(x_j) - \min(x_j)} \quad (j = 1,2,3;\ i = 1,2,3,\cdots,10) \quad (3-9)$$

式中，x'_{ji} 表示第 i 个流域第 j 项指标标准化值，x_{ji} 表示第 i 个流域第 j 项指标值；$\min(x_j)$ 与 $\max(x_j)$ 分别表示第 j 项指标原始最小值与最大值。

运用式（3-8）和式（3-9）计算各流域三项指标标准化值，并将计算结果代入式（3-7）计算各流域近 20 年水污染治理绩效综合评价值，结果如表 3-7 所示。

表 3-7　各流域近 20 年三项指标标准化值及水污染治理绩效综合评价值

流域	年均水质优良率		水质优良率增幅		水质优良率标准差		综合评价值
	实际值	标准化值	实际值	标准化值	实际值	标准化值	
长江流域	83.92	0.86	46.60	0.63	12.42	0.00	0.62
黄河流域	59.70	0.40	64.70	0.94	12.37	0.01	0.48
珠江流域	86.80	0.91	20.80	0.19	5.35	0.97	0.71
松花江流域	47.84	0.18	42.70	0.57	9.54	0.40	0.34
辽河流域	45.41	0.13	66.60	0.97	11.70	0.10	0.38
海河流域	38.42	0.00	60.40	0.87	9.37	0.74	0.41
淮河流域	41.91	0.07	68.30	1.00	7.54	0.67	0.47
浙闽片河流	81.37	0.81	48.50	0.66	9.22	0.44	0.69
西南诸河	89.79	0.97	9.40	0.00	7.40	0.69	0.62
西北诸河	91.50	1.00	11.90	0.04	5.13	1.00	0.72
各流域综合	63.05	0.46	61.20	0.88	5.22	0.99	0.69

由表 3-7 可知，我国流域水污染治理绩效综合评价值为 0.69，属于中等偏上水平。各流域水污染治理绩效最好的是西北诸河及珠江流域，综合评价值均超过 0.70，高于全国平均绩效。其次是浙闽片河流与长江流域、西南诸河流域和长江流域，综合值均超过 0.6，接近全国平均治理绩效。而松花江流域、辽河流域治理绩效最差，综合评价值低于 0.4，其次是海河流域、淮河流域与黄河流域，综合评价值低于 0.5。这一评价结果各流域排序与 2022 年各流域水质环境状况基本一致，表明该评价结果具较强的可靠性。近 20 年各流域水污染治理绩效综合评价值比较如图 3-30 所示。

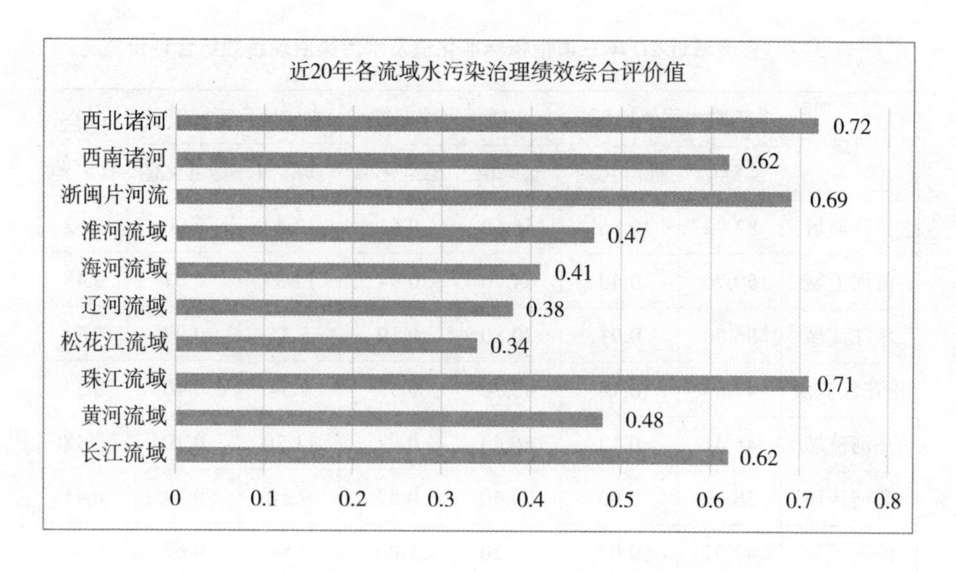

图 3-30　近 20 年各流域水污染治理绩效综合评价值比较

本章小结

本章重在对我国流域水污染治理绩效进行定量评价。首先对水污染治理绩效评价进行概念界定，建构了集成治理视角下流域水污染治理绩效评价的指标体系，然后基于数据资料的收集着重采用加权综合指标法，对我国各大流域水污染治理环境绩效进行了评价。结果表明，近 20 年我国流域水环境治理总体成效显著。当前我国流域总体已基本消灭劣Ⅴ类水，Ⅳ－Ⅴ类水治理还需继续努力。就治理成效变化趋势看，研究期内总体呈较快上升趋势但具有显著阶段性特征，大体可分为“两快一稳定”三个阶段，即研究期内 2012 年之前与 2017 年之后为绩效快速提升阶段，2012—2017 年为基本稳定不变阶段。我国有一些大流域水污染治理绩效变化具有显著波动性，表明这些流域污染治理绩效具有不稳定性和水污染防治压力大，仍任重道远。

第四章　我国流域水污染治理体系梳理与评价

第一节　流域水污染治理体系及评价的相关概念与理论

一、流域水污染治理体系的相关概念与理论

流域水污染治理体系是为消除流域水污染及其隐患建立起来的，由政府、企业、社团、公众等多方共同参与的，在一定法规制度框架下采取行政的、经济的、工程的、技术的、自治的方式进行流域水污染治理的功能体系。治理体系通常由治理主体、治理规则、治理机制与手段构成。在当前我国环境治理体系架构下，治理主体通常为由起领导作用的各级党委、起主导作用的各级政府、起主体作用的企业、起监督和支持作用的社会组织和公众形成的多元共治主体体系，这揭示了谁来治理流域水污染。治理规则包括国家及地方政府出台的流域水污染治理的政策、国家与地方政府制定的水污染治理法规、国家与地方政府制定的水污染治理制度，为流域水污染治理主体的治理行动提供了目标导向、根本遵

循、法规制度保障及治理主体间明确的权责关系。治理机制即流域水污染治理的运行路径，体现为治理主体之间如何通过协调运转的关系来实现治理目标。治理手段（如信息监测、政府监管、经济激励、工程技术等）是流域治理主体解决流域水污染问题采用的具体方法或工具。

长期以来，我国缺乏行之有效的系统的流域水污染治理体系设计。河长制作为我国较早的流域水污染治理机制的一项制度创新，它的建立标志着我国流域水污染治理由运动式转为制度式长效治理。河长制最早由浙江省长兴县于2003年提出并付诸实践，2018年在中央的推动下在全国全面推广实施。在这一制度框架下，由各级行政长官负责的流域水污染治理体系逐步建立，取得了良好的水污染治理效果。河长制强调党政领导、部门联动，问题导向、因地制宜，强化监督、严格考核等基本原则，即要建立以党政领导负责制为核心的责任体系，明确各级河长职责，强化工作措施，协调各方力量，形成一级抓一级、层层抓落实的工作格局；立足不同地区不同河湖实际，统筹上下游、左右岸，实行一河一策、一湖一策，解决好河湖管理保护的突出问题；依法治水管水，建立健全河湖管理保护监督考核和责任追究制度。从具体实践看，各级河长负责组织领导相应河湖的管理和保护工作，包括水资源保护、水域岸线管理、水污染防治、水环境治理等，牵头组织对侵占河道、围垦湖泊、超标排污、非法采砂、破坏航道等突出问题依法进行清理整治，并协调解决重大问题；对跨行政区域的河湖明晰管理责任，协调上下游、左右岸实行联防联控；对相关部门和下一级河长履职情况进行督导，对目标任务完成情况进行考核，强化激励问责；河长制办公室承担河长制组织实施的具体工作，落实河长确定的事项；各有关部门和单位按照职责分工，协同推进各项工作。

2020年3月，中共中央办公厅、国务院办公厅印发了《关于构建现代环境治理体系的指导意见》（以下简称《意见》），提出构建以坚持党的集中统一领导为统领，以强化政府主导作用为关键，以深化企业主体作用为根本，以更好动员社会组织和公众共同参与为支撑，实现政府治理和社会调节、企业自治良性互动，完善体制机制，强化源头治理，形成工作合力的现代环境治理体系。《意见》中提出了构建现代环境治理体系的基本原则：一是坚持党的领导，即贯彻党中央关于生态环境保护的总体要求，实行生态环境保护党政同责、一岗双责；二是坚持多方共治，即明晰政府、企业、公众等各类主体权责，畅通参与渠道，形成全社会共同推进环境治理的良好格局；三是坚持市场导向，即完善经济政策，健全市场机制，规范环境治理市场行为，强化环境治理诚信建设，促进行业自律；四是坚持依法治理，即健全法律法规标准，严格执法、加强监管，加快补齐环境治理体制机制短板。

上述原则为构建我国现代流域水污染治理体系提供了基本指导和要求。以习近平总书记提出的长江流域“共抓大保护，不搞大开发”为目标，匡跃辉（2020）提出了太湖流域环境治理体系。一是增强政府保障作用，提升政府主导能力。依法行政和依法监管，制定湖泊流域水污染治理法规、政策和标准体系，提供水环境治理基础设施和公共产品服务，赋予环保执法部门更大的执法权力；充分发挥重要公共科技资源优势；更好发挥政府扶持资金作用，促进贫困地区水污染治理，提高监督管理水平。二是健全资源监管体制。全面推行河长制、湖长制和林长制，鼓励将河长、湖长、林长体系延伸至村一级；协调推进跨区河湖联防联治，实现流域共同发力、共同作为；对企业、园区建立工业污染源信息库，构建以排污许可制为核心的污染源监管制度；建立风险防范体系；充分认识防范化解生态风险的重要性、紧迫性和艰巨性；既要防止“黑天鹅”事件，又要防止“灰犀牛”事件，牢牢守住不发生系统性生态风险的底线。三是提升风险监测预警能力，利用互联网和通信技术将河、塘、沟，以及污水处理排放口和重点污染源排放口统一纳入监测体系；开展生态环境大普查，系统梳理和掌握各类生态隐患和环境风险；发现重大风险点、锁定重大风险源、界定重大风险度；充分利用大数据和空间信息技术，常态长效开展生态环境风险隐患排查，强化对突发环境事件的应急准备、预警和应急处理；将生态风险评估纳入经济社会发展决策；建立“事前严防—事中严管—应急响应—事后处置”的防范制度，推进形成跨区域、全流域、跨部门、多层级生态风险监管与应急协调联动机制。四是增强企业自律作用。加强企业主体责任；提高环境保护意识，遵守环保法律法规，主动采用绿色先进工艺技术和措施，提高资源综合利用率和精细化管理水平；积极做好污染减排工作，积极发展节能环保产业，废水必须预处理，并达到集中处理浓度要求；实行流域水污染拉网式排查和清单式、台账式、网格化管理，全面整治“散乱污”企业及集群，分类实施关停取缔、整合搬迁、整改提升等措施；新建、升级工业园区须同步规划建设污水、垃圾集中处理等污染治理设施；推动产业转型升级；按照谁污染、谁治理的原则，把生态环境污染破坏的外部成本内部化，激励和倒逼企业自发推动产业转型升级，推进重点行业氮、磷排放总量的控制，加大排污企业环保信息公开力度；建立环保责任制度；落实企业主要负责人的第一责任，探索企业主要负责人的环境保护奖惩机制；科学解决“环境守法成本高、违法成本低”等问题，建立环境污染“黑名单”制度，依法公开企业环境信息，自觉接受公众监督。五是增强社会组织和公众参与作用。引导社会组织健康有序发展，充分发挥社会组织在环境治理中的公益性、高效性和灵活性优势，赋予其更多的责任和义务；增强公民水环境忧患意识，把公民环境意识转化为环境保护的行动，倡导文明、节约、绿色的消费方式和生活习惯，让公众成为流域水污染治理的参与者、建设者、监督者。

二、流域水污染治理体系评价的相关概念与理论

流域水污染治理体系评价就是依据流域水污染治理的一定原则和要求，对流域水污染治理体系各结构性成分或要素的建构或实施进行评价。

其目的在于发现流域水污染治理体系及其运行存在的缺陷和问题，以进一步完善和改进流域水污染治理体系。理论上，流域水污染治理体系评价是流域水环境治理过程的重要一环，是提升流域水环境治理水平的内在要求，但当前在我国流域水污染治理工作中仍缺乏相关系统评价。有限的现有研究主要集中于治理投资评价（石英华、程瑜，2011）、治理技术评价（李丛，2011）和工程项目评价（赵永刚等，2016）。关于治理投资评价，在资金总量不足的情况下，研究建立水污染防治投资绩效评价指标体系无疑具有重大意义，有学者从理论和实证的层面分析了水污染防治投资绩效评价的现状及存在问题，提出了评价指标设计的原则、方法、思路，以期建立较为科学合理的评价指标体系，有效评价流域水污染防治投资绩效。关于治理技术评价，针对现有的水污染治理技术种类繁多，不同的水污染治理技术对具有不同污染特征的废水处理效果差别显著的问题，研究认为根据行业和区域对水污染治理技术进行评价和优选具有重要意义；在对技术评价方法的研究方面，选取技术成本效益分析法、模糊灰色集成评判法及灰色综合评判法为评估方法，根据不同行业废水的污染特征建立有针对性的评价指标体系，并对水污染治理技术的治理效果及技术的经济性进行多指标综合性的评价。关于工程项目评价，有学者通过对近年来太湖流域水污染治理项目进行实地调查与水质监测分析，发现工业点源污染治理、城镇污水处理、农业面源污染治理、生态环境保护及河网综合整治等项目存在运行不正常、维护不到位、管理不规范、水质改善不明显等问题；建议针对项目运行、维护、管理等方面存在的问题开展项目长效管理机制研究，为推动太湖水环境质量的改善和提高流域水污染治理水平提供借鉴和经验。

第二节　流域水污染治理体系评价指标的构建与评价方法

一、流域水污染治理体系评价指标体系的构建与解释

依据第二章对综合流域水污染治理体系框架的分析和解耦，吸纳近期国内外相关研究成果，建立流域水污染治理体系评价指标及其标准（见表 4-1），借以发现流域水污染治理体系存在的问题。

表 4-1　流域水污染治理体系评价指标及其标准

类型	关键领域	评价指标及其含义或评价标准
治理环境	政策法规 C_1	I_1 治污政策：流域污水治理政策以可持续发展为目标且有整体发展政策与规划协同保障
		I_2 治污法规：以污水治理政策为基础明确强制性责任主体、体制机制、职责划分等
	资金支持 C_2	I_3 财政支持：明确治污投资责任，为污水治理公益设施的建设提供充足的财政支持
		I_4 社会投资：建立特许经营制，多渠道吸引社会投资，保障其投资安全与收益

续　表

类型	关键领域	评价指标及其含义或评价标准
治理体制	体制框架 C_3	I_5 管理机构：设立流域水污染治理职能机构，并保证相关利益团体人员的参与
		I_6 管理制度：建立完善的规范机构运行的制度，并保证各级机构权责明晰
	运行机制 C_4	I_7 民主决策：建立公众参与，跨部门、跨区域治污决策对话协调机制
		I_8 民主监督：建立针对同级或不同层面污水治理机构公众参与的民主监督机制
	能力建设 C_5	I_9 履职能力：为水污染治理机构配备充足的人力、资金、设备、信息资源，并充分授权
		I_{10} 能力更新：反映治污需求变化的能力更新计划与行动，如培训、教育和提供信息等
治理手段	信息评估 C_6	I_{11} 问题评估：基于信息收集全面评价辖区水污染问题及未来污水排放与治理压力
		I_{12} 监测系统：为排污与水质监测系统的建设配备充足的资金、人力、设备等
	信息沟通 C_7	I_{13} 信息公布：公布水污染及其影响、排污权分配、排污收费等信息
		I_{14} 信息反馈：建立专家、居民听证会等与污水治理相关的透明的信息反馈交流机制
	排污许可 C_8	I_{15} 许可证制度：依法建立有偿排污许可证制度，并允许其可交易
		I_{16} 排污权分配：对排污总量限额达成一致意见并保证各方参与协商分配排污定额
	直接监管 C_9	I_{17} 实施细则：依据政策法规制定排污治污标准与监管实施细则
		I_{18} 治污执法：建立专门的水污染监察执法队伍并公平严格执法

续 表

类型	关键领域	评价指标及其含义或评价标准
治理手段	经济激励 C_{10}	I_{19} 排污收费：反映水污染的环境成本并高于污水处理成本，依据排污量与性质收费
		I_{20} 减排补贴：为所有污水减排行为提供适度事后补贴（含家庭、企业、农业减排）
		I_{21} 排污交易：授予排污可交易权，受政府监控，符合有效有益原则，并无害第三方
		I_{22} 征消费税：对高污染产品如农药、化肥等的生产或使用征收产品税
	工程技术 C_{11}	I_{23} 工程建设：流域污水收集、处理、监测、控制设施完备协调
		I_{24} 技术采用：全面采用和推广最新可行的治污或减排技术手段
	行业自治 C_{12}	I_{25} 自治指南：专业组织或政府制定行动指南或检测指标，指导行业进行自我管理
		I_{26} 自治监督：要求排污单位自测并及时公布排污数据，接受政府和社会监督检测
	宣传培训 C_{13}	I_{27} 问题宣传：对公众进行水污染现状和危害宣传教育
		I_{28} 技能培训：对企业、公众进行减排技术和水污染处理措施培训
	冲突解决 C_{14}	I_{29} 冲突预防：建立水污染纠纷事件预防、预警机制
		I_{30} 冲突解决：建立水污染冲突事件协调、仲裁机制

该指标体系共3个一级指标，14个二级指标，30个三级指标。对指标体系的解释如下。3个一级指标包括流域水污染治理环境、流域水污染治理体制、流域水污染治理手段。其中，流域水污染治理环境体现了流域水污染治理的外部支持条件，具体包括一系列与流域水污染治理相关的党的政策、法律法规、规范标准，为流域水污染治理提供直接的政策法规保障及顶层设计；流域水污染治理经济环境即流域水污染治理资金支持是否充足，特别是当地方财政不足时能否以适当方式吸纳社会资

金。流域治理体制为流域治理提供了治理主体范畴及其治理行动模式，流域水污染治理涉及党政组织、公司企业、社会团体、一般公众等多元主体，采取多元共治的形式。流域水污染治理手段是指流域治理主体在法治框架下在治理流域水污染时采取的多样化具体治理措施，包括污染监测、政府监管、经济激励、工程技术、行业自治、宣传教育、冲突化解等多个方面。在治理环境中，政策法规可保证流域水污染具有明确统一的方向，并强制明确治理行为主体间的权责关系。资金支持包括政府财政支持和社会资本支持，其中前者为主导，后者为补充，两者能够充分满足治理的资金需要。在治理体制中，体制框架主要明确治理主体的组织框架及其日常运行制度，在多元共治模式下保障社会组织及公众的参与。在我国特殊体制背景下，通常是党组织的领导、政府主导，企业参与和社会团体与公众监督。为保证治理体制高效运行，还需为流域水污染治理机构配备充足的人力、资金、设备、信息资源，并充分授权，对相关人员进行能力培训、教育。在治理手段中，信息评估和沟通主要是为治理主体的科学治理提供必要的信息支持，并起到对流域污染主体和污染现状的监控和监测作用；排污许可与直接监管是法规支持下的政府强制性治理行为，可实现政府对排污总量的有效控制，将流域水污染物排放限制在流域水体可容纳净化的能力范围之内；经济激励手段包括排污税费、减排补贴和排污交易等，可通过将排污者负外部成本内部化，激励企业自觉减排，实现超环境目标，即将流域总污染物的排放进一步减少到环境可承受范围之内；工程技术手段是减少和消除水污染物最直接的工具手段，包括污水处理厂及工艺、自然水体污水人工处理等；行业自治是政府行政手段的有效补充，通过企业组织的自查、自纠、自律、自我监督，督促各排污企业贯彻好党的流域治理政策，遵守好相关法律法规，助力流域水污染治理目标的实现；对排污企业和公众进行新型流域水污染现状、危害宣讲，增强其问题意识和治理责任感，对企业管理与技术人员进行水污染治理技术培训和支撑，增强企业治污能力；建立水污染纠纷解决协调机制，以处理上下游、左右岸不同群体因水污染造成的利益冲突，维持流域和谐稳定，提高流域水污染治理的社会效益。

上述指标体系对评价流域水污染治理体系具有系统完备性，较系统地揭示了流域水污染治理的依据、治理的主体组织框架、治理的运行机制、治理的工具手段，即依靠什么治理、谁来治理、采取什么手段治理。在治理的具体手段中，既有对排污主体的外部监管约束，也有内部的自我监督；既有行政强制性措施，也有经济激励性手段，更有信息、能力、技术等方面的持续性支持。这些措施具有很强的互补性，共同形成了全面评价流域水污染治理指标体系系统。

二、流域水污染治理体系评价方法与数据来源

上述各项评价指标均为抽象的定性指标且对实现污水治理目标具有不可替代或弱替代性，因此本研究采用定性分析与主观定量赋值相结合的方法，即在对流域污水治理工作相关方面进行深入数据资料调查分析与职能部门相关管人员访谈的基础上，参照表 4-1 中污水治理体系评价指标及其标准对其进行 0 ～ 5 赋值。对照标准，当研究区污水治理工作没有实施指标所述行动时赋值为 0；若实施很差，则赋值为 1；实施较差时赋值为 2；实施一般时赋值为 3；实施较好时赋值为 4；若能很好地符合评价标准，则赋值为 5。鉴于对实现污水治理各项指标间的不可替代或独立性，最后通过等权重平均法确定研究区污水治理体系综合评价值。

本研究的数据资料主要来自我国生态环境状况公报、城市建设公报、农村建设情况公报和各流域委员会、各省区环保厅、水利厅及发展和改革委员会发布的相关政策法规等文件。在对相关资料定性分析后，根据集成污水治理原则标准对浙江省污水治理体系问题进行定性与定量赋值评价。

第三节 我国各大流域水污染治理体系分析评价

采用上述评价指标体系及其评价标准，以及相关评价方法，本研究选择我国七大流域和三大片区河流水污染治理体系进行定性与定量相结合评价，具体包括长江流域、黄河流域、松花江流域、辽河流域、海河流域、淮河流域、浙闽片河流、珠江流域、西南诸河、西北诸河。

一、长江流域水污染治理体系梳理与评价

长江发源于青藏高原的唐古拉山脉各拉丹冬峰西南侧。干流流经青海省、西藏自治区、四川省、云南省、重庆市、湖北省、湖南省、江西省、安徽省、江苏省、上海市共 11 个省级行政区（八省二市一区），于崇明岛以东注入东海，总长度 6397 千米，是中国第一大河，世界第三长河。长江是中华民族的生命河，是中华民族生生不息、永续发展的重要支撑。长江流域总面积 180 万平方千米，约占我国陆地总面积的 18.8%。2020 年长江流域人口约占全国人口的 43%，经济量占全国 47% 以上，长江经济带是我国重要的经济带。但是，由于多年来的无序利用和过度开发，长江一度不堪重负，流域生态环境恶化，可持续发展面临极大挑战。根据生态环境部 2017 年发布的《长江经济带生态环境保护规划》，长江经济带废水排放总量占全国的 40% 以上，单位面积化学需氧量、氨氮、二氧化硫、氮氧化物、挥发性有机物排放强度是全国平均水平 1.5 ～ 2.0 倍。重化工企业密布长江，流域内 30% 的环境风险企业位于饮用水水源地周边 5 千米范围内，各类危、重污染源生产储运集中区与主要饮用水水源交替配置。部分取水口、排污口布局不合理，48.4% 的城市水源环境风险防控与应急能力不足。部分支流水质较差，湖库富营养化未得到

有效控制，城镇和农村集中居住区水体黑臭现象普遍存在，湘江流域等地区重金属污染问题仍未得到根本解决。

（一）流域水污染治理环境及其评价

1. 政策法规

早在 2011 年国家就出台了《长江中下游流域水污染防治规划（2011—2015 年）》。鉴于长江流域面临的严重的生态环境问题，2016 年习近平总书记在重庆召开的推动长江经济带发展座谈会上提出了长江流域“共抓大保护，不搞大开发”，“走生态优先、绿色发展之路”的总要求，党的十九大将这一要求上升为国家战略，这也为长江流域的发展与水环境治理奠定了政策总基调。随后，《长江经济带发展规划纲要》《重点流域水污染防治规划（2016—2020 年）》《长江经济带生态环境保护规划》《长江保护修复攻坚战行动计划》等法规、政策文件相继印发实施，为长江大保护提供了总体方向与思路（王金南等，2020）。2020 年，《中华人民共和国长江保护法》（以下简称《长江保护法》）公布，各省地细化完善了水环境领域相关法规，出台条例为保护长江流域提供法治保障。这些政策法规既明确了长江治理包括水污染治理的总方向和总目标，又明确了保障这一目标实现的强制性法律法规制度要求；既有对长江流域水污染治理专项规划与法规，又有与其配套协调经济发展的规划与法规要求，以便水环境治理目标顺利实现。长江经济带发展总策略中强调“大保护”，是要以大保护、生态优先的规矩倒逼产业转型升级，实现高质量发展，实现经济社会发展与人口、资源、环境相协调；“不搞大开发”是要防止一哄而上，刹住无序开发、破坏性开发和超范围开发，实现科学、绿色、可持续的发展。为恢复和保障长江生态环境，在《长江经济带发展规划纲要》中明确规定要合理确定区域经济规模、城镇布局和产业结构，加强污染源治理，控制入河污染物总量。根据水功能区水质目标要求，合理确定限制纳污控制红线，加强入河排污口监督管理，强化重要饮用水水源地保护。

《长江保护法》第四章“水污染防治”中明确了流域水污染防治的主体及其职责分工和协调关系。国务院生态环境主管部门和长江流域地方各级人民政府应当采取有效措施，加大对长江流域的水污染防治、监管力度，预防、控制和减少水环境污染。制定长江流域水环境质量标准应当征求国务院有关部门和有关省级人民政府的意见。长江流域省级人民政府可以制定严于长江流域水环境质量标准的地方水环境质量标准，并报国务院生态环境主管部门备案。长江流域省级人民政府应当对没有国家水污染物排放标准的特色产业、特有污染物，或者国家有明确要求的特定水污染源或水污染物，补充制定地方水污染物排放标准，报国务院生态环境主管部门备案。长江流域省级人民政府制定本行政区域的总磷污染控制方案，并组织实施。对磷矿、磷肥生产集中的长江干支流，有关省级人民政府应当制定更加严格的总磷排放管控要求，有效控制总磷排放总量。长江流域县级以上地方人民政府应当统筹长江流域城乡污水集中处理设施及配套管网建设，并保障其正常运行，提高城乡污水收集处理能力；应当组织对本行政区域的江河、湖泊排污口开展排查整治，明确责任主体，实施分类管理；应当组织对沿河湖垃圾填埋场、加油站、矿山、尾矿库、危险废物处理场、化工园区和化工项目等地下水重点污染源及周边地下水环境风险隐患开展调查评估，并采取相应风险防范和整治措施；长江流域县级以上地方人民政府交通运输主管部门会同本级人民政府有关部门加强对长江流域危险化学品运输的管控。此外，《长江保护法》还按照政策支持、企业和社会参与、市场化运作的原则，鼓励社会资本投入长江流域生态环境修复。总体来看，长江流域水污染治理政策法规环境较为完善，流域污水治理政策可持续发展目标明确，且有整体发展政策与规划协同保障；法规对责任主体、体制机制、职责划分有明确规定等。

2. 资金投入

在长江流域水环境治理资金保障方面，国家明确了财政、生态补偿、社会资本介入等多种资金保障渠道。《长江保护法》第七十五条规定，国务院和长江流域县级以上地方人民政府应当加大长江流域生态环境保护和修复的财政投入。国务院和长江流域省级人民政府按照中央与地方财政事权和支出责任划分原则，专项安排长江流域生态环境保护资金，用于长江流域生态环境保护和修复。国务院自然资源主管部门会同国务院财政、生态环境等有关部门制定合理利用社会资金促进长江流域生态环境修复的政策措施。国家鼓励金融机构发展绿色信贷、绿色债券、绿色保险等金融产品，为长江流域生态环境保护和绿色发展提供金融支持。此外，《长江保护法》第七十六条规定，国家建立长江流域生态保护补偿制度。国家加大财政转移支付力度，对长江干流及重要支流源头和上游的水源涵养地等生态功能重要区域予以补偿。国家鼓励长江流域上下游、左右岸、干支流地方人民政府之间开展横向生态保护补偿。国家鼓励社会资金建立市场化运作的长江流域生态保护补偿基金；鼓励相关主体之间采取自愿协商等方式开展生态保护补偿。2018 年 2 月，《关于建立健全长江经济带生态补偿与保护长效机制的指导意见》的印发，为长江经济带生态文明建设和区域协调发展提供了重要的财力支撑和制度保障。实践中，中央财政通过明显提高转移支付系数、加快生态环境保护标准支出等方式，加大对长江重点生态功能区的资金投入。2018—2021 年，中央财政累计下达长江经济带省份重点生态功能区的转移支付 1321 亿元，加大对长江经济带的直接补偿力度；累计下达长江经济带省份的大气、水、土壤、污染防治资金 504 亿元，用于支持重点区域打赢蓝天保卫战，改善流域水环境、水生态，开展土壤风险管控和修复等工作；累计下达资金 183 亿元支持长江经济带相关省份开展农业面源污染治理及农村生活污水垃圾和黑臭水体治理。此外，还将重庆、芜湖、九江等 21 个城市纳入城市黑臭水体治理示范政策支持的范围，累计拨付资金 92 亿元。为促进横向补偿机制的建立，2018 年财政部牵头专门出台了中央财政促进长江经济带生态保护修复奖励政策实施方案，累计安排奖补资金 180 亿元，支持长江经济带沿线省市加强长江生态保护修复和建立省际省内流域横向生态保护补偿机制。截至 2021 年，长江经济带 11 个省市都建立了省内的流域生态保护补偿机制，并先后建立了 5 项跨省际的流域横向生态保护补偿机制。总体看长江流域水污染治理资金保障较好。

综上，近些年长江流域水环境治理得到了从中央到地方的高度重视，有着较为完备的政策和法律法规体系保障。但根据赵伟和高佳（2022）的研究，我国长江流域水污染治理中仍存在政府间合作力度不足、饮用水污染治理领域立法滞后、民事公益诉讼制度不完善等问题，因此必须加强政府间合作、加快饮用水污染治理领域立法进程、健全和完善民事公益诉讼制度。在长江流域水环境治理资金方面，国家明确了多样化的保障措施，如中央财政转移支付、地方横向生态补偿，以及鼓励社会资本的参与等。但是，在具体实践中，财政支持机制和生态补偿机制逐步建立，社会资本参与机制还远未建立，需要国家进一步强化细化相关制度建设并给予一定的产业经济政策支持。

（二）流域水污染治理体制建设及其评价

1. 体制机制

当前负责长江流域水污染治理工作的是两个平级的行政机构，一个是水利部设立的水利部长江水利委员会（以下简称长江委），一个是生态环境部设立的长江流域生态环境监督管理局（以下简称长江局）。此外，在国家层面，根据《长江保护法》设立国家长江流域协调机制，统一指导、统筹协调长江保护工作，审议长江保护重大政策、重大规划，协调跨地区跨部门重大事项，督促检查长江保护重要工作的落实情况；统筹协调国务院有关部门在已经建立的台站和监测项目基础上，健全长江流域生态环境、资源、水文、气象、航运、自然灾害等监测网络体系和监测信息共享机制；设立专家咨询委员会，组织专业机构和人员对长江流域重大发展战略、政策、规划等开展科学技术等专业咨询；统筹协调国务院有关部门和长江流域省级人民政府建立健全长江流域信息共享系统。

长江委是国家设立较早的长江流域统一的管理机构，按照法律法规和水利部授权，在长江流域和澜沧江以西（含澜沧江）区域内行使水行政管理职责，具体包括水资源管理、水资源保护、水土保持、采砂管理、河湖管控、行政许可服务与监督执法等工作。具体到流域水污染治理与水环境保护，其主要职责如下：组织编制流域水资源保护规划，组织拟订跨省（自治区、直辖市）江河湖泊的水功能区划并监督实施，核定水域纳污能力，提出限制排污总量意见，负责授权范围内入河排污口设置的审查许可；负责省界水体、重要水功能区和重要入河排污口的水质状况监测；指导协调流域饮用水水源保护、地下水开发利用和保护工作；指导流域内地方节约用水和节水型社会建设有关工作；负责职权范围内水政监察和水行政执法工作，查处水事违法行为；负责省际水事纠纷的调处工作。

长江局负责对长江入海断面以上流域和澜沧江以西（含澜沧江）区域，依据法律、行政法规规定和生态环境部授权或委托，负责水资源、水生态、水环境方面的生态环境监管工作。具体包括：①组织编制流域生态环境规划、水功能区划，参与编制生态保护补偿方案，并监督实施；②提出流域水功能区纳污能力和限制排污总量方案建议；③建立有跨省影响的重大规划、标准、环评文件审批、排污许可证核发会商机制，并组织监督管理；④参与流域涉水规划环评文件和重大建设项目环评文件审查，承担规划环评、重大建设项目环评事中事后监管；⑤指导流域内入河排污口设置，承办授权范围内入河排污口设置的审批和监督管理；⑥指导协调流域饮用水水源地生态环境保护、水生态保护、地下水污染防治有关工作；⑦组织开展河湖与岸线开发的生态环境监管、河湖生态流量水量监管，参与指导协调河湖长制实施，河湖水生态保护与修复；⑧组织协调南水北调等重大工程水源地水质保障；⑨组织开展流域生态环境监测、科学研究、信息化建设、信息发布等工作；⑩组织拟订流域生态环境政策、法律、法规、标准、技术规范和突发生态环境事件应急预案等；⑪ 承担流域生态环境执法、重要生态环境案件调查、重大水污染纠纷调处、重特大突发水污染事件应急处置的指导协调等工作；⑫ 指导协调监督流域内生态环境保护工作，协助开展流域内中央生态环境保护督察工作等。

为深入贯彻落实习近平总书记在全面推动长江经济带发展座谈会上的重要讲话精神，充分发挥长江委和长江局在流域综合管理、生态环境监督管理等方面的合力优势，加强协调配合，深化双方在长江流域水资源、水生态、水环境等方面的合作，共同推进长江大保护，长江委与长江局签署了战略合作协议，以强化两管理机构业务的协调。合作重点围绕建立资源信息共享机制、建立涉水行政审批会商机制、深化流域综合监测合作、开展联合监督检查、加强突发水污染事件联防联控、深化技术交流合作、加强人才培养交流、强化后勤保障支撑等方面的工作展开，以整合两单位优势，不断深化两部流域机构在流域水生态环境保护、单位改革发展的全方位合作，共同推进长江大保护。

根据国家相关要求，长江流域地方各级党委、政府把全面推行河长制作为“一把手”工程，设立党委和政府的双总河长，党政协同、协调部署、督促落实河长制工作。长江流域省级人民政府同国务院有关部门负责落实国家长江流域协调机制的决策，按照职责分工负责长江保护相关工作。长江流域相关地方根据需要在地方性法规和政府规章制定、规划编制、监督执法等方面建立协作机制，协同推进长江流域生态环境保护和修复。

上述情形表明，当前长江流域尽管存在流域层面的管理机构，但存在两个并行管理机构，两者在业务上有一定的交叉重合。两者尽管建立了协同协作关系，但当利益冲突时可能会发生多头管理或责任推诿等情况。在国家层面，尽管企图建立一种协调机制即国家长江流域协调机制，但并没有建立具体负责的协调机构，更没有具体的机制运作细则，因而无法真正发挥协调的作用和效能。因此，有学者建议，在协调机制下，设一个专门的具体办事机构来落实协调机制的决策部署，并定期向国务院汇报相关地方或部门对协调机制决策的落实情况，使得协调机制的决策能及时精准落地，打通协调共治的“最后一公里”。从长期看，建议成立一个实体的流域管理机构，并赋予其一定管理权限、执法权限、处罚权限等，以协调解决长江保护方面的问题，使长江保护实现全国“一盘棋”，真正解决长期以来长江保护中的“九龙治水”问题。此外，当前长江流域水污染治理体制还是以政府部门为主体的治理，缺乏行业协会、环保组织和公众的有效参与。其实，早在2015年国务院发布的《水十条》中就要求坚持政府市场协同，坚持全民参与，形成“政府统领、企业施治、市场驱动、公众参与”的水污染防治新机制，2016年“十三五”规划纲要进一步提出“形成政府、企业、公众共治的环境治理体系”，明确了企业和公众治理主体的地位。这为长江流域建立政府主导的多元主体共治的水污染治理机制提供了基础。虽然长江经济带所辖省市对流域水污染协同治理、水生态补偿和法治化协作的探索已初显成效，但仍存在因经济发展目标、利益诉求、法治约束和监督执行等差异所导致的问题。因此，需要建立流域水污染区域协同治理长效机制，通过促进经济集聚、强化协商共治、落实法治保障等措施（张帆等,2021）。总体来看，长江流域水污染治理体制机制建设较好。

2. 能力建设

在治理主体能力提升方面，近期虽有所重视和强化，但仍未建立常规支持机制。为快速提升流域水生态监测整体水平，2021年6月长江委采取“理论专题讲座 + 现场实践操作 + 经验研讨交流”模式对相关技术人员进行了流域水生态监测技术培训。为提升有关单位的监测能力及监测人员队伍的专业化水平，有序推进长江流域水生态监测工作，2022年7月长江局监测科研中心在武汉举办长江流域水生态监测技术培训，来自各地生态环境监测中心（站）的相关技术人员参加了本次培训。为推进实施长江经济带工业园区水污染整治专项行动，2022年4月，中国环境科学研究院流域水环境污染综合治理研究中心和国家长江保护修复联合研究中心对来自长江流域生态环境监督管理局、淮河流域生态环境监督管理局、太湖流域东海海域生态环境监督管理局、长江经济带11省（市）生态环境厅（局）、市（州、区）生态环境局、工业园区管理机构有关负责人及相关技术支撑单位人员进行了专项行动培训。培训内容包括专项行动问题排查整治技术要点，如化工园区水环境管控、工业园区水污染防治重点问题和治理案例分析、全国工业园区污水收集处理信息管理系统操作学习等。但总体看，长江流域水生态环境监测工作起步较晚，水生态监测工作面临人员缺、技术缺、培训缺、能力不足问题。2022年7月，为进一步做好流域突发水污染事件应急指导协调工作，更好地满足突发水污染事件应急管理和技术支撑工作需要，长江局举办了突发水生态环境事件应急处置技术专题培训，长江局应急工作分管领导，监督管理一处、监督管理二处、执法应急处等处室相关人员，以及监测科研中心、上海中心、水源中心相关人员参加了本次培训。综合来看，长江流域水污染治理能力建设方面总体较好，但还有待制度化和常态化。

3. 治理体制机制评价

总体来看，长江流域水污染治理体制机制还未理顺，多元共治局面还未形成，尚需建立国家层面的最高统一治理机构，尚需细化流域联合执法、保护的奖励和举报制度，尚需畅通公众、社会组织监督和参与的渠道。党的十九大报告明确指出生态文明建设需“构建政府为主导、企业为主体、社会组织和公众共同参与的环境治理体系”，这显然需要使过去单一的以政府为主的强制性管制体系转型为多元合作环境治理体系。当前，不管是按流域统一设置执法和监管机构，还是流域环境治理实行首长负责制，抑或是推进省级以下环保机构垂直改革，都在一定程度上有利于提高政府治理流域的效率，但其根本上还是通过在纵向上强化行政权的配置和运行来加强流域治理。实践中，横向政府间缺乏统一稳定的合作制度，因此很难确保流域内各级地方政府间、政府与企业间的协调行动。故接下来有必要在长江流域治理中吸纳社会共治理念，不断完善流域法律政策体系，以政府主导建立多元主体共治的协同治理模式，实现长江流域水污染高效治理。在治理主体能力建设方面，长江流域水污染治理还没有建立完美的治理主体能力更新常规机制，这可能会影响长江流域水污染治理效率。长江流域水污染治理体制机制与能力建设方面即总体治理环境建设接近较好状态。

（三）流域水污染治理手段及其评价

1. 信息监测

科学的流域水污染治理离不开水环境监测，水环境监测可为流域水污染治理提供信息基础。早在 1978 年，水利部就成立了长江流域水环境监测中心，专门负责长江流域的水环境监测。长江委下设长江中游水环境监测中心负责监测长江中游江段、洞庭湖水系、汉江中下游及陆水水系等水质状况，负责水利工程建设水质监测、供水取水许可的水质监测、水功能区水质监测。2019 年生态环境部长江局下设长江流域生态环境监测与科学研究中心，承担长江流域生态环境监测、评价，以及监测网络建设、监测质量控制等工作；开展流域水功能区纳污能力和限制排污总量测算等工作。这些机构为长江流域水污染治理提供了较为充分的监测信息。2018 年，为落实深入推动长江经济带发展座谈会精神，进一步推进长江流域水生态环境保护工作，生态环境部制定了《长江流域水环境质量监测预警办法（试行）》（以下简称《办法》），旨在加快建立长江流域自动监测管理和技术体系，完善长江流域国家地表水环境监测网络，推进长江流域水环境质量持续改善。这里的监测预警是指，根据长江流域国家地表水监测断面（以下简称断面）监测结果，对断面水环境质量变差或存在完不成年度水质目标风险的，及时向地方政府进行通报、预警，推动做好长江流域水污染防治工作。《办法》为长江流域水污染信息监测进一步提供制度保障。自 2018 年起，农业农村部长江办公室会同生态环境部长江流域生态环境监督管理局、水利部长江水利委员会、交通运输部长江航务管理局等长江流域管理部门每年定期联合发布《长江流域水生生物资源及生境状况公报》。这保障了长江流域水污染部分信息的共享，有利于提高公众的流域环保意识，也为各方协同治理提供了信息基础，但所公布共享的信息仍不够全面，如主要污染物的类型和排放源及其空间分布仍无正规的公布渠道。

2. 政府管制

排污总量控制、定额分配管理基础上的排污许可是将流域水污染物控制在水体可承受能力范围内的直接手段，也是政府监管措施的前提。长江流域水污染物排污许可控制尚需进一步加强实施。2021 年 3 月 1 日，我国《排污许可管理条例》施行，其明确了实行排污许可管理的范围和类别、规范申请与审批排污许可证的程序；规定排污单位应当向政府申请取得排污许可证，未取得排污许可证的，不得排放污染物；要求排污单位建立和完善环境管理内部控制制度；排污单位应当按照排污许可证规定内容、频次和时间要求，向审批部门提交排污许可证执行报告；排污单位应当按照排污许可证的规定，如实在全国排污许可证管理信息平台上公开污染物排放信息，对于违反排污许可的行为，由流域各省市生态环境综合行政执法局进行查处。在政府管制措施方面，我国自各大流域生态环境监督管理局成立后，流域水污染治理实现了“纳污水体—排污口—排污通道—排污单位”全过程的依法监管。《关于加强入河入海排污口监督管理工作的实施意见》《中华人民共和国长江保护法》等文件和法律的出台，进一步强化了流域生态环境监督管理局的这一职能。生态环境部长江流域生态环境监督管理局机构设置中，监督管理一处专门负责长江流域生态环境监督管理相关工作，执法应急处负责承担执法检查、行政处罚、行政强制、复议应诉、案件调查、应急、纠纷调处、损害赔偿等工作。此外，生态环境部还会同国家发展和改革委员会（以下简称国家发展改革委）、公安部、交通运输部等 11 个部门建立了打击长江流域污染环境违法犯罪活动打防联动工作机制，定期会商研究情况、共享情报信息、破解执法难题，形成打击整治合力，开展集中打击整治长江流域污染环境违法犯罪行动。严格的环境规制使得污染程度较高的企业产值下降，由此产生的产品供给缺口转移到污染程度较低的企业，严格的环境规制也推动了地区的产业结构升级（罗知，齐博成，2021）。综合来看，长江流域有较为完善的排污许可证制度，有较为严格的监管实施细则，建立了专门的水污染监察执法队伍并公平严格执法，但在排污定额分配方案的制订上还有待排污主体的充分参与或吸纳其意见，这样更有利于对水污染物定额排放的控制，降低监管成本。

3. 经济激励

从采用的经济手段看，学界虽很早就有对长江流域关于排污收费和排污权交易的探讨，但至今仍未建立有效的收费和市场交易机制。我国学者叶闽等（2008）较早地探讨了在长江流域水资源保护管理中实施排污交易的必要性、具备的条件，并提出了在长江流域实施排污权交易的基本框架和基本交易模式及流程。为有效利用价格杠杆等经济手段加强和改善长江水污染防治，进一步完善污水处理成本分担机制、激励约束机制和收费标准动态调整机制，2020 年国家发展改革委、财政部、住房城乡建设部、生态环境部、水利部联合出台了《关于完善长江经济带污水处理收费机制有关政策的指导意见》，表明之前长江流域并没有统一的排污收费制度保障，排污收费经济激励并不理想。城市虽较早实施了排污收费制度，但按污染物的不同性质实施差异化收费制度还没建立起来，因数据收集困难，且农村面源污染收费还处于空白状态。就市场激励机制来看，目前长江流域还未建立健全的流域排污权交易制度和机制，尽管长江流域地方行政区已初步建立排污权交易机制，但以流域为单位的排污权交易制度还在探索建设中，如2021年国家发展改革委提出探索建立洞庭湖、鄱阳湖流域排污权交易制度，在满足环境质量改善目标任务的前提下，企业产生的污染物排放削减量可按规定在市场交易。在生态补偿激励机制方面，尽管《长江保护法》明确提出要建立长江流域生态保护补偿的长效机制，但实践中研究期内长江流域还没形成完善统一的环境保护生态补偿机制。综合来看，长江流域水污染治理经济激励手段一般。

4. 工程技术

在工程技术手段的运用上，《长江保护法》中明确规定，长江流域县级以上地方人民政府应当统筹长江流域城乡污水集中处理设施及配套管网建设，并保障其正常运行，提高城乡污水收集处理能力。这为长江流域岸上水污染物治理明确了主体和工程手段。针对长江流域面源污染，《长江保护法》要求长江流域农业生产科学使用农业投入品，减少化肥、农药施用，推广有机肥使用，科学处置农用薄膜、农作物秸秆等农业废弃物。这其实意味着在农业生产环节大力推广使用生态环保技术。但现实中，研究期内长江中上游污水处理设施基础仍较差，污水收集处理率低。根据《2020年城乡建设统计年鉴》，长江流域总污水处理能力约为每天1162.91万立方米，处理设施平均覆盖率为88.31%，长江中下游城镇生活污水处理率高达80%以上，而上游如四川、重庆、贵州等省（直辖市）城镇生活污水处理率低于全国平均水平，且由于缺少配套管网和雨污合流，总磷收集处理率低；畜禽养殖废物资源化利用不足，废水直接入河将严重影响河流总磷浓度。长江经济带建制镇累计建设污水管道长度约为1.09×10^5千米，平均污水管网密度约为5.21平方千米，但大部分建制镇普遍存在“重厂轻网”的认识误区，即重主干管网的建设，轻接户支管的建设。综合来看，长江流域水污染治理工程技术手段实施一般，评价赋值为3.20。

5. 宣传教育

在宣传培训方面，长江局组织长江生态环保青年宣讲团以志愿服务的形式进学校、社区、工厂进行生态文明与长江生态环境保护宣讲。长江流域保护政策法规出台后，各地方积极行动进行相应的普法宣传教育活动。长江流域各地司法行政部门积极行动、主动作为，开展全方位、多角度、立体式的普法宣传，让“共抓大保护、不搞大开发”的理念深入人心。云南省将《长江保护法》宣传纳入政府及相关部门普法工作重点，并作为“世界水日、中国水周”期间的重要宣传内容，各相关部门加快专题培训学习，力求准确理解其主要内容，全方位开展宣传教育和普及工作。江苏省常州市滨江经济开发区建立长江大保护法治宣传教育馆并向公众开放，为群众提供普法教育、观光游憩、亲江、护江等一系列全方位沉浸式体验。总体来看，长江流域环境保护教育工作开展得比较好。

二、黄河流域水污染治理体系梳理与评价

黄河流域西起巴颜喀拉山，东临渤海，南至秦岭，北抵阴山，位于东经 96° ～ 119° 、北纬 32° ～ 42° ，东西长约 1900 千米，南北宽约 1100 千米，总面积 79.5 万平方千米，为我国第二大流域。从行政区看，黄河流域涉及青海、四川、甘肃、宁夏、内蒙古、陕西、山西、河南、山东 9 个省（区），其中青海省的黄河流域面积最大，达 15.3 万平方千米，占黄河流域总面积的 19.1%；山东省最少，仅 1.3 万平方千米，占流域总面积的 1.6%；宁夏回族自治区有 75.2% 的面积在黄河流域内；陕西、山西两省分别有 67.7% 和 64.9% 的面积在黄河流域内。

黄河流域自西向东主要位于我国高原气候区和温带季风气候区，总体降水量较少且集中，空间分布不均，年际变化大。流域西部和北部降水较少，而南部和东部降水相对较多。如流域西北宁夏、内蒙古部

分地区，其降水量却不足150毫米；而流域南部的秦岭北坡降水量可达700～1000毫米。与此同时，黄河流域蒸发量较大，年蒸发量达1100毫米，上游甘肃、宁夏和内蒙古中西部地区属国内年蒸发量最大的地区，最大年蒸发量可超过2500毫米。由于降水较少蒸发量大，黄河流域水资源总量相对稀缺，长期以来年平均天然径流量为580亿立方米，仅占全国河川径流总量的2%。流域内人均水量593立方米，为全国人均水量的25%；耕地亩均水量324立方米，仅为全国耕地亩均水量的17%，但流域水资源开发利用率高达80%，远超40%的生态警戒线。可见，节约用水和保护好水环境对黄河流域社会经济发展来说极为重要。

黄河流域也是我国人口活动和经济发展的重要区域，在国家发展大局和社会主义现代化建设全局中具有举足轻重的战略地位。2019年人口总量为3.24亿人，占全国人口总量的23.31%。2018年黄河流域国内生产总值（GDP）总量为19.4万亿元，占全国GDP总量的比重为21.55%，上、中、下游地区占流域GDP的比重分别为14.54%、21.27%和64.19%。黄河流域农业开发历史悠久，是我国传统的重要农业生产区，形成了河套平原、汾渭盆地、下游引黄灌区等我国重要的传统农业生产基地。经过长期开发建设，黄河流域形成了以重化工为主体的工业基地，包括煤炭、电力、石油和天然气的开采与加工业，铅、锌、铝、铜、铂、钨、金等有色金属冶炼工业等，其中石油工业开采加工成为最重要的工业部门。

黄河流域水污染形势一度十分严重。黄河流域总排污水量一度达到年均44亿吨，近40%的干流河段水质为劣Ⅴ类，水污染事件层出不穷。黄河沿岸众多能源、重化工、有色金属、造纸等高污染的工业企业成为黄河流域水污染的主体，根据我国《生态环境公报》，到2012年底黄河流域61个国控断面中Ⅳ类以上水达39.3%，其中劣Ⅴ类为18.%，总体呈轻度污染；2022年Ⅳ类以上水仍占12.5%，其中劣Ⅴ类为2.3%。这表明党的十八大以来，黄河流域水质总体有很大改观，但水生态环境形势依然严峻，治理压力仍然存在。黄河流域水环境改善态势并不稳固，流域内环境基础设施欠账较多，部分地区化肥农药过量施用，农业农村面源污染防治瓶颈亟待突破（柏仇勇，2021）。

（一）流域水污染治理环境及其评价

1. 政策法规

依据《中华人民共和国水污染防治法》，早在1996年内蒙古自治区就制定了第一个黄河流域水污染治理的地方性法规——《内蒙古自治区境内黄河流域水污染防治条例》。该条例规定，流域内旗县级以上人民政府环境保护行政主管部门对水污染防治实施统一监督管理，水利、卫生、建设、土地、地质矿产等有关部门要协同环境保护行政主管部门对水污染防治实施监督管理。其中，自治区人民政府下达流域内水环境质量目标，实行分段负责，分段保护，分段治理；自治区人民政府和流域内盟行政公署、市人民政府及旗县级人民政府制定本辖区的水污染防治规划和污染物排放总量控制计划，纳入自治区和本辖区国民经济社会发展中长期规划和年度计划，增加投入，防止污染，加快治理进度；根据流域内水污染物排放总量控制计划，流域内盟市和旗县级环境保护行政主管部门下达本行政区域内企业事业单位水污染物排放量控制指标，对排污单位实行水污染物排放总量控制，严格执行排污许可证制度，有效地控制和消除水污染。1998年陕西省颁布《陕西省渭河流域水污染防治条例》，为黄河流域支流渭河水污染防治提供法规保障。该条例规定，由省人民政府按照国家规定制定并组织实施渭河流域水污染防治目标，并把渭河流域水污染防治项目纳入国民经济和社会发展规划；省人民政府环境保护行政主管部门对渭河流域水污染防治实施统一监督管理；渭河流域县级以上人民政府环境保护行政主管部门对本辖区内的渭河流域水污染防治实施统一监督管理；省人民政府和渭河流域县级以上人民政府的水利、城建、地矿、农林、卫生等行政主管部门，按照各自职责，协同环境保护行政主管部门对渭河流域水污染防治实施监督管理。2002年陕西省制定《陕西省城市饮用水水源保护区环境保护条例》，为省内饮用水源水体保护和污染源治理提供了法律保障。党的十八大以来，党中央高度重视黄河流域生态环境保护问题，习近平总书记多次考察黄河流域并召开黄河流域生态保护和高质量发展座谈会，黄河流域生态保护和高质量发展已经上升为国家战略。2021年，国务院发布了《黄河流域生态保护和高质量发展规划纲要》，其中第八章对黄河流域水污染治理提出了系统要求。2022年10月，第十三届全国人民代表大会常务委员会通过《中华人民共和国黄河保护法》(以下简称《黄河保护法》)，为黄河流域水污染统筹治理提供了法律保障。该法第六章明确规定了从国务院主管部门到地方各级政府、再到工农业生产者在水污染防治中的权责。国务院生态环境主管部门制定黄河流域水环境质量标准；根据水环境质量改善目标和水污染防治要求，确定黄河流域各省级行政区域重点污染物排放总量控制指标；定期组织开展水体中有毒有害化学物质调查监测，及环境风险评估与管控。黄河流域省级人民政府可以制定严于黄河流域水环境质量标准的地方水环境质量标准，并补充制定没有国家水污染物排放标准的特色产业、特有污染物的排放标准；水环境质量不达标的水功能区，省级人民政府生态环境主管部门应当实施更加严格的污染物排放总量削减措施。县级以上地方人民政府应加强和统筹污水、固体废物收集处理处置等环境基础设施建设，保障设施正常运行，因地制宜推进农村厕所改造、生活垃圾处理和污水治理，消除黑臭水体；对沿河道、湖泊的垃圾填埋场、加油站、储油库、矿山等地下水重点污染源及周边地下水环境风险隐患组织开展调查评估，并采取风险防范和整治措施；制定并发布地下水污染防治重点排污单位名录；加强农药、化肥等农业投入品使用总量控制、使用指导和技术服务，推广病虫害绿色防控等先进适用技术，实施灌区农田退水循环利用，加强对农业污染源的监测预警。有管辖权的地方生态环境主管部门或者黄河流域生态环境监督管理机构负责审批流域河道或湖泊新设、改设排污口；省级人民政府生态环境主管部门应当会同本级人民政府水行政、自然资源等主管部门，根据本行政区域地下水污染防治需要，划定地下水污染防治重点区，明确环境准入、隐患排查、风险管控等管理要求。流域排污企业事业单位应当按照要求，采取水污染物排放总量控制措施；地下水污染防治重点排污单位应当依法安装水污染物排放自动监测设备，与生态环境主管部门的监控设备联网，并保证监测设备正常运行；农业生产经营者应当科学合理地使用农药、化肥、兽药等农业投入品，科学处理、处置农业投入品包装废弃物、农用薄膜等农业废弃物，综合利用农作物秸秆，加强畜禽、水产养殖污染防治。为落实《黄河流域生态保护和高质量发展规划纲要》，2022 年 6 月生态环境部、国家发展改革委、自然资源部、水利部四部门联合印发《黄河流域生态环境保护规划》，为黄河流域水污染治理提出了指导原则、治理目标和具体的实施政策方案。在指导原则上，坚持生态优先、绿色发展，以协调经济发展与环境治理的关系；坚持系统治理、分区施策，以统筹协调流域上下游、左右岸、干支流等不同区域环境治理的关系；坚持三水统筹、还水于河，以协调水环境治理与水资源保护、水生态恢复的关系；坚持责任落实、协同推进，以深化黄河流域环境治理的跨区域合作关系。为进一步推动黄河流域生态保护和高质量发展，2022 年 12 月，工信部、国家发改委等四部门联合印发了《关于深入推进黄河流域工业绿色发展的指导意见》，客观上强化了流域产业发展与水污染治理政策的协调性。综上，研究期内黄河流域水污染治理政策法规逐步完善；但地方法规条文的制定与细化，以及压力较大的地区地方性水污染物排放标准的制定有待加强。在流域层面，水环境保护法规和规划制定滞后，在研究期内还未来得及充分执行，总体政策法规环境一般。

2. 资金投入

根据《黄河保护法》的规定，国务院和黄河流域县级以上地方人民政府应当加大对黄河流域生态保护和高质量发展的财政投入；鼓励社会资金设立市场化运作的黄河流域生态保护补偿基金。2020 年，中央财政通过水污染防治资金安排黄河流域九省（区）62.71 亿元，2021 年安排资金 93.58 亿元，呈逐年增长态势，主要用于支持开展流域水污染防治、水污染防治监管能力建设等工作。研究期内，在财政的大力支持下，黄河流域横向生态补偿机制逐步完善。财政部会同有关部门及地方建立黄河流域生态补偿机制工作平台，中央财政每年从水污染防治资金中安排资金支持引导沿黄九省区探索建立横向生态补偿机制。2021 年 5 月，山东与河南签订《黄河流域（豫鲁段）横向生态保护补偿协议》。协议约定，监测断面水质年均值在Ⅲ类基础上每改善一个水质类别，山东给予河南 6000 万元补偿资金；反之，每恶化一个水质类别，河南给予山东 6000 万元补偿资金。2021 年 9 月，山东 301 个跨县界断面全部签订横向补偿协议，在全国率先实现县际流域横向补偿全覆盖。截至 2022 年 5 月底，各县（市、区）共兑现 2021 年第四季度补偿资金 3.24 亿元。但总体看，由于历史欠账多，黄河流域水环境治理投资需求大；又由于流域地方经济薄弱，导致治理资金缺口大。在此背景下，亟须拓宽现行融资渠道，加大社会资本投入，以解决资金缺口问题。但受流域市场经济体制发育相对迟缓的影响，黄河流域用于水环境治理吸纳的社会资本仍很缺乏，至今未建立起完善的吸纳社会资本投资的有效渠道。综上，研究期内黄河流域水污染治理资金支持渠道的多样性和支持的充分性均存在较大问题，总体资金环境建设较差。

（二）流域水污染治理体制建设及其评价

1. 体制机制

黄河流域水污染治理实施流域统一治理和地方各级政府分治相结合的治理体制。实施黄河流域水污染统一治理职能的机构是水利部黄河水利委员会（以下简称黄委）和生态环境部黄河流域生态环境监督管理局

（以下简称黄河流域局）。黄委隶属于水利部，为水利部派出的流域管理机构，在黄河流域依法行使水行政管理职责。就流域水污染治理职责看，包括以下方面：组织编制流域水资源保护规划，组织拟订跨省（自治区、直辖市）江河湖泊的水功能区划并监督实施，核定水域纳污能力，提出限制排污总量意见，负责授权范围内入河排污口设置的审查许可；负责省界水体、重要水功能区和重要入河排污口的水质状况监测；指导协调流域饮用水水源保护、地下水开发利用和保护工作；负责职权范围内水政监察和水行政执法工作，查处水事违法行为；负责省际水事纠纷的调处工作。黄河流域生态环境监督管理局为生态环境部派出行政机构，在所辖黄河入海断面以上流域和西北诸河，依据法律、行政法规的规定和生态环境部的授权或委托，负责水资源、水生态、水环境方面的生态环境监管工作。与黄河流域水污染治理有关的主要职责包括以下几个方面：负责编制流域生态环境规划、水功能区划；提出流域水功能区纳污能力和限制排污总量方案建议；建立有跨省影响的重大规划、标准、环评文件审批、排污许可证核发会商机制，并组织监督管理；指导流域内入河排污口设置，承办授权范围内入河排污口设置的审批和监督管理；指导协调流域饮用水水源地生态环境保护、水生态保护、地下水污染防治有关工作；承担流域生态环境执法、重要生态环境案件调查、重大水污染纠纷调处、重特大突发水污染事件应急处置的指导协调等工作。当前，黄河流域各省级政府在流域水污染治理中贯彻执行国家生态环境法律法规、方针政策和基本制度，制定流域省辖水污染防治基本制度，编制并监督实施省内重点区域、流域、饮用水水源地生态环境规划和水功能区划，组织拟订全省生态环境标准和技术规范；负责全省重大生态环境问题的统筹协调和监督管理，协调解决有关跨区域、流域环境污染纠纷；负责监督管理全省减排目标的落实，确定全省水功能区纳污能力，提出实施总量控制的污染物名称和控制指标，监督检查各地污染物减排任务完成情况；负责全省环境污染防治的监督管理，包括制定水污染防治管理制度并监督实施、监督指导全省农业面源污染治理工作；负责全省地表水生态环境监管工作，拟订和监督实施全省重点流域生态环境规划，建立和组织实施跨地区水体断面水质考核制度，监督管理饮用水水源地生态环境保护工作，指导入河排污口设置，组织落实水污染防治行动计划等。综上，研究期内，黄河流域水污染治理尽管在相关法规制度中倡导和鼓励企业、公众的参与，但在治理机制上仍以科层制治理机制为主，仍未建立汇聚政府、市场和社会力量的多元协同共治的治理机制与格局，总体来看，黄河流域水污染治理体制机制的建设处于一般水平。

2. 能力建设

就流域层面相关人员的能力提升来看，为提升干部职工对全国水生态环境综合管理平台的引用能力进而提升工作效率，2021 年，生态环境部黄河流域局信息中心领导和技术人员对相关人员的平台操作能力进行培训，为其在工作中积极应用水生态环境大数据，进一步提升工作效率，推动水生态环境精准、科学、依法治理奠定了良好基础。为推动黄河流域局生态环境监管能力的全面提升，2022 年黄河流域局举办水生态环境形势分析会商专题业务培训，相关业务骨干就流域汛期污染强度分析、污染物累计比例测算、水质指数测算、污染物峰值计算等关键技术问题进行了答疑解惑。地方政府层面，以陕西省为例，陕西省生态环境部门为进一步加强全省环境影响评价管理队伍能力建设，提升环评工作效能，组织多期环境影响评价管理培训；为进一步提升全省排污许可管理人员技能及证后监管人员的依证监管能力，组织全省相关人员进行排污许可证后监管培训；为切实提升市、县两级生态环境部门分管领导和相关业务人员饮用水水源保护区管理能力，陕西省组织了全省饮用水水源保护区管理培训、全省环境应急设备操作使用培训、全省污染源自动监控业务网络培训、全省监测系统开展省控监测网运维质控及数据综合分析培训。各级地方环境部门还组织了生态环境系统宣传业务培训、农村生活污水信息管理系统培训、环境执法业务培训、生态质量监测样地核实工作培训、污水处理企业现场执法检查业务培训、环境监测管理业务培训，以及对监测技术人员进行新污染物调查监测技术培训。相关政府部门建立了线上或线下长期教育平台，如山东省黄河河务局建立了首个山东黄河“幸福河云课堂”，为山东黄河水务干部职工提供了在线教育平台；河南省开办了“河南黄河讲堂”，以“学习理论、开阔视野、拓展思路、提升能力”为主旨，邀请高水平专家、学者围绕河南黄河保护治理工作中的重点任务开展系列专题讲座，为河南黄河保护治理高质量发展提质增速提供全面的知识体系支撑。综上，黄河流域水污染体制能力建设在流域层面还需加强，在地方政府层面表现良好，能力教育培训内容全面，覆盖面广。

（三）流域水污染治理手段及其评价

1. 信息监测

就流域水环境污染监测手段看，早在 1978 年，国家就设立了水环境监测机构“黄河水质监测中心站”，1991 年与 2002 年先后更名为“黄河流域水环境监测中心”和“黄河流域水环境监测管理中心”，2019 年被命名为“生态环境部黄河流域生态环境监督管理局生态环境监测与科学研究中心”（以下简称监测与科研中心）该机构主要负责对黄河流域包括水、底质土壤、水文、大气、噪声五大类环境共 94 个参数的测试。除完成基本监测、省界监测、水量调度、水质巡测、取退水口和突发性污染事故监测外，还承担社会服务性监测、水资源调查与评价、水质变化规律及污染趋势分析等技术咨询工作，为黄河流域水污染评估和治理提供了大量的可靠的数据支撑。2020 年黄河流域生态环境监督管理局成立后，其一项重要职能就是负责组织开展流域生态环境监测、科学研究、信息化建设、信息发布等工作，并提出流域水功能区纳污能力和限制排污总量方案建议。但当前黄河流域干支流的监测程度仍存差异，干流强而支流弱（李玉红，2021）。水质自动监测是精准治污、科学治污、依法治污的重要基础支撑，当前黄河流域实现了干流水质、断面水质自动化监测，但研究期内黄河流域支流还没有普遍建立水污染实时自动监测体系，对流域重点排污企业及入河排污口自动监测还没有实现全覆盖。这不利于对排污单位的排污控制形成有效监督。综上，总体来看黄河流域水污染治理信息监测存在较大不足，实施效果不理想。

2. 政府管制

在排污许可及许可后管理方面，研究期内黄河流域主要省份基本实现固定污染源排污许可证发放全覆盖，并加强了排污许可后监管，如2021年黄河流域局会同宁夏地方环境部门对当地污染物削减措施落实情况、排污许可证发放执行情况等进行了督导检查。在排污监管执法方面，2021年黄河流域开展入河排污口排查整治专项行动，2023年完成入河排污口全覆盖。流域各地方环境部门积极开展排污口执法检查，对排污企业排污情况进行执法抽查。如宁夏回族自治区积极开展黄河流域入河排污口排查整治专项行动，利用航测手段对黄河干流宁夏全境，以及7个工业园区、1个养殖园区、1个自然保护区、6个城市建成区和22个集中式饮用水水源地进行高精度排查。各地方政府环境执法部门还积极开展对涉水企业、污水处理设施运行、在线监控设施运行、汛期安全工作等情况进行专项检查，严厉打击环境违法行为，夯实日常监督管理工作，如济南市2022年度全市共检查涉水企业1247家，发现涉水问题115个，其他问题334个，涉水案件4个，移送公安涉嫌犯罪案件2个；河南省积极推动黄河流域水污染执法检查工作，2023年召开了黄河流域生态环境执法监管工作推进会，对黄河流域入河排污口排查整治、固体废物倾倒排查整治和涉水重点排污单位监管等工作进行了安排部署；内蒙古不断完善制度机制，着力优化生态环境执法方式，通过随机抽查、交叉执法、明察暗访、专项督查检查等方式，持续保持环境执法高压态势，依法严厉打击黄河流域突出水污染问题。综上，黄河流域水污染治理政府监管覆盖面广，内容全面，执法力度大，水污染执法监管实施总体良好。

3. 经济激励

就流域水污染治理的经济手段看，自 2004 年起我国就开始探索运用经济手段激励对黄河水污染的治理。当年，黄委主任李国英针对当时黄河严重水污染的现状提出“维持黄河健康生命”的新的治河理念，并指出黄河流域防治要在相关法规中明确水污染处罚措施；宁夏回族自治区生态环境厅邸国卫指出，政府正在将市场机制引入污染防治领域，用市场来调动企业削减污染物排放总量的积极性，在完成环境容量测算和分配的基础上应尝试开展排污权交易试点，真正使企业通过污染治理获得效益。目前，在生态补偿方面，2020 年国家层面已经出台了由财政部、生态环境部、水利部和国家林草局四部门制定的《支持引导黄河全流域建立横向生态补偿机制试点实施方案》，在实践中初步建立了跨省和省内两级流域生态补偿机制。如河南省和山东省首次建立了针对黄河干流的跨省生态补偿机制，2021 年签订《黄河流域（豫鲁段）横向生态保护补偿协议》，以跨两省界国控断面水质为考核依据进行水质保护补偿。各省均出台了区域内流域生态补偿的政策措施，具体为省级政府出台相关政策，对考核方式和标准进行界定，各市县根据省级政府出台的政策制订更详细的实施方案。核算方法多数基于水质目标，根据水质达标与否给予固定数额的补偿和赔偿资金，资金转移方式有省（区）财政厅直接拨付，收取、奖励、扣缴发放，从公共预算中扣除。当前黄河流域水污染生态补偿仍存在以下问题：各省（区）补偿机制内容和推进进度差别较大，缺乏省际补偿机制，缺乏全流域跨省（区）补偿机制的整体系统性顶层设计；覆盖干支流、左右岸生态服务区和收益区，多级政府和多利益主体参与的流域生态补偿机制尚未建立；多以政府部门纵向或横向财政补偿，资金缺口大，政府、市场、社会相互多元耦合、资金补偿等“输血式”补偿方式与绿色技术援助、就业机会提供等“造血式”补偿方式相互补充、协调推进的生态补偿模式尚未形成。在排污权交易方面，当前未见有黄河流域水污染物排放权交易的案例，表明当前黄河流域水污染治理在运用排污权交易这一经济手段方面并不理想。当前我国黄河流域排污权交易制度并不完善，仍存在诸多问题（卢亚丽等，2022）。2022年6月自然资源部等四部门联合印发《黄河流域生态环境保护规划》，明确提出要鼓励排污权交易。在排污权有偿使用或排污收费方面，各地方政府积极出台具体管理办法，规定现有排污单位按照核定的排污权和规定的征收标准缴纳排污权使用费，新（改、扩）建项目新增排污权，由生态环境主管部门核定许可排污量后，通过市场购得相应的排污权。总体来看，我国黄河流域水污染治理经济激励手段并不完善，相关改革实施较为滞后。

4. 工程技术

"十三五"时期，沿黄九省区持续加大城镇环境基础设施建设投入力度，城镇污水收集处理能力逐步提升，2020年已建成投入运行的黄河流域（片）县级及以上城市建成区污水处理厂达700余座，设计污水处理能力接近3300万吨/日；流域68个主要城市的平均污水处理率达到98.1%（徐傲等，2020）。但同时，黄河流域城镇污水处理工程建设还存在发展不充分不平衡、设施短板弱项突出、运行维护能力不强、机制体制还不够健全等问题。黄河流域特别是经济发展落后地区，城乡污水收集管网建设仍存在较大短板，污水收集管网远未达到全覆盖；城市建成区还存在大量生活污水直排口、收集处理设施空白区，这导致城市生活污水集中收集率和县城污水处理率仍比较低，至研究期末，城市生活污水集中收集率不足70%；农村生活污水收集处理设施缺口更大，污水平均治理率仅为25%，中上游治理率甚至不超过20%。这表明黄河流域水污染治理工程技术手段还需继续加强，目前实施效果并不理想。

5. 宣传教育

早在1999年初，共青团中央联合全国绿化委员会、全国人大环境与资源保护委员会、全国政协人口资源环境委员会、环境保护部（现生态环境部）、水利部、农业部（现农业农村部）、国家林业局（现林业和草原局）等单位共同发起开展了大型群众性生态环保公益活动——保护母亲河行动。全国保护母亲河行动领导小组成立后，定期组织共青团青年开展保护母亲河——黄河等江河的行动，并于2002年设立保护母亲河日。保护母亲河行动开展以来已吸引数以亿计的青少年参与各类生态环保宣传实践活动。黄河流域生态保护和高质量发展战略提出后，各级地方政府和组织积极行动，进行公益宣传，动员全社会积极参与黄河流域生态保护。高校及民间环保团体也积极行动走进社区进行宣传教育活动，如中华环保世纪行2021年的宣传活动聚焦黄河保护立法，推动黄河流域生态保护和高质量发展。黄河流域各地司法行政部门积极行动、主动作为，开展全方位、多角度、立体式的普法宣传。流域内各相关省份将《黄河保护法》宣传纳入政府及相关部门普法工作重点，并作为“世界水日、中国水周”期间的重要宣传内容，各相关部门加快专题培训学习，力求准确理解主要内容，全方位开展宣传教育和普及工作。为加强黄河流域生态环境保护和防范化解环境风险隐患，不断提高全市重点排污单位和相关企业生态环境保护思想认识和能力水平，地方政府对排污企业进行生态环境保护专题培训；为提高排污许可管理工作水平，督促排污单位主动落实生态环境保护主体责任，增强企业生态环境保护意识和能力，对相关企业进行排污许可培训、固定污染源排污许可培训。总体来看，黄河流域水环境保护教育工作开展得比较好，但还未建立定期常态化宣传教育机制。

三、珠江流域水污染治理体系梳理与评价

珠江是一个由西江、北江、东江及珠江三角洲诸河汇聚而成的复合水系，一般以西江上源为源头，发源于云贵高原乌蒙山系马雄山，流经云南、贵州、广西、广东、湖南、江西6个省（区）和越南的北部，从

而形成支流众多、水道纷纭的特征，并在下游三角洲漫流成网河区，经由分布在广东省境内6个市县的虎门、蕉门、洪奇门（沥）、横门、磨刀门、鸡啼门、虎跳门和崖门八大口门流入南海。珠江年径流量3300多亿立方米，居全国江河水系的第2位，仅次于长江，是黄河年径流量的7倍，淮河的10倍。全长2320千米，流域面积453690平方千米（其中442100平方千米在中国境内，11590平方千米在越南境内），是中国南方最大河系，是中国境内第三长河流。丰盈的河水与众多的支流为珠江的航运事业提供了优越条件，航运价值仅次于长江，居全国第二位。珠江水系水能资源蕴藏丰富，著名的天生桥、大藤峡、鲁布革、新丰江等水利枢纽都属于珠江水系。珠江流域面积广阔，多为山地和丘陵，占总面积的94.5%，平原面积小而分散，仅占5.5%，比较大的是珠江三角洲平原。珠江流域旅游资源丰富，著名的黄果树瀑布、桂林山水都在珠江流域。

但是，由于珠三角一带经济和社会快速发展，大量的生活污水，包括未经处理的化工业污水被直接排放入江，这使得珠江水域尤其是下游珠江三角洲地区污染愈发严重。目前经过长期努力，流域水环境质量状况总体持续向好。生态环境部发布的《2023年中国生态环境状况公报》显示，珠江流域水质为优，监测的364个国控断面中，Ⅰ～Ⅲ类水质断面比例达到95.3%。但当前珠江流域水生态环境保护任务依然艰巨，仍存在以下问题：一些地区旱季“藏污纳垢”、雨季“零存整取”，汛期污染凸显；少数劣Ⅴ类水质断面脱劣攻坚效果尚不稳固；黑臭水体尚未从根本上消除；中游地区重金属污染风险较高；等等。

（一）流域水污染治理环境及其评价

1.政策法规

早在1998年，广东省就先后制定了《广东省珠江三角洲水质保护条例》《广东省跨行政区域河流交接断面水质保护管理条例》《广东省饮用水源水质保护条例》《广东省东江西江北江韩江流域水资源管理条例》《建设项目环境保护管理条例》等一系列专门保护水质的法规。流域层面，为了加强珠江流域水环境综合治理及保护，维护省际边界地区正常的水事秩序和水资源安全，水利部结合云、贵、粤等省的实际情况，在贵阳签署了《珠江流域片跨省河流水事工作规约》。其规定跨省河流的流域综合规划由流域管理机构会同所在地的省、自治区人民政府水行政主管部门审查提出意见。规划是边界各方开发利用跨省河流的依据，不得单方面擅自修改。规划还建立了相邻省（区）及相邻地、州、市、县水事活动协商机制。跨省河流（河段）上的水事活动必须经过双方共同规划和协商，方能改变河流现状。2015 年 4 月，国务院印发实施《水十条》，以改善水环境质量为核心，切实加大水污染防治力度，保障国家水安全。《水十条》提出，到 2020 年，珠江流域水质优良（达到或优于Ⅲ类）比例总体达到 70% 以上，地级及以上城市建成区黑臭水体比例均控制在 10% 以内。2017 年，《重点流域水污染防治规划（2016—2020 年）》（以下简称“十三五”规划）正式发布，为各地“十三五”期间的水污染防治工作提供了指南。根据“十三五”规划要求，到 2020 年珠江流域水质优良（达到或优于Ⅲ类）断面比例应达到 89% 以上；劣Ⅴ类断面比例要低于 2%。这为珠江流域水污染治理明确了治理目标。2018 年 6 月，《中共中央国务院关于全面加强生态环境保护坚决打好污染防治攻坚战的意见》（以下简称《意见》）公布，对全面加强生态环境保护、坚决打好污染防治攻坚战作出全面部署和安排。珠江流域内各省（区）高度重视，迅速采取行动，相继发布有关实施方案。如广西通过制定中长期流域规划，持续推进重点流域水生态保护和环境治理，以《广西西江经济带水环境保护规划（2016—2030）》等系列规划统筹流域区域、上下游、左右岸和干支流，统筹城市乡村、水域陆地，实现多部门流域保护治理规划的“多规合一”。早在 2006 年，为加强省内跨行政区域河流交接断面水质保护管理，防止河流水质污染和水质污染纠纷，广东省人民政府就制定了《广东省跨行政区域河流交接断面水质保护管理条例》，并在2019年做了进一步修订；2010年出台《珠江三角洲环境保护一体化规划（2009—2020年）》，提出优化水环境功能区，齐防共治跨界水污染；2013年，在巩固珠江综合整治工作的基础上，批准实施《南粤水更清行动计划（2013—2020年）》，开展全省新一轮水污染防治工作，明确西江为省重要饮用水源河流，将西江干流划定为省里的主要供水通道，实行严格保护，每年制订年度水污染防治攻坚战工作方案，明确了打好水污染防治攻坚战的责任分工、路线图、时间表。这些均为珠江流域水污染治理明确了具体的治理方案。总体来看，珠江流域水污染治理政策法规环境建设较为全面完善，但对于珠江流域内需要两个或多个地区共同立法以规范流域水污染治理的立法活动较少，其他领域政策的制定实施与污染治理政策的协调性还有待加强，上游地区仍建有较多资源型、污染型产业。截至2020年，珠江上游仅采矿业规模以上企业在广西有317家、云南有471家、贵州有544家。其他如化工、火电、电镀、有色冶炼等高耗水、高污染行业在各省份也均有一定数量企业分布，并呈现增加趋势，使得上中游污染物排放量加剧，危及下游大湾区用水安全（刘晓丹等，2018）。故此，珠江流域水污染治理政策法规建设一般。

2. 资金投入

为了保护水环境保护资金的专款专用，广东省于2004年制定了《广东省珠江流域水质保护专项资金使用管理办法》，并安排了广东省珠江流域水质保护专项资金。水质保护专项资金由省政府财政预算设立，主要依靠地方自筹，省财政适当补贴。该专项资金的重点是支持广东省珠江上游地区和经济实力较弱地区的流域水质保护，主要用于被列入广东省珠江水循环综合整治实施方案的项目，如污水处理设施建设项目、危险废物和固体废物的处理项目、生态保护建设项目等。各级财政、环保、建设部门要对本地区使用省水质保护专项资金项目的实施过程加强监督检查。这是珠江流域关于专项资金的唯一管理办法，然而这个办法中对资金的来源并没有更好的建议，依然依靠政府而不是市场。2006 年 6 月，《东江源区生态环境补偿机制实施方案》中提出，由中央、省、市、县级政府财政出资，每年拿出一定数额作为生态环境补偿资金。此外，广东省为加快建立完善的生态补偿机制，近年来先后印发了《广东省生态保护补偿办法》和《广东省生态保护补偿机制考核办法》，建立健全生态环境保护指标体系，跨行政区域河流交界断面水质达标率已纳入指标体系，作为补偿资金分配的重要因素之一。2013 年，广东省出台了《关于完善省级财政一般性转移支付政策的意见》，对欠发达地区县（市）实施与综合增长率挂钩的协调发展奖励，并将包括跨行政区域河流交界断面水质达标率等相关指标在内的生态保护指标优化情况纳入综合增长率考核。在此基础上，按照“分类实施，重点帮扶”的基本原则，加大了对包括西江流域在内的生态地区的倾斜支持。总体来看，珠江流域水污染治理资金主要来自政府财政，并未充分调动社会资金参与水环境治理。

（二）流域水污染治理体制建设及其评价

1. 体制机制

研究期内，负责珠江流域水污染治理工作的主体有两个行政机构，一个是成立于 1979 年的水利部珠江水利委员会（以下简称珠江委），另一个是 2019 年成立的生态环境部珠江流域南海海域生态环境监督管理局。流域内各级地方政府根据相关水污染治理政府法规负责本辖区水污染治理，并开展政府间水污染合作治理。珠江委是水利部派出的流域管理机构，依法行使涉水行政管理职责。其在流域水污染治理方面的主要职责如下：组织编制流域水资源保护规划，组织拟订跨省（自治区、直辖市）江河湖泊的水功能区划并监督实施，核定水域纳污能力，提出限制排污总量意见，负责授权范围内入河排污口设置的审查许可；负责省界水体、重要水功能区和重要入河排污口的水质状况监测；指导协调流域饮用水水源保护、地下水开发利用和保护工作。生态环境部珠江流域南海海域生态环境监督管理局设立后，依据法律、行政法规的规定和生态环境部的授权或委托，负责珠江流域水资源、水生态、水环境方面的生态环境监管工作，主要承担以下职责：组织编制流域生态环境规划、水功能区划，参与编制生态保护补偿方案，并监督实施；提出流域功能区纳污能力和限制排污总量方案建议；建立有跨省影响的重大规划、标准、环评文件审批、排污许可证核发会商机制，并组织监督管理；参与流域规划环评文件和重大建设项目环评文件审查，承担规划环评、重大建设项目环评事中事后监管；指导流域内入河排污口设置，承办授权范围内入河排污口设置的审批和监督管理；指导协调流域饮用水水源地生态环境保护、水生态保护、地下水污染防治有关工作；组织开展河湖与岸线开发的生态环境监管、河湖生态流量水量监管，参与指导河湖长制实施；组织开展流域生态环境监测、科学研究、信息化建设、信息发布等工作；组织拟订流域生态环境政策、法律、法规、标准、技术规范和突发生态环境事件应急预案等；承担流域生态环境执法、重大水污染纠纷调处、重要生态环境案件调查、重特大突发水污染事件和海洋生态环境事件应急处置的指导协调等工作。为充分发挥珠江委和珠江流域南海海域生态环境监督管理局在流域综合管理、生态环境监督管理等方面合力优势，加强协调配合，完善跨省（自治区、直辖市）河流水资源保护协作机制建设，加快推进水治理体系和治理能力现代化，珠江委与生态环境部珠江流域南海海域生态环境监督管理局共同签署了《珠江流域跨省河流突发水污染事件联防联控协作机制》，为提高珠江流域跨省河流突发水污染事件防范和处置能力、切实保障流域生态环境安全提供坚实保障。双方共同商议，建立跨省河流突发水污染事件协作联系制度，就信息通报、应急协作、联合执法、深化交流等多项事务深化合作。双方建立互信、共享的信息通报制度，强化流域水资源与水生态环境保护、跨省河流水污染联防联控信息沟通，加强污染处置、应急调度等合作；探索建立联合执法检查机制，组织开展跨省河流联合执法巡查；督促跨省河流水生态环境整治，预防跨省河流突发水污染事件发生。协作机制的建立是落实《生态环境部水利部关于建立跨省流域上下游突发水污染事件联防联控机制的指导意见》、依法依规履职尽责的具体实践。

2016年中央在全国全面推行河长制，目的是以地方党政领导的权威调动最大执法力量，筑牢河流生态环境保护防线。河长由各级政府的主要负责人担任，由于流域管理实行的是上一级流域单元涵盖下一级流域单元的分级管理模式，因此，河长制也是建立在科层制模式下的对流域实行分级分段的管理。河长制已经成为珠江流域生态环境保护中非常重要的制度，与政府模式下的其他治理方式结合，实现政策导向的河长制与政府模式下的流域治理对生态环境的共同保护。广东强调“挂图”作战，充分发挥河长制、湖长制作用。广西落实行政区域与流域结合的自治区、市、县、乡、村五级河（湖）长主体责任，构建责任明确、协调有序、监管严格、保护有力的江河湖库管理保护新机制，形成一级抓一级、层层抓落实的系统网格化工作格局。贵州进一步明确城市建成区内河湖黑臭水体的河（湖）长责任，要求按照治理时限开展工作，确保黑臭水体治理到位，同时加强巡河管理。云南将农村水环境治理纳入河（湖）长制管理，持续开展农村人居环境整治行动。

与此同时，珠江流域深入开展跨省级和跨市级行政区域协同治理，并取得一定成效。如2014年广东、广西签订的《九州江流域跨界水环境保护协作协议》安排了水污染防治的任务与进度，设立合作资金联合治理污染。2014年广西玉林市、广东湛江市签订的《跨界流域水污染联防联治合作框架协议》，确定了环保部门在跨界联防联治中的监测、应急联动、纠纷处理等内容。省级间的政府合作主要通过签订行政协议进行，在不断的合作中探索省级间政府就水资源保护、污染治理、监测预警、合作资金等多种形式的具体实施方式。另外，《珠中江环境保护区域合作协议》就是由珠海、中山、江门三市生态环境局达成的协议。三市就具体的环境保护方面开展行政合作，包括跨市河流水质保证、环保数据监测、水资源保护、纠纷协调、违法案件司法移送等内容。签订行政协议的地级市在地缘上相近，于水资源的开发与保护的治理上存在上下游、左右岸的相邻关系，更容易在实践中达成一致合作。并且地级市由于都具有相等的立法权，在行政层级上也处于同一地位，平等关系也容易完成合作意愿的达成。

上述情形表明，珠江流域水污染治理流域层面体制机制建设较好，治理主体职责清晰全面；流域水污染治理地方政府跨省、跨市协同治理机制逐步建立；河长制治理机制运行有效。但目前珠江流域水污染治理体制还是以政府部门为主体的治理，缺乏行业协会、环保组织和公众的有效参与。总体来看，珠江流域水污染治理体制机制建设较好。

2. 能力建设

珠江流域南海海域生态环境监督管理局非常重视全体员工专业能力与素养提升工作。自成立以来研究期内已定期举办近 20 期的专业知识互助培训会，内容涉及入河排污口监管及数值模式、国家地表水自动监测站监督、国家地表水环境质量监测及评价等。按时举行新职工入职培训并定期开展青年理论学习小组互助培训，重在强化青年职工职业素养能力的提升。为帮助有关人员掌握生态环境应急处置的专业知识，提高生态环境执法应急本领，其对职工进行突发生态环境事件应急处置培训。为提高职工对污水处理厂的监督执法能力，其专门组织了城镇污水处理厂现场监督检查培训，对城镇污水处理的主要工艺及现场监督检查的重点环节进行学习。珠江流域南海海域生态环境监督管理局积极帮扶地方政府提高相关治理部门的能力建设，如为助力地方进一步提高入河排污口监督管理效能，做好技术帮扶，珠江流域南海海域生态环境监督管理局监测与科研中心组织举办了相关入河排污口监督管理工作培训。地方政府相关部门也十分重视水环境治理能力培训及相关管理人员业务能力培训，包括环境影响评价与排污许可业务培训、对排污许可证证后管理培训、对生态环境监测中心人员污染源监测能力培训；为进一步巩固城市黑臭水体治理成效，举办城市黑臭水体治理专题培训班。针对街道网格化涉水污染源自查能力短板，州珠海区河长办主动上门服务，对18条街道逐一开展网格化排查整治涉水污染问题培训。综上，珠江流域水污染治理能力培训涉及环境影响评价、排污许可证及证后管理、污染源监测、排污口监管等多方面，内容涵盖全面。总体来看，珠江流域水污染治理能力建设方面实施状况良好。

（三）流域水污染治理手段及其评价

1. 信息监测

早在“十一五”期间，珠江流域就积极开展水生态监测工作，在抚仙湖、星云湖、桂江、绥江、广州河道、流溪河及磨刀门水道设置了多个生态监测点。2004年，为了完善珠江流域水环境监测网，建立完善的水环境监测系统，珠江流域的各省共同参加会议并批准实施《泛珠三角区域水环境监测网络计划》，会议就泛珠三角数据库传输格式方案进行了讨论，并就建立水环境监测网络体系、跨省界断面水质监测工作机制、科研项目合作、环境监测报告、区域内水环境事故通报制度、近海岸流域监测等方面的监测合作提出了意见和建议，呼吁进一步扩大环境监测合作平台、强化流域各省环境监测站的水环境监测信息共享，加强流域各监测站之间的全面工作交流。2008年，珠江委根据《国家突发环境事件应急预案》及水利部《重大水污染事件报告办法》相关规定，为做好流域突发性水污染事故的应急处置工作，经过近2年的努力建立了以各省（自治区、直辖市）为单元，流域机构协调处置的突发性水污染事故应急机制，组织编制了《珠江委处置突发性水污染事件应急响应制度》，明确了珠江流域（片）突发水污染事件分级标准、组织体系、预警机制及应急响应程序。在此基础上，编制了《珠江委处置突发性水污染事件应急预案》，分别制定了应急监测预案、应急饮用水源预案、应急调度预案等。2019年，生态环境部珠江流域南海海域生态环境监督管理局成立后，进一步强化了珠江流域生态环境包括水环境的监测工作。生态环境部珠江流域南海海域生态环境监督管理局设立生态环境监测与科学研究中心（以下简称珠江流域局监测与科研中心）承担所在珠江流域生态环境监测、评价和科学研究等工作，为流域海域生态环境监管提供支持保障；设立监测信息处负责生态环境监测、考核、信息发布等工作。如根据《2023 年国家生态环境监测方案》工作安排，珠江流域局监测与科研中心对珠江流域范围内 7 省（区）共 24 个地市的水环境进行监测现场调查工作。在水环境自动监测方面，早在 2015 年，为提高西江上游预警监测及应急处置，增强西江水质安全保障，建立了横跨广东广西的西江跨界水质远程实时在线监控的郁南西江水质自动监测站，现已建立了全流域水质自动监测网。利用先进遥感技术，打造了水体水质遥感全流程的解决方案，可支撑水源地安全保障达标建设、省际界面水质监测及排污口调查、突发水污染事件溯源分析、河湖健康评价等多项水利业务。综上，珠江流域水污染监测措施较为完善先进，已经建立了较为完善的水体水质监测体系，不足的是固定污染监测和入河排污口监测体系建设还有待加强。

2. 政府管制

排污总量控制定额分配管理基础上的排污许可是将流域水污染物控制在水体可承受能力范围内的直接手段，也是政府管制对水污染治理的首要措施。珠江流域水污染物排污许可及证后政府执法监管实施较好。根据上级相关要求，2020 年珠江流域广东省各省区基本实现固定污染源排污许可全覆盖。之后，流域各地环境部门积极开展排污专项执法检查，强化固定污染源排污许可执法监管，依法查处企业无证排污、不按证排污等环境违法行为，督促企业落实持证排污、按证排污主体责任，并将一些典型案例进行社会曝光。针对排污口管理，在生态环境部珠江流域南海海域生态环境监督管理局的支持下，各地方政府相关部门积极对排污口进行专项排查整治。在政府水污染治理协同管制方面，研究期内广东省政府建立了广佛跨界河流、东江及练江流域水环境综合整治联席会议制度，定期或适时召开会议，研究部署重点工作，加强水污染治理政府管制的协同性。广东省人民政府还不断完善水生态环境保护政策法规体系和水污染物排放控制指标体系；定期评估规划实施进展，建立规划实施评估考核机制。近年来，国家相继出台了一系列有关环境风险及处理突发性事故的法律法规，这些法规为珠江流域各级政府加强水污染的应急管理提供了法律遵循。珠江流域需要根据自身流域特点，在国家相关法律法规的基础上制定具有自身流域特色的应对突发性水污染事故的政府监管措施。综上，珠江流域水环境治理政府机制措施实施较好，但还存在一些不足之处，如缺乏对排污企业自主监测信息的执法检查。

3. 经济激励

早在 2013 年，广东省就开始试行排污权有偿使用和排污权交易制度，要求现有排污单位排污指标的获取逐步由无偿分配向有偿使用过渡，逐步形成规范的排污权交易市场秩序。研究期内，就珠江流域水污染生态补偿激励手段实施情况来看，早在 2016 年和 2019 年，广东、广西两省（区）政府分别签订了《九洲江流域上下游横向生态补偿协议》，广西获得九洲江流域生态补偿奖励资金 6.00 亿元（2019 和 2020 年分别为 4.00 亿元和 2.00 亿元）。2022 年云南省文山州制定并实施相关生态补偿制度和方案《文山州珠江流域横向生态补偿机制建设实施方案》，州内首先实施流域横向生态补偿机制。珠江流域特别是经济发达的珠江三角洲区域的饮用水水源主要为河道水，大部分为过境水，饮水安全直接受制于中上游来水水质。随着珠江三角洲“双转移”战略逐步实施，流域上游的环境压力加大，增加了流域上游水污染风险发生的概率，下游将面临饮水安全问题。因此，统筹兼顾上下游水量水质管理与保护，遵循“谁开发谁保护、谁破坏谁治理、谁受益谁补偿”的原则，对水环境保护建设者、受益者、受损者和利益相关者等不同主体之间的影响和损益关系进行分析，确立不同利益主体之间的补偿关系与方式，建立下游横向补偿机制十分重要。综上，珠江流域水污染治理经济激励手段实施较好，定量评价赋值为4.00。

4. 工程技术

根据城市建设状况公报，在城镇污水治理方面，至2022年末，广东省排水管道总长度14.02万千米，污水处理厂342座，污水处理率98.54%，生活污水集中收集率72.41%，均高于全国同期平均水平的98.11%与70.06%。广西壮族自治区城市排水管道总长度2.25万千米，污水处理厂76座，污水处理率98.78%，高于全国平均水平，生活污水集中收集率54.54%，显著低于全国平均水平。云南省城市排水管道总长度1.95万千米，同比增长2.68%；污水处理厂72座，比上年增加1座污水处理厂；污水处理率99.02%；生活污水集中收集率65.26%，低于全国平均水。这表明，珠江流域各省（自治区）特别是欠发达省（自治区）污水处理工程设施建设较好，但生活污水收集设施还存在较大不足。在农村污水治理方面，至2022年，广东省建成污水处理设施近4万座，农村生活污水治理率为53.4%；云南省建设农村生活污水治理设施4140座，生活污水治理率达到40%；广西壮族自治区建成集中式生活污水处理设施3791套，分散式污水处理设施7137套，但生活污水处理率仍比较低，仅为17.1%，远低于全国平均水平的31%。总体来看，珠江流域水污染治理工程设施建设取得了较大成就，但仍显不足，农村生活污水治理率总体偏低。针对农业面源污染，广东省在世界银行贷款农业面源污染治理项目的支持下，探索出免耕同步施肥机插秧、少耕同步施肥机插秧、菜地水稻同步施肥旱撒播等10种水稻保护性耕作模式，在保证产量下少施肥；在牲畜养殖方面，创建高床生态养殖新模式，养殖场COD、氨氮、磷去除率分别达98.68%、95.61%、96.89%。广西将通过积极推广测土配方施肥技术、水肥一体化技术，将畜禽粪污循环利用项目与蔗田改造项目相互融合，实现了农业面源水污染的有效治理。云南通过举办科学施肥技术培训，集成推广施肥新技术、新产品及新机器，实施化肥减量示范项目、建设智能虫情监测点、开展农民科学安全用药培训、推动畜禽养殖场粪污处理设施装备提档升级、规范畜禽养殖户粪污处理设施装备配套等措施，达到对农村面源污染的有效治理。污染防治攻坚战期间，为加强并深化水污染治理与防治，各省（区）从畜禽养殖污染治理、农业面源污染控制、农村生活污水和垃圾处理、农村环境治理等各方面推进农业农村污染防治工作，并明确了农村生活污水处理率、农村无害化卫生户厕普及率、规模化畜禽养殖场粪污处理设施装备配套率、规模化畜禽养殖场废弃物综合利用率、化肥农药利用率等指标要求。根据广东省农业农村厅数据表明，2019 年广州农药使用量减少 243.51 吨，同比下降 7.8%，已连续 3 年负增长；化肥综合使用量减少 6445 吨，同比下降 6.1%，为历年来下降幅度最大的一年，并已连续 4 年实现负增长。单位面积农药、化肥使用量也比 2018 年分别下降 7.46% 和 2.86%；全省推广测土配方施肥技术面积 4102 万亩次，示范区减少化肥用量 3.3%，减少不合理施肥 4.7 万吨，全省化肥使用量实现负增长。据广西壮族自治区农业农村厅数据显示，2021 年广西推广测土配方施肥技术 6810 万亩次，共减少化肥施用超过 12 万吨。综上，珠江流域水污染治理工程技术手段实施效果较好，定量评价赋值为 4.25。

5. 宣传教育

广东省生态环境厅开设水污染防治攻坚专栏，向公众宣传水污染防治知识，内容包括水环境质量及变化情况、水污染防治攻坚工作进展、水污染防治实用技术及案例等；广东省生态环境厅还以动画形式向公众宣讲《广东省水污染防治条例》；各级地方政府还积极开展全民治水主题宣传活动，如 2023 年广州市“‘河’你在一起，共筑清水梦”治水主题宣传活动。广西壮族自治区积极向公众开放污水处理设施，让公众零距离了解水环境保护和污水变清流的知识，增强公众保护水环境意识；为广泛宣传饮用水卫生知识，增强全民饮用水卫生安全意识，努力营造全社会关心、支持和参与饮用水安全保障工作的良好氛围，举办 2012 年饮用水卫生宣传周活动，向公众宣传防治饮用水水污染知识。云南省制作《防治水污染 你我共行动》动画片向公众积极宣传水污染及其治理知识。此外，流域各级地方政府积极对排污单位进行相关知识培训，提高其治污能力，包括排污许可证填报培训、排污许可持证单位人员业务培训、排污单位自行监测技术能力培训、排污单位自行监测技术能力培训、珠海市生态环境局组织全市排污许可发证登记企业开展线上排污许可。总体来看，珠江流域各级地方政府重视对公众及其排污单位人员进行相关知识能力的宣传教育，该项水污染治理措施实施较好。

四、松花江流域水污染治理体系梳理与评价

松花江地处我国东北地区的北部，是黑龙江在我国境内的最大支流，全长 1927 km；其流域面积 55.68 万 km^2，介于北纬 41° 42′ ～ 51° 38′ 、东经 119° 52′ ～ 132° 31′ ，地跨内蒙古、黑龙江、吉林、辽宁四省区，其中主要分布于黑龙江省和吉林省两省。松花江流域是我国重工业基地的重要组成部分，又是我国重要的农业、林业和畜牧业基地，2021 年松花江流域人口近 6000 万，GDP 超过 2 万亿。由于流域重工业集中、农牧业发达，松花江流域水污染一度较为严重，流域生态环境恶化，可持续发展面临极大挑战。松花江流域水污染具有入河污水量大，点源、面源均严重，有机、有毒污染重，污染事故风险高等多种特征（李玮等，2010）。据统计，松花江流域年排污量曾达 30 亿吨，入河污水量达 16 亿吨，V 类或劣 V 类水体占比曾高达 34%。根据我国《生态环境状况公报》，至 2012 年底，松花江流域 88 个国控断面中，Ⅵ～V 类和劣 V 类水质断面比例分别为 36.3% 和 5.7%，总体呈轻度污染状态；至 2022 年底，V 类以上水质断面占比仍达 29.5%，其中劣 V 类为 2.0%。松花江流域为我国东北重要的粮食主产区，流域耕地面积超过 2 亿亩，占全国耕地面积的 10%。加强松花江流域水污染治理，实现水质安全，不仅是保证松花江流域居民饮水安全、生命安全

的需要，也是保障国家粮食安全的需要。

（一）流域水污染治理环境及其评价

1. 政策法规

除了国家一般性水环境治理的法律和部门规章制度，松花江流域水污染治理的法规环境还包括水利部松辽水利委员会（以下简称松辽委）于2018年修订的《松辽流域委员会实施〈入河排污口监督管理办法〉细则》及流域内各级地方政府专门制定防治流域水污染的地方性法规，如黑龙江省人民代表大会常务委员会制定的《黑龙江省松花江流域水污染防治条例》(2018年)、吉林省人民代表大会常务委员会制定的《吉林省松花江流域水污染防治条例》(2018年)，哈尔滨市人民政府制定的《松花江流域哈尔滨江段水污染防治实施方案》等。这些法规、政策文件的制定和实施，为松花江流域水污染治理提供了基本法律法规遵循，明确了松花江流域水环境治理的总方向和总目标及保障目标实现的强制性法律法规制度要求。《松辽流域委员会实施〈入河排污口监督管理办法〉细则》明确了松花江流域入河排污口监管的目标，即有效保护了水资源，促进了流域水资源的可持续利用；明确了监管的行政主体，即松辽委按照法律和行政法规的规定及国务院水行政主管部门的授权，负责入河排污口设置和使用的监督管理工作，以及松辽委可以委托入河排污口所在地水行政主管部门或者松辽委所属管理单位对权限范围内的入河排污口实施日常监督管理；具体规定了管理主体的职责内容，即对排污单位入河排污口设置审批、登记备案、监督管理、违法追责。《黑龙江省松花江流域水污染防治条例》明确了省域内松花江流域水污染防治的目标，即防治松花江流域水体污染，改善流域水环境质量，保障用水安全，并建立污染防治的长效机制；明确了水污染防治的责任主体，即县级以上人民政府及其相关行政主管部门和其他相关管理机构，并明确其各自职责。人民政府职责包括制定并落实本行政区松花江水污染防治规划（要纳入国民经济和社会发展总体规划）；对本行政辖区水环境治理负责，增加防治投入、制定相关政策、鼓励发展循环经济，控制好污染物投放总量；对下级人民政府及主要负责人进行目标责任考核，加强对流域水污染防治工作的宣传和教育，协调处理水污染事件；统筹安排好污水处理设施和排放管网建设；做好跨行政边界的水污染防治协同治理，建立跨行政区的联防治污机制和联席会商制度，保证出界水体水质达到水环境质量功能要求。县级以上环境保护行政主管部门对本辖区内水污染防治实施统一监管，上下游部门间水污染防治情况互相通报、水污染事件预防联合检查。其他相关管理机构如水行政、工业、农业等在各自职责范围内对流域水污染防治实施监督管理。《黑龙江省松花江流域水污染防治条例》还规定了人民政府及其主管部门、排污单位违反条例的法律责任和处罚规定。

流域水污染防治规划既是重要的政策环境，也是流域水污染防治工作的重要依据。早在2006年，生态环境部和国家发展改革委联合制定了《松花江流域水污染防治规划（2006—2010年）》（以下简称《规划》）。《规划》提出，到2010年，要使松花江流域大中城市集中式饮用水水源地得到治理和保护，完成重点城市污水处理和重点工业污染源的治理任务，使重点污染隐患得到有效治理和监控，主要污染物排放总量得到有效控制，大中城市污染严重水域水质有所改善，流域水环境监管及水污染预警和应急处理能力显著增强；松花湖等48个城镇集中式饮用水水源地水质达到Ⅲ类，松花江、西流松花江、嫩江、牡丹江干流水质基本达到Ⅲ类，流域监测断面重金属等有毒污染物水质指标达到Ⅱ类；全流域主要污染物（化学需氧量）排放量比2005年削减12.6%，大中城市污水处理率不低于70%。《规划》将作为松花江流域水污染防治工作的重要依据，松花江流域的经济建设活动必须符合《规划》的要求。内蒙古自治区、吉林省、黑龙江省（以下简称“三省区”）人民政府和国务院有关部门要根据《规划》提出的目标、任务和要求，抓紧制订本行政区域和本部门的实施计划，纳入各级国民经济和社会发展年度计划，逐项落实，统筹实施。2011—2020 年，我国环境保护部（现生态环境部）、国家发展改革委、财政部、水利部联合制定和印发了《重点流域水污染防治规划（2011—2015 年）》《重点流域水污染防治规划（2016—2020 年）》，其中有关松花江流域的水污染防治规划继续为该流域水环境治理提供重要支撑和依据。2021 年国家发展改革委进一步制定了《“十四五”重点流域水环境综合治理规划》，其也为松花江流域水环境综合治理提供了综合指导。各地政府也积极制定和实施了相应的生态环境保护规划，如 2010 年吉林省生态环境厅制定的《松花江流域（吉林省部分）水污染防治“十二五”规划》为吉林省“十二五”期间松花江流域水污染防治规划明确了总体目标、原则和基本途径；2021 年黑龙江省人民政府制定了《黑龙江省“十四五”生态环境保护规划》，为黑龙江省生态环境保护包括松花江流域相应区域水环境保护提出了总体目标、指标任务、关键举措等。总体来看，松花江流域水污染治理政策法规环境建设较好。

2. 资金投入

在松花江流域水环境治理资金保障方面，包括中央财政部下达的水污染防治资金和松花江流域水污染治理专项资金，以及流域各地方政府水污染治理资金。其中，根据《财政部关于提前下达 2023 年水污染防治资金预算的通知》，黑龙江省和吉林省获得约 5.1 亿元水污染治理财经支持；2021 年吉林省获得中央支持城市管网及污水治理补助资金 1.8 亿元；2022 年争取国家财政农村污水治理专项资金 8338.31 万元。流域各地方政府重视水污染治理资金投入，如 2019 年吉林省财政厅设立了重点流域水污染治理专项资金，筹措安排 15 亿元。总之，松花江流域资金支持环境方面，还主要依赖国家及地方财政支持，资金来源单一，缺乏横向生态补偿及社会投资等多样化的资金支持体系。目前松花江流域实施的生态补偿基本以政府为主导，并主要依靠上级政府财政转移支付，补偿方式单一（刘艳君，2015）。受政府财政能力限制，这种补偿方式在补偿金额上总是明显不足，只有拓宽多种补偿方式，引入市场机制，让水资源生态服务的受益方参与进来，才能筹集更多的补偿资金。目前松花江流域按照“谁保护谁受益，谁污染谁付费”原则，已经率先在穆棱河、呼兰河实施水污染防治试点工作，扣缴补偿金额达到4700万元，并取得了较好的治理激励效果。总体来看，松花江流域水污染治理资金保障渠道仍需拓展。

（二）流域水污染治理体制建设及其评价

1.体制机制

当前负责松花江流域水污染治理工作的治理机构或主体可分为两类，一类是国家部委派出的流域专门管理机构，另一类是流域内各级地方人民政府及其相关主管部门。国家部委派出机构包括水利部1982年设立的松辽水利委员会（以下简称松辽委）和生态环境部设立的松辽流域生态环境监督管理局。松辽委代表中华人民共和国水利部依法行使松花江流域的水行政管理工作，包括水利综合规划、防汛抗旱、水资源管理、水土保持、水污染防治和水利工程建设与管理等。其中，水污染防治工作职责一是组织编制流域水资源保护规划，组织拟订跨省（自治区、直辖市）江河湖泊的水功能区划并监督实施，核定水域纳污能力，提出限制排污总量意见，负责授权范围内入河排污口设置的审查许可；二是负责省界水体、重要水功能区和重要入河排污口的水质状况监测；三是指导协调流域饮用水水源保护、地下水开发利用和保护工作。根据生态环境部的委托，松辽流域生态环境监督管理局依法负责松花江流域水资源、水生态、水环境方面的生态环境监管工作，其职责具体包括以下几个方面：一是组织编制流域生态环境规划、水功能区规划，参与编制生态保护补偿方案，并监督实施；二是提出流域水功能区纳污能力和限制排污总量方案建议，建立有跨省影响的重大规划、标准、环评文件审批、排污许可证核发会商机制，并组织监督管理；三是参与流域涉水规划环评文件和重大建设项目环评文件审查，承担规划环评、重大建设项目环评事中事后监管；四是指导流域内入河排污口设置，承办授权范围内入河排污口设置的审批和监督管理；五是指导协调流域饮用水水源地生态环境保护、水生态保护、地下水污染防治有关工作；六是组织开展流域生态环境监测、科学研究、信息化建设、信息发布等工作；七是组织拟订流域生态环境政策、法律、法规、标准、技术规范和突发生态环境事件应急预案等；八是承担流域生态环境执法、重要生态环境案件调查、重大水污染纠纷调处、重特大突发水污染事件应急处置的指导协调等工作。

流域内各级地方人民政府及其相关主管部门在水污染防治工作方面的职责是，人民政府职责包括制定并落实本行政区松花江流域水污染防治规划（要纳入国民经济和社会发展总体规划）；对本行政辖区水环境治理负责，增加防治投入、制定相关政策、鼓励发展循环经济，控制好污染物投放总量，要对下级人民政府及主要负责人进行目标责任考核，加强对流域水污染防治工作的宣传和教育，协调处理水污染事件；统筹安排好污水处理设施和排放管网建设；做好跨行政边界的水污染防治协同治理，建立跨行政区的联防治污机制和联席会商制度，保证出界水体水质达到水环境质量功能要求。县级以上环境保护行政主管部门对本辖区内水污染防治实施统一监管，上下游部门间水污染防治情况互相通报、水污染事件预防联合检查。其他部门机构如水行政、工业、农业等在各自职责范围内对流域水污染防治实施监督管理。

为协调黑龙江省与吉林省流域水环境治理，加强松花江流域水污染事件应急管理，早在 2006 年两省就建立了松花江流域水污染事件应急管理协调机制，具体包括以下 5 个方面。

（1）突发环境事件预防机制。开展经常性的环境风险隐患排查工作，采取有效措施，及时消除环境安全隐患，降低松花江流域环境风险，最大限度地减少松花江流域水环境污染事件的发生。每年松花江枯水期，两省开展一次联查、互查行动，确保沿江群众饮水安全。

（2）省级信息通报机制。两省实行每月信息通报机制，重要情况随时通报。松花江流域发生突发环境事件，可能导致松花江干流污染时，上游应及时向下游通报有关信息，并适时邀请下游实地考察事发地应急措施实施情况。

（3）联合应急监测机制。两省环保部门实行环境应急监测数据共享。发生突发环境事件后，当地环保部门要立即开展应急监测工作，及时预测并监控污染物流动及转化趋势。根据需要，两省在吉林松原国控断面实行联合监测，同步取样、同步分析。

（4）协调信息发布机制。发生突发环境事件后，要及时发布准确、权威的信息。对于较为复杂的事件，可分阶段发布，先简要发布基本事实。上游政府和环保部门要及时向下游政府和环保部门通报有关信息发布情况；下游政府和环保部门要依据上游政府和环保部门信息发布内容和本省的应急措施，适时发布本省污染防控信息。当污染物进入松花江干流时，两省采取联合发布或同时发布。

（5）联合防控机制。当污染物进入松花江干流后，两省采取有效措施，控制或禁止本辖区相关企业相同污染物的排放；组织有关地方环保局对本辖区排放相同污染物的企业实施驻厂督查，控制污染物排放，直至应急终止。

为切实保障汛期水环境质量，严格贯彻落实生态环境部《关于加强2022年汛期水环境监管工作的通知》的要求，松辽流域生态环境监督管理局及时召开汛期跨省区水污染联防联控会商会，安排流域汛期水环境协同监管工作。经过多年的沟通协作，流域层面汛期会商逐步常态化、机制化，省际联防联控机制压紧压实，省内联防联控机制走深走细，风险隐患排查整治见实见效，有效防范和遏制了重特大突发环境事件的发生，推动解决了一批跨界断面水污染问题。

上述情形表明，当前松花江流域尽管存在流域层面的管理机构，但存在两个并行管理机构，两者在业务上有一定的交叉重合，如在流域排污口设置管理方面。两者尽管建立了协同协作关系，但当利益冲突时可能会发生多头管理或责任推诿等情况。流域没有建立一种全面跨区协调机制，如关于日常水污染治理措施的协调机制。当采取不同的排污标准时，会导致下游污水高标准治理效果的降低。综合来看，松花江流域治理体制机制较为完善，但协调性仍需加强。

2.能力建设

为提高员工水环境治理相关业务能力和素养，松辽流域生态环境监督管理局非常重视相关业务培训工作。为进一步提升生态环境监测质量管理水平，保证监测工作质量，全面做好流域生态环境监测工作，2022年10月生态环境监测与科学研究中心（以下简称监测与科研中心）举办生态环境监测质量管理技术培训。为贯彻落实生态环境部《关于加强生态环境应急监测工作的意见》，加强对流域内突发水污染事件应急监测工作的指导，切实提升突发水污染事件应急监测能力，2022年6月监测与科研中心举办应急监测技术培训。为进一步加强实验室内部质量控制与质量监督，2021年11月监测与科研中心举办实验室质量控制与质量监督培训，着重培训了方法验证、实验室内部质量控制、质量监督的方式、内审和管理评审等技术要点和注意事项，为持续提高监测质量、保证监督效力，提供了有力支撑。为准确把握国家地表水环境质量监测网的相关技术要求，高质量完成国控断面水质监测及数据审核任务，2021年8月监测与科研中心以视频方式举办了国家地表水环境监测质量管理培训。为持续提升松辽流域水生态调查监测能力，全面做好松辽流域水生态调查监测工作，2021年7月监测与科研中心以远程视频形式举办了松辽流域水生态环境调查监测技术培训。为强化流域水污染联防联控能力，松辽流域生态环境监督管理局组织召开汛期跨省水污染联防联控会商会暨应急防控高级研讨，有力推动了流域跨省（区）突发水污染事件联防联控机制建设成效。省级层面全面完成框架协议签署，市级层面机制建设取得新进展，流域派出机构层面机制发挥新作用，松辽流域生态环境监督管理局和松辽委联合会商及时预警。地方政府环保机构组织生态环境执法能力提升，综合来看，松花江流域水污染治理能力建设措施覆盖全面、效果明显，但还需形成常态化机制。

（三）流域水污染治理手段及其评价

1. 信息监测

水环境监测可为流域水污染治理提供信息基础。2005 年 11 月松花江发生重大水污染事件后，松花江水污染监测受到了从国家到地方政府的高度重视。当年生态环境部就制定出台了《松花江水污染事故环境监测方案》，次年 2 月颁布《松花江水污染事件后期环境监测技术方案》，明确了松花江流域水污染监测断面、监测点、监测频次、监测方法等。2019 年生态环境部松辽流域生态环境监督管理局下设流域生态环境监测与科学研究中心专门负责生态环境监测、评价和科学研究等工作，为流域生态环境监管提供支持保障。此外，流域还注重借助社会力量进行流域水环境监测。当前，松花江流域基本实现了国控断面水质自动监测全覆盖及县域界面监测点位全覆盖；在排污口、水功能区、退水口安装监测点，实现监控全覆盖；固定污染源监控方面实现了重点水污染源自动化监测全覆盖。可见，松花江流域相关政府部门高度重视水环境监测。总体来看，松花江流域水环境监测实施较好。

2. 政府管制

排污总量控制定额分配管理基础上的排污许可是将流域水污染物控制在水体可承受能力范围内的直接手段，也是政府对企业进行排污监管的重要依据和重要内容。政府对企业排污量的监管是实现排污总量的控制目标。1983 年吉林省颁布了第一个涉及松花江水污染治理的排污总量控制定额排放的法规文件《第二松花江主要污染物总量排放标准》，对向第二松花江排放污染物质的主要工业企业单位限定九个方面的污染排放量。然而实践中由于企业环保意识差、政府监管不严等，直到 20 世纪初企业超标排放仍然十分严重，超标排放比例达 80%（李禾，2007）。

2021年3月1日，我国《排污许可管理条例》落地，明确了实行排污许可管理的范围和类别、规范申请与审批排污许可证的程序；规定排污单位应当申请取得排污许可证，未取得排污许可证的，不得排放污染物；要求排污单位建立完善环境管理内部控制制度；应依法自行开展排放监测，并保存原始监测记录；应当建立环境管理台账记录制度；应当按照排污许可证规定内容、频次和时间进行排污。各地方政府积极行动落实排污许可制度，2020年7月，松花江流域内吉林省完成所有行业固定污染源清理整顿和排污许可发证登记工作，在全国率先完成排污许可全覆盖工作；同年底黑龙江省也顺利完成排污许可证的发放和登记工作，实现固定污染源排污许可全覆盖。完成排污许可证发放后，各省（自治区、直辖市）不断深化《排污许可管理条例》实施，推进排污许可“一证式”管理，大力开展重点行业排污许可清单式执法专项行动，持续加大对排污许可领域环境违法行为的打击力度，有效震慑了排污许可违法行为。2022年黑龙江省生态环境厅组织开展松花江流域入河排污口执法检查，通过采取省市联合执法、地方全面排查、省厅抽查督办等方式，以排污口排查整治为突破口，严肃查处排污单位违法排污行为，全面整治环境违法问题。综上所述，松花江流域已经建立了较为完善的排污许可及其监管体系。但是，据2022年中央生态环境保护督察反馈，松花江流域部分地方政府水环境保护监管仍存在很大不足，部分河段河长制形同虚设、长效管控机制落实不到位等，导致大量生活污水长期直排或超标排放，治理后的黑臭水体大面积返黑返臭。总体来看，松花江流域水污染治理政府监管措施还需进一步加强。

3. 经济激励

从采用的经济手段来看，松花江流域较早地建立了排污收费制度，但有关排污权交易和水污染治理生态补偿机制的建立仍比较滞后。排污收费按“污染者付费”原则，将环境污染的外部成本内部化，激励排污者减排。早在1982年，根据国务院《征收排污费暂行办法》，黑龙江省制定了《黑龙江省征收排污费实施办法》，规定对一切企业超过排放标准的各类污染物都要收费。根据2016年《黑龙江省征收排污费实施办法》（修订版），企业向水体排放污染物的按照排放污染物的种类、数量缴纳污水排污费；超过国家或者省规定的水污染物排放标准的，按照超标排放污染物的种类、数量及国家和省规定的收费标准计征的收费额加一倍缴纳超标准排污费。这表明，黑龙江省已经开始向排放所有水体污染物进行收费，并实行阶梯收费，超额加倍收费。排污权交易就是将环境容量视为商品，以将对环境容量的利用权（排污权）视为商品，以排污许可证为交换媒介，允许不同排污主体之间进行排污权交易，从而鼓励排污主体减排以减少水体污染的一种经济手段。排污权交易市场分为一级市场和二级市场，一级市场是指企业与政府之间的交易，二级市场是指在污染物总量控制范围内，缺少排污指标的企业和富余排污指标的企业之间在市场上进行自由买卖的市场化行为。松花江流域一些地方政府较早地试行排污权交易制度，2016年哈尔滨市进行了排污权交易试点。但有关水体污染物排污权交易案例鲜有报道，表明在水环境治理领域，市场机制还没有真正发挥作用。2015年松花江流域黑龙江省按照“谁污染、谁补偿，谁保护、谁受益”的原则，逐渐建立以政府为主导的松花江流域水质生态补偿机制。由省生态环境厅每月对各市县的出入境水进行监测，按照污染物升高比例分别扣缴20万元至200万元不等的生态补偿金，水质改善最高奖励100万元。政策实施以来，各市县均不同程度地加强了水污染治理，水体总体呈现改善趋势。2019年齐齐哈尔市印发了《齐齐哈尔市嫩江干流跨行政区界水环境生态补偿办法（试行）》，使流域水污染治理生态补偿措施逐渐制度化。综合来看，松花江流域水污染治理经济激励手段除排污权交易外运用较好。

4. 工程技术

在工程技术手段运用方面，早在“十一五”期间，国务院《松花江流域水污染防治“十一五”规划》就强化了松花江流域水污染治理工程技术手段应用，大力加强流域污水管网和污水处理厂建设。就城市水污染治理设施建设情况看，“十一五”期间，吉林省拟建设城市污水处理厂59座，总设计能力238.6万吨/日；黑龙江省实施了116个水污染治理项目，“十三五”期间更是推进了235个水污染治理工程项目。“十三五”期间，松花江流域共兴建大中型污水处理厂90多座，设计处理量364.37万立方米/日。据2022年城市建设状况公报数据，2022年年末，黑龙江省城市排水管道总长度1.31万千米，污水处理厂73座，污水处理率96.95%，城市生活污水集中收集率67.8%；吉林省城市排水管道总长度1.41万千米，污水处理厂52座，污水处理率97.84%，城市生活污水集中收集率72.98%。可见，研究期内松花江流域城市污水集中收集处理率总体偏低。为克服流域冬季漫长且气温低，水体自净能力低、污水处理厂污水处理效率低效果差的问题，相关部门研发了松花江流域污水处理智能化集群调控技术，构建松花江流域污水处理智能化集群调控平台，显著提高了松花江流域冬季水质。在农村水污染治理方面，流域各省积极开展农村生活污水处理设施和配套管网建设，农村生活污水治理率得到显著提升。至2022年年底，黑龙江省累计完成2372个行政村的农村生活污水治理，农村生活污水治理率为26.3%；同年底吉林省累计完成2111个行政村的生活污水治理，农村生活污水治理率达到22.7%，低于全国平均水平的31%。结合农村水污染特征和水处理条件，黑龙江一些农村地区还采取了更为生态和低成本的水污染治理工程技术，即土壤覆盖型微生物氧化污水处理技术。在农村面源污染治理方面，各省农业农村厅统计表明，2020年黑龙江省测土配方施肥技术覆盖率达到90.4%，化肥、农药利用率分别达到42%和45%；同年底吉林省测土配方施肥技术覆盖率超过90%，病虫害绿色防控覆盖率达到35%以上。总体来看，松花江流域水污染治理工程技术手段运用较好，但还有很大的提升空间，定量评价赋值为3.75。

5. 宣传教育

在宣传培训方面，松辽流域生态环境监督管理局重视环境保护教育工作，主要形式是在法定环保日集中进行宣传教育活动。通过进社区和悬挂横幅广泛向公众宣传“习近平生态文明思想”“美丽中国，我是行动者”“共建清洁美丽世界”等环保理念。地方生态环保部门制作专题宣传片，向公众宣传水污染及其治理知识，如黑龙江省生态环境厅制作了《碧水保卫战》专题视频。2020 年，为全面加强生态环境保护宣传工作，为决胜污染防治攻坚战提供有力支撑，吉林省生态环境厅出台了《决胜 2020 污染防治攻坚战宣传工作计划》，坚持常态与专项宣传相结合、省市级与国家级媒体宣传相搭配、内部与外部宣传相呼应，采取新闻发布、网络新媒体推广、专题和伴随采访等多种宣传方式。在排污企业水污染治理相关能力培训方面，早在 2007 年，相关省份围绕松花江流域的治理和污染减排，聘请联合国、商务部、国家环保总局（现生态环境部）的专家对省内松花江流域重点企业经理人进行系统培训；同时充分利用办电视专题节目，在各媒体开设环保专栏，在政府机关、企事业单位、各中小学校进行巡回展览、发放宣传册等形式对公众进行了大规模宣传，以提高公众环保意识，自觉投身环境保护。同年吉林省环保宣传中心进行了吉林省松花江流域重点企业负责人环保培训，内容涉及松花江流域水污染综合防治对吉林省经济社会发展的影响、企业社会责任与污染控制、环境执法与企业自律、企业环境信息公开理论制度与实践、企业环境污染应急处理等。2009 年，黑龙江省对重点涉水企业负责人进行了《黑龙江省松花江流域水污染防治条例》培训，以增强企业人员水环境的保护意识。总体来看，松花江流域水污染治理宣传教育总体一般，对企业相关治污能力的培训不够细化，也没有形成较为常态的定期培训机制。

五、辽河流域水污染治理体系梳理与评价

辽河发源于河北省平泉市七老图山脉的光头山，流经河北、内蒙古、吉林、辽宁四省（自治区），全长 1345 千米，有大小支流 70 余条，是中国七大河流之一。辽河流域包括西辽河、东辽河、辽河干流、浑河和太子河，流域面积达 21.9 万平方千米。其位于我国重大气候地理交界区，是中原农耕区与北方游牧区的融合、过渡带，多民族、多文化在此交织、衍化，孕育出了璀璨的红山文化和夏家店文明，是中华文明的重要起源地之一，而辽河干流更是连接了辽西北、沈阳经济区和辽宁沿海经济带三大经济板块，是辽宁省的重要经济地带。辽河流域是我国重要的钢铁、机械、建材、化工、粮食生产基地和畜牧业基地，辽河中、下游地区是东北乃至全国工业经济最发达的地区之一。20 世纪 80 年代，辽河两岸厂房林立，工业生产污水、居民生活污水和农业污水的直排，导致辽河流域水质污染严重，长期以来成为中国江河中污染最重的河流之一，甚至一度几乎成为“污水沟”，其主要的污染物包括有机耗氧类物质、石油类等，个别河段也含有重金属、有毒有机物污染。1993 年，我国开始了整治辽河工程，依法严厉打击未达标准的排污单位，并取得了一定成效。2008 年，辽宁省启动保护“母亲河”辽河的治理行动。经过持续的治理，2013 年辽河摘掉了重度污染的帽子。但辽河流域水资源开发利用程度高，废污水排放量大，因此其仍是国家“三河三湖”（淮河、海河、辽河、太湖、巢湖、滇池）重点治理区。目前，辽河流域城市废污水处理率较低，水污染问题突出，仍存在着河流生态基流保障不足、流域水环境不能稳定达标、乡镇污水处理设施不完善、生态空间萎缩、跨界污染、环境监管能力不足等问题，辽河治理各项任务仍然十分艰巨，水质改善形势仍然十分严峻。

（一）流域水污染治理环境及其评价

1.政策法规

为科学制定辽河流域治理开发与保护的总体部署，早在2007年，水利部就会同国家有关部门，组织松辽水利委员会和辽河流域4省（自治区）有关部门，在深入开展现状评价、总体规划、专业规划、专题研究的基础上，编制完成了《辽河流域综合规划》，要求全面开展流域水功能区水质监测，强化水资源保护措施，严格控制污染物入河量；强化流域综合管理，实行最严格的水资源管理制度，建立流域水功能区限制纳污控制指标体系；完善水量、水质、水生态环境综合监测系统建设。该规划为辽河流域开发、利用、节约、保护水资源和防治水害提供了重要的依据。进入21世纪，辽河流域各级保护法规不断完善。2023年，生态环境部等5部门联合印发《重点流域水生态环境保护规划》，要求辽河流域进一步强化区域再生水循环利用，推动落实生态流量，改善重污染水体水质，按照“两廊、两源、一区、一点”的水生态环境保护空间布局落实水生态环境保护修复，并对各支流的治理提出了具体的要求。在区域层面，松辽水利委员会于2018年修订《松辽水利委员会实施〈松辽流域入河排污口监督管理办法〉细则》。在省市层面，辽宁省出台了《辽河流域综合治理与生态修复总体方案》等地方法规及《辽宁省城市污水处理费征收使用管理办法》和《辽宁省污水处理厂运行监督管理规定》等政府规章，以及严于国家标准的《辽宁省污水综合排放标准》；吉林省出台了《吉林省辽河流域水污染治理与生态修复综合规划（2018—2035年）（2022年修订）》《吉林省辽河流域水环境保护条例》和《吉林省辽河流域水污染综合整治联合行动方案》等；内蒙古自治区出台了《内蒙古自治区境内西辽河流域水污染防治条例》。此外，在2023年各下级市也相继制定了协同保护条例，进行全域内的协同治理，如《四平市辽河流域协同保护条例》《辽源市辽河流域协同保护条例》《长春市辽河流域协同保护条例》等。辽宁省《辽河流域综合治理与生态修复总体方案》指出，工业污水仍是制约辽宁省水环境改善的突出短板，还存在管理力量相对薄弱、部门联动机制不成熟等问题，并以“点面结合、重点突破；五水共治、综合治理；量力而行、分步实施；高位推动、五级共抓”等为原则，对流域治理进行布局设计，上游强调解决农业面源污染问题，下游强调工业点源治理。《吉林省辽河流域水环境保护条例》坚持生态效益、经济效益、社会效益和制度效益的有机统一，坚持问题导向，针对吉林省辽河流域存在的突出问题和困难，以水污染防治、水生态修复、水资源保护的“三水共治”系统治理，以构建责任体系、治理体系、监管体系和制度创新为重点。在内容上，突出“三水共治”，实施系统治理和保护；突出构建责任体系，实施联动治理和保护；突出总结改革经验，实施创新治理和保护。其要求建立流域水质监测监控及预警系统及流域水环境资源承载力监测预警机制，加强对流域水生态环境保护的督察和排污口监督管理。《辽源市辽河流域协同保护条例》强调，辽河流域水环境协同保护应当坚持上下游统筹、左右岸联动和干支流互补，水资源保护、水污染治理和水生态修复共治，政策协同、工作协同和市内协同、省内协同并举，水域保护与岸线保护共同推进，构建全面、系统、协同、高效工作格局，建立全流域司法工作协作机制，推进跨行政区域司法协作和多元联动。此外，相关部门和地方政府还编制了多部辽河流域水污染防治规划或计划，如生态环境部发布的《辽河流域水污染防治规划（2006—2010 年）》、吉林省编制的《吉林省辽河流域水污染治理与生态修复综合规划（2018—2035 年）》等，为辽河流域水污染治理提供了全面具体的落实方案和顶层设计。综上，辽河流域总体上无论是从流域层面还是从地方行政区层面来说，相关政策法规建设均较为完善。

2. 资金投入

辽河流域水环境治理资金来自多个方面，包括政府投资、国债资金、企业自筹资金、国际组织贷款等。水环境治理具有较强的公共性，因此政府投资特别是地方政府投资一直是水环境保护的投资主体。国家层面，国家发展改革委下达重点流域水环境综合治理专项2022年中央预算内投资46亿元，重点支持纳入“十四五”规划102项重大工程相关项目建设，积极支持辽河、松花江等重点流域水环境综合治理、河道综合整治等项目。辽河流域（浑太水系）山水林田湖草沙一体化保护和修复项目于2021年全面开工建设，该项目获得国家补助资金20亿元。“十三五”水专项“辽河流域水环境管理与水污染治理技术推广应用”项目总资金2.16亿元，其中中央财政资金6567.43万元，地方配套资金1.5亿元。地方层面，各级政府主要依靠专项资金、排污费资金实施工业污染源治理和建设污水处理厂，来支持流域水污染治理，其中《吉林省辽河流域水污染治理与生态修复综合规划（2018—2035年）（2022年修订）》提到，吉林省总计在水生态恢复、水环境治理、水资源保护、环境监管4类195个规划工程项目上投资198.9亿元。其中，水生态恢复类项目65个，投资71.81亿元；水环境治理类项目116个，投资113.04亿元；水资源保护类项目10个，投资3.28亿元；环境监管类项目4个，投资1.77亿元。“十三五”实施130个项目，投资112.65亿元；中远期实施65个项目，投资约77.25亿元。在《辽宁省辽河流域综合治理与生态修复总体方案》中，水污染治理攻坚战匡算投资139.42亿元（中央资金28.60亿元、省级专项资金12.00亿元、各市财政资金5.00亿元、地方债10.67亿元、社会投资83.15亿元），监督执法匡算投资1.69亿元（多方争取国家、省、市、县及社会投入）。吉林省财政厅数据显示，“十三五”期间，吉林省通过争取中央财政支持、加大省级投入、整合专项资金等多种方式，累计筹措拨付水污染防治资金114.19亿元，年均增长53%。到2020年底前，辽河流域水污染治理计划完成130个项目建设，总投资115.46亿元。同时，借助省级信用统一融资，在省级统一开展政府和社会资本合作（PPP），建立政策性金融机构、社会资本共同参与的投融资渠道，综合运用项目自身收益、环保税收、各部门用于辽河流域污染治理和生态保护的各类政策性资金等作为可行性缺口补助来源，省级财政先行承担可行性缺口补助，后与各责任市县分别结算。鼓励采用捆绑经营与立体开发建设模式引导社会资本进入水污染综合整治领域，鼓励以整县为单元推行合同环境服务，对生活污水处理、垃圾收运处置、畜禽养殖污染治理等进行“打包”，选择专业的环保企业投资建设及运营，强化规模效应，降低社会资本运营单个项目的风险，提高基本公共服务的保障水平。总体来看，中央和地方对辽河流域水污染治理财政支持力度大，资金投入较为充足，但在调动社会资本投入作为补充方面还有待加强。

（二）流域水污染治理体制建设及其评价

1. 体制机制

从流域层面来说，辽河流域的治理主体以国家部委派出的流域专门管理机构为主，包括水利部于1982年成立的松辽水利委员会和2019年成立的生态环境部松辽流域生态环境监督管理局。松辽水利委员会是水利部在松花江、辽河流域和东北地区国际界河（湖）及独流入海河流区域内派出的流域管理机构，代表水利部依法行使所在流域内的水行政管理职责，是具有行政职能的事业单位。在流域水污染治理方面，其主要职责包括组织拟定跨省（自治区、直辖市）江河湖泊的水功能区划并监督实施，核定水域纳污能力，提出限制排污总量意见，负责授权范围内入河排污口设置的审查许可；负责省界水体、重要水功能区和重要入河排污口的水质状况监测；组织指导流域内水政监察和水行政执法工作，查处水事违法行为；负责省际水事纠纷的调处工作。生态环境部松辽流域生态环境监督管理局依据法律、行政法规的规定和生态环境部的授权或委托，负责水资源、水生态、水环境方面的生态环境监管工作。其水污染治理方面的具体职责包括组织编制流域生态环境规划、水功能区规划，参与编制生态保护补偿方案，并监督实施；提出流域水功能区纳污能力和限制排污总量方案建议；建立有跨省影响的重大规划、标准、环评文件审批、排污许可证核发会商机制，并组织监督管理；指导流域内入河排污口设置，承办授权范围内入河排污口设置的审批和监督管理；指导协调流域饮用水水源地生态环境保护、水生态保护、地下水污染防治有关工作；组织开展河湖与岸线开发的生态环境监管、河湖生态流量水量监管，参与指导协调河湖长制实施，河湖水生态保护与修复；承担流域生态环境执法、重要生态环境案件调查、重大水污染纠纷调处、重特大突发水污染事件应急处置的指导协调等工作；指导协调监督流域内生态环境保护工作，协助开展流域内中央生态环境保护督察工作。

从地方层面来看，各省的主要执行机构有所差异，职责范围基本相同但具体分工有所不同。其中，辽宁省在2010年划定辽河保护区，实行划区设局，根据定职责、定机构、定人员编制的“三定方案”，辽河保护区管理局为正厅级建制，省政府直属事业编制，专门管理辽河保护区，在保护区范围内依法统一行使环保、水利、国土资源、交通、农业、林业、海洋与渔业等部门监督管理的权利、履行行政执法及建设职责，其职责包括负责保护区内的水政监察、污染控制等行政执法和行政复议工作，协调处理保护区内跨地区水事纠纷和环境污染等问题；负责保护区内水质、水量和污染物排放的监督管理，审定水域纳污能力，提出限制排污总量意见和污染防治方案；负责保护区内水利设施、生态设施和环境保护项目的建设、管理和维护。辽河保护区管理局使辽河治理和保护工作由过去的多龙治水、分段管理、条块分割向统筹规划、集中治理、全面保护转变，是我国第一个以保持流域完整性和生态系统健康为宗旨的流域综合管理省直属行政机构。辽河保护区管理局的成立在国内河流管理和保护方面开创先河，体现了先进的流域综合管理理念。此外，设立了省公安厅辽河保护区公安局，实行省公安厅和辽河保护区管理局双重管理。市人民政府职责包括编制水环境保护专项规划、定期开展巡河活动、责令停止违法行为、开展宣传活动等，同时市人民代表大会常务委员会可通过执法检查、视察、专题调研等活动，对涉及辽河流域水环境保护法律法规、政策措施实施情况进行监督；流域内各县（区）人民政府及其有关部门，乡（镇）人民政府、街道办事处则需要在各自职责范围内开展流域保护工作，明确管理机构或者管理人员，落实流域管理和保护责任；各乡（镇）人民政府、街道办事处需履行水环境保护职责，组织开展巡河、清河活动，督促、指导辖区内有关单位落实水环境保护措施，配合上级人民政府及其有关部门开展水环境保护工作；各村（屯）规模化畜禽养殖经营者需依据有关法律法规的规定处理畜禽粪污。

在治理机制方面，2007 年以来，随着水专项辽河项目的启动，按照“流域统筹、分类控源、协同治理、系统修复、产业支撑”的思路，辽河流域构建了“管、控、治、修、产”五位一体的治理模式。同时，针对辽河流域上下游、左右岸环境现状与污染特征，按照“流域统筹、区域突破”的原则，将辽河流域划分为源头区、干流区和河口区三类六大污染控制区域，制定了分区治理策略和流域治理方案，并开展全流域控制单元内污染控制与生态修复的综合示范和水生态功能四级分区方案划定，并以分类控源为思路，对辽河流域不同污染源、重污染行业和工业园区实施不同的管理方法。2012 年，辽宁省政府在辽河保护区建立起多部门会商制度，通报水质监测情况，排查污染问题，分析成因并制订解决方案。原辽宁省环境保护厅与金融部门联合实施“绿色信贷”政策，从资金链上制约污染企业的发展；与电力部合作实施“供电限制”措施，切断环境违法企业的生产链条；与公安机关、检察院和法院建立联合执法工作机制。2018 年，辽宁省全面建立了省市县乡村五级河长体系，将所有河流、水库纳入河长制、湖长制工作范围，并通过修订地方法规，立法固化相关政策措施，形成了长效的保障机制。近年来，辽河流域各级省委、省政府高度重视辽河流域综合治理工作，坚持综合治理全面抓，加强对辽河流域保护工作的组织领导，积极开展协同治理工作，统筹解决流域保护重大问题，深化与毗邻市的合作，建立健全联席会议制度、加强联防联控机制建设、健全联合执法检查机制、完善信息互通共享机制，进一步健全辽河流域水环境保护联动和协商机制。综上，经过长期的发展，辽河流域水污染治理政府管理体制机制较为完善，但仍存在执法范围不明、多头执法问题，缺乏社会团体和公众参与平台的建设。

2. 能力建设

松辽流域生态环境管理监督局十分重视员工业务能力提升工作。为进一步提升生态环境监测质量管理水平，保证监测工作质量，全面做好流域生态环境监测工作，监测与科研中心举办生态环境监测质量管理技术培训；为加强对流域内突发水污染事件应急监测工作指导，切实提升突发水污染事件应急监测能力，对相关人员进行应急监测技术培训；为进一步加强实验室内部质量控制与质量监督，监测与科研中心对相关人员进行实验室质量控制与质量监督培训；为准确把握国家地表水环境质量监测网的相关技术要求，高质量完成国控断面水质监测及数据审核任务，监测与科研中心对相关人员进行了国家地表水环境监测质量管理培训。就地方层面看，相关政府管理部门也较为重视相关人员业务能力的培训。如辽宁省对相关水环境监测人员进行中污染物色谱监测分析技术培训；为提升其监管能力，对建设项目环境监理人员进行业务培训；为确保环保信息报送通畅，对各市环保专项行动负责人和具体负责环保专项行动人员进行环保信息报送培训；为提高各地市污染监测管理水平，对相关业务人员进行污染源监测现状及其主要问题、污染源监测、排污许可证管理制度、排污单位自行监测技术体系、污染源监测管理职责、重点污染源污染现状等多方面的培训；并将培训工作常态化，要求各相关部门做好年度培训计划并积极落实。为提升相关执法人员的执法水平，研究期内辽宁省还组织了全省执法业务骨干人才专项实训；为切实加强排污许可证后监管能力，沈阳市对相关执法人员和县区执法部门就固定污染源排污许可证后监管进行了系统培训。综上，辽河流域水污染治理在提升相关人员能力方面做得较好，但在松辽流域水污染治理能力提升方面主要是对松辽流域水污染监督管理局及监测与科研中心人员的业务培训，对其他部门人员的培训较少，因而覆盖面不够。

（三）流域水污染治理手段及其评价

1. 信息监测

自水专项实施以来，辽河流域内以“分区、分级、分类、分期”为指导理念，以水生态安全和人体健康为目标，以容量总量控制和污染控制为主线，建立了一套流域水污染治理的综合监测体系，主要包括质量控制、总量控制和风险控制三大信息监测措施。质量控制监测措施是通过划定水生态功能区，识别不同的生态功能区保护物种和生态系统功能，制定具有区域差异的水环境质量基准，开展流域生态承载力评估与调控。质量控制监测涵盖了水生态功能区、水环境质量基准标准、水生态承载力等信息监测环节。总量控制监测措施指根据水环境质量基准，针对不同控制单元实施污染物排放容量总量控制，确定各类污染源允许排放负荷，实施最佳污染治理监测评估，建立排污许可证管理体系。总量控制监测包含了控制单元、容量总量控制、最佳污染治理监测评估、排污权许可证管理等技术环节。风险控制监测措施指建立完善水环境监测技术，构建水环境风险评估与预警体系，形成突发性和累积型风险预警和应急能力。风险控制监测技术由水环境监测、水环境风险评估、水环境风险预警与应急决策等技术环节构成。流域水生态健康评估与功能分区技术的目的是以“分区、分级、分类、分期”流域水环境管理思想推进从水质达标管理到水生态健康管理的转变，为水生态保护目标的制定提供支撑。辽河流域进行了大规模多频次的全流域水生态调查，调查点达440余个。在此基础上，建立了完整的水生态系统健康综合监测评价技术，完成了辽河流域水生态功能一、二、三级分区，共划分4个一级区、18个二级区、79个三级区；流域水质基准与水环境标准制定监测技术建立了以水生生物保护和水生态系统健康为目标的新的流域水质基准标准，水专项在辽河流域开展了水环境质量演变特征与基准指标筛选、水生生物毒理学基准指标与基准阈值、水环境生态学基准与标准阈值及方法、水环境沉积物基准技术方法、特征污染物风险评估方法与水质标准转化技术等方面的研究；流域污染物容量总量控制技术从流域整体层面建立了总量控制管理方案，形成了相对完善的流域容量总量计算和分配技术体系，随着项目的实施，在辽河流域提出了基于水生态承载力的产业结构调整方案，在水生态功能分区的基础上，结合行政管理需求，划分了 94 个污染控制单元，并选择铁岭、抚顺、盘锦、四平 4 个行政区内 27 个控制单元，开展了水质目标管理技术示范；流域监控预警与风险管理信息监测技术的应用为辽河流域水环境日常监控、风险管理与决策分析提供了有效的支持，项目在综合辽河流域水环境特征与水资源利用差异的基础上，针对城市河段、饮用水水源地和入海口等不同类型区域开展了水环境风险源识别，筛选出重点风险源，分别构建了不同类型水环境污染负荷水质响应模型，搭建了风险预警技术与综合信息管理平台，实现了针对城市水环境风险源超标排放预警、城市水环境质量评价预警、饮用水水源地的监控预警的信息化及业务化。2021 年，“十三五”水专项“辽河流域水环境管理与水污染治理技术推广应用”项目顺利通过工程示范和综合示范区第三方评估后，基本构建了“辽河流域水环境综合管理调控平台”，实现了水生态功能分区管理与空间管控、排污许可分配、水生态环境预警、环境承载力监测、水环境大数据支持等管理功能，为流域水环境资源配置、趋势预测、灾害预警和水环境质量管理决策提供了支撑。此外，项目在工程示范基础上，构建了涵盖辽河保护区，辽河支流亮子河、清水河，浑河支流细河、蒲河、白塔堡河和抚顺大伙房水库水源地的辽河流域综合示范区。就地方政府水污染监测看，为最大限度地发挥城市污水处理厂的治污效益，辽宁省政府实施“天眼”工程，为每座污水处理厂安装一个“电子眼”——视频监控系统，实时监控污水处理厂运行，实现城市污水处理厂视频监控系统全覆盖；“十三五”期间内蒙古实现重点污染源在线自动监测全覆盖并联网。综上，研究期内辽河流域水污染治理信息监测系统建设较好，定量评价得分为4.5。

2. 政府管制

在排污总量控制和定额排污管制方面，流域各省环保部门对企业污水排放进行严格的监管，严格执行排污许可制度和监督执法检查工作。“十三五”期间，流域内辽宁省和内蒙古自治区实现所有固定污染源的排污许可证的核发工作，实现排污许可全覆盖。就入河排污口监管看，松辽流域局积极推进审批权限范围内入河排污口的设置审批，对经排查整治后确需保留的已建无手续排污口实行严格审查、规范整治。为进一步打好水污染治理“攻坚战”，各省普遍采取了严格的管理监督制度。辽宁省不断完善入河排污口“一口一档”信息台账，在全省入河排污口管理信息系统中实现动态更新；组织开展全省主要入河排污口水质监测，逐步完善了“水体水质—排污口—污染源”响应联动机制；严格管控重点行业污染排放强度，对污染负荷大的行业执行特别排放限值；严格控制污水处理厂污染排放，要求城市污水处理厂分时段、分季节提高排放标准；持续推进“驻地式”监察活动，每季度开展一次环境执法大检查，重点检查城镇污水处理厂、工业集聚区污水集中处理设施、国省控重点污染源污水处理设施的运行情况；对运行不稳定、超标排放的城镇污水处理厂实行“驻厂式”监察，确保其达标排放；对发现河道有新堆放、倾倒畜禽养殖粪便或生活垃圾，对水质造成严重影响的，严肃追究河长责任，并对责任单位予以处罚。总体来看，研究期内辽河流域水污染地方政府监管得到加强，但还存在流域层面的统一协调监管缺乏、排污口监管覆盖不够全面、流域省区入河排污口设置审批权限不清等问题。

3. 经济激励

研究期间，辽河流域辽宁省不断加大污水处理费收缴力度，尽力做到应收尽收，以激励排污企业减少排污量。辽宁省对向辽河水系超标排放的城市扣缴生态补偿金。省统筹补偿金优先用于对入省断面的超标补偿，剩余资金全部用于对河流水质全部达标地区及河流水质改善程度较大地区的奖励。流域各级政府投入进一步增加，逐渐建立起以市县为主的中央和省级财政补助的政府投入体系，健全辽河流域水污染整治投入保障机制，对水环境质量明显改善、消除劣Ⅴ类水体的县（市、区），省级污染防治和环境整治专项资金予以倾斜支持。就排污权交易采用市场机制激励企业减排的手段看，相关文件资料表明，尽管早在2013年辽宁省就争取成为排污权交易试点省份，但至研究期末，辽宁省还未开展排污权交易工作，辽河流域其他省份也是如此。总体来看，辽河流域水污染治理在排污收费和生态补偿方面实施较好，但排污权交易市场手段及流域上下游地区间横向生态补偿手段的运用还需加强。

4. 工程技术

“十三五”期间，国家科技重大专项“辽河流域水环境管理与水污染治理技术推广应用”为辽河流域水污染治理与水环境改善提供了强有力的技术支撑。按照“技术评估—工程实证—集成应用—搭建平台”的思路，突破水污染治理与水环境管理关键技术评估、水环境大数据交换与智能化管理等关键技术，形成了辽河流域制药、钢铁、石化等典型工业废水全过程控制、城镇水污染控制、农村水污染治理、受损水体修复、水生态功能分区、水环境风险管理六方面集成技术。通过水资源—水环境—水生态多维度大数据耦合、水环境承载力评估—预警—决策等关键技术，构建了辽河流域水环境综合管理调控平台，在功能分区的基础上，加载了自动站、排污口、水源地、污染源等信息的可视化模块，开发了入河、入海排污口管理系统，关联了“污染源—排污口—河流断面”，实现水环境、水生态、水资源“一张网”，形成覆盖全流域的水生态监测网络。同时研发了水源保护区种植业“水肥高效利用—污染物拦截—资源化利用”技术，开展大伙房水库上游区入库河流氮、磷负荷解析，完成了有机农业生产模式环境影响关联度评估，明晰了水质变化与不同农业生产模式间的规律。并且针对亮子河等面源污染突出的控制单元，建立了畜禽养殖污染风险评价指标体系，按照面源污染主导型河流“内循环”治理思路，构建了“源头削减—综合治理—资源化利用—种养平衡”的畜禽养殖粪污治理技术模式，形成了流域尺度多要素污染综合调控方案，实现了污染物和治理成本的整体减量。针对以细河为代表的北方城区河流污染特点，构建了“污染源源头削减—迁移途径调节—末端治理升级—河道净化能力提升”的城市河流减负增容治理技术模式。针对以清水河为代表的北方郊区河流点（生活污水直排）、线（底泥释放）、面（农业面源）的污染特点，项目通过开展水专项技术的评估、筛选、验证和集成，确定了“源头削减—过程控制—末端治理—自净增容—机制保障”城市重污染河流治理技术模式。2021 年，随着“十三五”水专项“辽河流域水环境管理与水污染治理技术推广应用”项目顺利通过工程示范和综合示范区第三方评估，开展了大型流域湿地重建综合性工程实证、北方寒冷地区大型季节性河流生态水保障工程实证、畜禽养殖粪污治理技术模式应用、清水河“点—线—面”治理模式应用、水源保护区种植源污染负荷消减关键技术研究示范、城市河流减负增容治理技术模式应用、畜禽粪污干式厌氧发酵制沼气技术及产业化成果验证、“互联网 +”村镇污水治理技术及产业化、污泥处理与资源化技术及产业化成果验证和水污染治理及水环境管理两大技术体系推广应用等，示范区全面支撑了辽河流域《水十条》目标的实现，技术支撑了《辽宁省重点流域水生态环境保护“十四五”规划》的编制。辽河流域水污染治理工程建设及成效方面显著。据 2022 年城市建设状况公报数据显示，在城镇污染治理方面，至 2022 年底，辽河流域辽宁省建设城市排水管道总长度 2.56 万千米，污水处理厂 142 座，污水处理率 98.03%，城市生活污水集中收集率 63.18%，略低于全国平均水平；内蒙古自治区建设城市排水管道总长度 1.55 万千米，污水处理厂 40 座，污水处理率 97.56%，城市生活污水集中收集率 76.45%，与全国平均水平大致持平。在农村水污染治理方面，至2022年底，流域内辽宁省农村生活水污染治理率为18.1%；内蒙古自治区农村生活污水治理率为19.21%，均低于全国平均水平的31.59%。在农村面源水污染治理方面，2022年辽宁全省测土配方施肥技术推广面积达到6000万亩次以上，技术覆盖率保持在90%，辽河流域内蒙古通辽市2022年全市测土配方施肥技术推广率达到90%以上，赤峰市测土配方施肥技术覆盖率达93%，有效地降低了农村农田面源污染源。总体来看，研究期内辽河流域城镇环境水污染治理技术升级改造成效显著，基础设施建设也取得了长足进步。

5. 宣传教育

在流域层面，松辽流域生态环境监督管理局重视流域环境保护宣传教育工作，主要形式是在法定环保日集中进行宣传教育活动。通过进社区和悬挂横幅广泛向公众宣传“习近平生态文明思想”“美丽中国，我是行动者”“共建清洁美丽世界”等环保理念。在地方生态环保部门层面，辽宁省各级地方政府部门通过发放宣传海报、宣传材料、LED显示屏滚动播放宣传标语等多种形式，组织社区、企事业单位开展宣传活动，向广大群众宣传改善环境质量、推动绿色发展的意义，充分调动了市民了解环保、支持环保、参与环保的积极性和主动性。为提升企业相关人员的法律素养和守法意识，从源头上提高企业环境管理和绿色发展水平，辽宁省积极组织企业经营者、环保技术负责人、环保服务机构等人员参加涉企生态环境法治专题培训。2022年以来，辽宁省生态环境保护科技中心先后面向抚顺、阜新等多市企业环保工作负责人开展企业环境信息依法披露制度改革方案培训，培训近万人次。培训时充分发挥互联网优势，推行“互联网+法治宣传”行动，发挥门户网站、微信公众号、新媒体矩阵等优势，及时发布典型案例和宣传新法、新规及相关环境管理要求，使有关人员可以随时随地参加培训，大大提升了培训工作的便捷性，提高了法治宣传的受众面、传播率和影响力。但流域地方政府有关水环境保护宣传缺乏，现有宣传多是水土保持宣传与节水宣传。生态环境管理和执法人员还深入企业，现场面对面、手把手为企业“送法律、送规范、送服务”，零距离为企业解读环境保护法规和规范，积极与企业负责人探讨学习先进的、有可推广性的企业内部环保管理经验。结合“六五”环境日宣传工作部署，按照行业类别、企业类型、污染物特点等，各市生态环境保护综合行政执法队组织开展“六五”环境日对企业普法培训系列活动。为进一步规范企业环境信息依法披露活动，有效督促企业增强依法排污意识，组织开展重点排污企业环境信息依法披露培训。地方环保部门还注意提高排污企业污水治理技能培训，如2020年辽宁省为提升污废水治理设施运行人员的技能水平，对环境服务能力认证企业单位的技术、技术管理和设施运行操作人员、行业从业一线工人进行了相关培训，内容包括常见污废水基本处理方法、典型工艺介绍，污废水治理设备仪器仪表运行维护详解，污水厂常见问题及解决方法，污水站运行调试，污废水监测，污泥处理与处置等。总体来看，辽河流域水污染治理宣传教育手段实施较好，培训内容全面，人员覆盖面广。

六、海河流域水污染治理体系梳理与评价

海河流域地处我国华北地区，东临渤海湾，西靠太行山，南依黄河流域，北接蒙古高原，流域总面积31.82万平方千米。流域水系包括潮白河、永定河、大清河、子牙河等，共涉及海河、滦河和徒骇马颊河三大水系，自西向东汇入渤海湾。据水利部海河水利委员会（以下简称海委）介绍，在行政辖区上海河流域主要包括京、津、冀及晋、豫、鲁、蒙、辽的全部或部分地区，流域总人口约1.5亿，占全国人口总数的11%，国内生产总值约占全国的13%，耕地约9.3万平方千米，是我国的政治文化中心和经济发达地区，也是国家重要的粮食基地和能源基地。

海河流域西部为黄土高原和太行山区，北部为蒙古高原和燕山山区，东部和东南部为平原，总体地势西北高、东南低，高原和山地面积占

59%，平原面积占41%。流域水系从南到北呈扇形分布，具有次级水系分散、河系复杂、支流众多、过渡带短、源短流急的特点。流域多年平均降雨量527毫米，流域水资源短缺，水资源总量327亿毫米，仅占全国水资源总量的1.2%，人均水资源量214毫米，仅相当于全国平均水平的10%，是七大流域中人均水资源量最少的流域。

海河流域由于人口密集、城市众多、经济相对发达，水污染问题历来严重，防治压力大。根据《2011中国生态环境状况公报》，2011年海河流域63个国控水质监测断面中Ⅳ－Ⅴ类水质和劣Ⅴ类水质占比分别达到30.2%和38.1%，总体呈中度污染。党的十八大以来，因治理力度加大，海河流域水环境不断改善，但水污染形势依然严峻，防治压力大。根据《2022年中国生态环境状况公报》，2022年海河流域246个国控水质监测断面中仍有25.2%为Ⅳ－Ⅴ类水，总体呈轻度污染。此外，从20世纪70年代开始，海河流域平均每年会发生几十次甚至上百次污染事故，给流域社会经济造成重大损失（于紫萍等，2021）。

海河流域水污染及其治理始于20世纪70年代。20世纪70年代至90年代，以提升防洪标准和强力治理污染源为思路，进行旱涝灾害和水体污染的共同治理；20世纪90年代末至21世纪初以"关、停、并、转"为主要手段进行污染物的源头削减；21世纪初至今，以"控源减排、减负修复、综合调控"思路为指导，以水专项科技成果为支持，推动流域水体污染的系统治理（于紫萍等，2021）。经过不断强化的治理，海河流域水质环境不断提升，但水污染防治工作压力依然严峻。

（一）流域水污染治理环境及其评价

1.政策法规

《中华人民共和国水污染防治法》（以下简称《水污染防治法》）是针对水污染治理直接规定的单行法，也是各地水污染防治法规政策的制定依据；但是早期的《水污染防治法》重点强调控制工业污染，并未规定流域污染治理及跨界水污染治理问题。1996年修订的《水污染防治法》首次确定了水污染治理的流域、区域整体视角的协同治理思想；2017年修订的《水污染防治法》则明确提出了流域水环境保护联合协调机制，进行流域统一治理。不断发展完善的《水污染防治法》也为我国海河流域水环境治理政策、法治环境建设提供了重要依据。就海河流域水环境治理的政策法律环境看，2002年，中央相关部委针对京津冀地区海河流域的水污染问题颁布治理政策，并要求三地政府对各自区域的水污染问题负主要责任。京津冀三地按上级要求发布政策文本，落实和细化中央措施和条款。2008年，环保部（现生态环境部）、国家发展改革委、水利部、住建部印发《淮河、海河、辽河、巢湖、滇池、黄河中上游等重点流域水污染防治规划（2006—2010年）》；2010年，环保部（现生态环境部）联合国家发展改革委、水利部、农业部（现农业农村部）等六部委启动重点流域水污染防治"十二五"规划编制工作方案，提出要搭建跨区域、跨流域和跨部门的信息沟通平台，缓解海河流域的重度水污染问题。2014年，京津冀三地环保部门就建立水污染突发事件联防联控机制和清洁小流域建设规划签订合作协议，把合作推向实质化进程。依据《水污染防治法》，海河流域各地方政府也相继制定了水污染防治条例，如《天津市水污染防治条例》《北京市水污染防治条例》《河北省水污防治条例》。但研究表明，海河流域各地方省区在协同治理流域水污染立法方面仍缺乏契合度，如尽管《天津市水污染防治条例》和《河北省水污防治条例》中纳入了有关加强区域水污染治理协作的规定，但并未得到北京市的积极回应（王耀华，2021）。文献研究表明，研究期内海河流域仍缺乏高于流域各级地方政府地方法规的统一的流域水污染治理正式的法规文件。

流域水污染治理规划是对流域水污染治理工作的系统统筹谋划，是流域水污染治理前端重要的政策依据。为深入贯彻落实党的二十大精神，落实水污染防治法、长江保护法、黄河保护法等有关规定，经国务院同意，2023 年 4 月，生态环境部联合国家发展改革委、财政部、水利部、林草局等部门印发了《重点流域水生态环境保护规划》（以下简称《规划》）。制定实施《规划》是贯彻落实党中央、国务院关于水生态环境保护决策部署的重要举措，是统筹水资源、水环境、水生态治理，推动重要江河湖库生态保护治理的具体行动。《规划》提出到 2025 年，主要水污染物排放总量持续减少，水生态环境持续改善，在面源污染防治、水生态恢复等方面取得突破，水生态环境保护体系更加完善，水资源、水环境、水生态等要素系统治理、统筹推进格局基本形成。展望 2035 年，水生态环境根本好转，生态系统实现良性循环，美丽中国水生态环境目标基本实现。《规划》明确了重点流域水污染治理的指导思想、工作原则和主要目标，明确构建水生态环境保护新格局等具体要求；明确了长江、黄河等七大流域和三大片区的水生态环境保护总体布局，重要水体保护落实落细的要点；从为人民群众提供良好生态产品、巩固深化水环境治理、积极推动水生态保护、着力保障河湖基本生态用水、有效防范水环境风险五个方面明确规划的重点任务；从组织实施、法规标准、市场作用、科技支撑、监督管理、全民行动六个方面明确规划实施保障措施。《规划》为我国包括海河流域在内的重点流域的未来水污染治理做好了顶层设计，勾勒了未来的治理框架和愿景。

具体到海河流域，《规划》内容包括根据海河流域水资源禀赋条件和生态状况，按照有限目标、重点突出的原则，坚持“三水”统筹和海陆统筹，突出“四保、四增、四减”，通过保流水、增中水、减干河，保障重点河湖生态水量；通过保好水、增良水、减劣水，持续改善流域水环境；通过保天然、增土著、减扰动，增强水生态系统韧性；通过保湿地、增入海、减总氮，支撑美丽海湾建设，实现“节水循环保水源，复鱼扩绿强韧性，消劣降氮补短板”，持续改善流域水生态环境质量。围绕国家京津冀协同发展、雄安新区建设、大运河文化带建设重大战略布局，坚持山水林田湖草是一个生命共同体，聚焦河湖水系完整性、水体流动性、水质良好性、水生生物多样性、水文化传承性，构建“一淀五湖，两带三区，六廊十源”的流域水生态环境保护网。“十四五”时期，聚焦“水净河清”，推进点、面、内三源齐治，通过入河排污口排查整治、工业污染源治理、城镇污染源治理、农村面源污染治理等措施，实现水环境质量持续改善。建立“水环境—入河排口—污染源”精细化管理体系。加强工业园区废水排放监管，涉水重点排污单位安装自动在线监控装置，推动工业废水达标排放。加快城镇污水处理设施提质增效。加强养殖污染防治及资源化利用。加强桃林口、潘家口—大黑汀、于桥、密云、官厅等重要饮用水水源地保护。深化水库周边乡镇污染源治理，完善排水管网基础设施，推进种植业减少不合理化肥农药施用，加强规模以下畜禽养殖粪污治理。建设入库湿地和湖滨缓冲带，实施入库口湿地生物净化工程。改善库区生态，实施清淤和富营养化防控工程。建设隔离防护工程，实施封闭管理，严防水质退化和环境风险，确保供水安全。

流域各地方政府积极制定本地水环境保护规划。如天津市制定了《天津市生态环境保护“十四五”规划》，其明确规定了“十四五”期间水环境治理的目标，即水环境质量持续提升，全域黑臭水体基本消除，全部消除城镇劣Ⅴ类水体，近岸海域水质巩固改善；提出了“依靠结构调整控污染增量、依靠工程治理减污染存量、依靠铁腕治污管污染排放、依靠区域协同阻污染传输、依靠生态建设扩环境容量”的生态环境治理基本思路；统筹水资源、水污染、水环境、水生态，坚持控源、治污、扩容、严管“四措”治水，严密监管饮用水水源地，确保用水安全；健全“查、测、溯、治”长效机制，进一步减少入海、入河污染负荷；统筹城镇乡村、农业农村污水治理，更好发挥既有设施的处理效率，全面消除农村黑臭水体；重点围绕独流减河、潮白新河、海河下游等河流，推动建设一批人工湿地，提高生态容量。到 2025 年，地表水达到或好于Ⅲ类水体比例 44.4%，劣Ⅴ类水体、黑臭水体全面消除，部分河流实现

“有水有鱼有草”。坚持陆海统筹、河海联动，深化陆海污染治理、生态保护修复、风险防范应对，持续减少入河、入海污染总量，巩固提升近岸海域生态环境质量，建设“水清滩净、鱼鸥翔集、人海和谐”的美丽海湾。到2025年，近岸海域水质优良（Ⅰ类、Ⅱ类）比例达到72%。为确保规划的实施，该规划还制定了以下保障措施：强化组织推动，更好地发挥生态环境保护委员会、攻坚战指挥部的统一领导、协调推动作用；建立起市生态环境局牵头协调、市级有关部门各负其责、各区政府落实属地责任合力推进的工作机制，确保各项任务落地落实；加强对规划实施情况的监督检查、跟踪分析和评估考核；强化投入保障，各级政府在年度预算中要充分考虑生态环境保护需求，优化资金支出结构，统筹保障环境污染防治和生态保护修复等领域；进一步拓宽投融资渠道，完善多元投入机制，综合运用土地、规划、金融、价格等多种政策引导社会资本投入生态环境领域。总体来看，海河流域水污染治理政策法规环境建设较好。

2. 资金投入

海河流域水污染治理资金来源大体包括三个方面。首先是政府资金，包括各级财政拨款、发行债券和通过贷款等方式筹集的资金。中央财政支持包括每年中央财政水污染防治专项资金，多达数百亿；地方财政投入如河北省2021年全省累计投入水污染防治领域资金256.28亿元。“十一五”“十二五”“十三五”期间海河流域水污染治理各级财政投资累计达600亿元。其次是生态补偿资金，当前海河流域才刚刚起步，2021年9月济南市济阳区政府和商河县政府正式签订山东省海河流域首份流域横向生态补偿协议。最后是排污收费支出，按规定，污水处理费专项主要用于污水处理设施的建设、运行和污泥处理处置；污水处理费不能保障排水与污水处理设施正常运营的，按照污水处理费征收级次和财政事权由财政部门给予补贴。虽然流域水污染治理规划中有政府鼓励企业、机构和个人等社会资本参与水污染治理的条款，但目前海河流域还未建立完善的水环境社会资本投入机制。总体来看，海河流域水污染治理的资金来源以政府财政支持为主，多元化资金保障机制还未充分建立，治理资金投入环境一般。

（二）流域水污染治理体制建设及其评价

1.体制机制

海河流域水污染治理实施海河流域北海海域生态环境监督管理局（以下简称海河北海局）统筹管理加各级地方政府相关部门分区分级管理相结合的治理体制机制架构。其中，海河流域北海海域生态环境监督管理局负责组织编制流域生态环境规划、水功能区划，参与编制生态保护补偿方案，并监督实施；提出流域功能区纳污能力和限制排污总量方案建议；建立有跨省影响的重大规划、标准、环评文件审批、排污许可证核发会商机制，并组织监督管理；指导流域内入河排污口设置，承办授权范围内入河排污口设置的审批和监督管理；指导协调流域饮用水水源地生态环境保护、水生态保护、地下水污染防治有关工作；组织开展流域海域生态环境监测、科学研究、信息化建设、信息发布等工作；承担流域生态环境执法、重大水污染纠纷调处、重要生态环境案件调查、重特大突发水污染事件和海洋生态环境事件应急处置的指导协调等工作；指导协调监督流域内生态环境保护工作，协助开展流域海域内中央生态环境保护督察工作等。各省区生态环境厅在贯彻执行国家生态环境方针、政策和法律、法规的同时，负责建立健全全省生态环境基本制度；会同有关部门编制并监督实施重点区域、流域、海域、饮用水水源地生态环境规划和水功能区划，组织拟订生态环境地方性标准，制定生态环境基准和技术规范；负责全省重大生水态环境问题的统筹协调和监督管理，即协调全省重特大水环境污染事故和生态破坏事件的调查处理，指导协调市、县（区）政府对重特大突发水生态环境事件的应急、预警工作，协调解决有关跨区域水环境污染纠纷等；负责监督管理全省减排目标的落实；提出水生态环境领域固定资产投资规模和方向、省级财政性资金安排的意见并负责审批、核准相关投资项目；负责全省环境污染防治的监督管理，即制定水污染防治管理制度并监督实施，会同有关部门监督管理全省饮用水水源地生态环境保护工作，组织指导城乡水生态环境综合整治工作，监督指导农业面源污染治理工作；负责全省生态环境准入的监督管理，即对全省区重大经济和技术政策、发展规划及重大经济开发计划进行环境影响评价，审批或审查重大开发建设区域、规划、项目环境影响评价文件；负责全省生态环境监测工作，监督实施国家生态环境监测制度和规范，即会同有关部门统一规划水生态环境质量监测站点设置，组织实施水生态环境质量监测、水污染源监督性监测、应急监测等；负责组织开展省委、省政府生态环境保护督察，建立健全水生态环境保护督察制度，组织协调省委、省政府水生态环境保护督察工作；统一负责全省水生态环境监督执法，组织开展全省生态环境保护执法检查活动；负责跨区域、重大生态环境违法行为的现场调查、行政处罚和行政强制工作；组织指导和协调全省生态环境宣传教育工作，制定并组织实施生态环境保护宣传教育纲要，推动社会组织和公众参与生态环境保护等。此外，海河流域京津冀三省（市）还逐渐强化水污染治理的联防联治。2013 年以来，京津冀三地先后签署实施《京津冀区域环境保护率先突破合作框架协议》《“十四五”时期京津冀生态环境联建联防联治框架协议》，健全完善重点流域联保联治、信息共享、执法联动、突发水环境事件联合应急演练、环评会商、信访举报、生态环境损害赔偿等 10 余项协同工作机制。可见，海河流域水污染治理有着流域层面的统一管理机构，负责统筹协调全流域各省区水污染治理工作，各流域地方政府生态环境部门负责各辖区内的水环境治理工作，并建立了协同治理的工作机制，海河流域水污染治理体制机制建设较好，但以政府为主导、以企业为主体、社会组织和公众共同参与的环境治理体系还没完全建立，还需加强环境组织、企事业单位和公众多方参与平台和机制的建设。

2. 能力建设

海河流域水环境治理相关机构注意提高管理人员的技能和先进设备、技术的配备与应用，以提高流域水污染治理能力。具体包括，对新入职人员进行岗前培训，使新入职人员快速融入新环境、适应新岗位，完成角色转换，提高思想政治素质与工作技能；每年实施生态环境监测持证上岗培训，丰富监管人员的监测理论知识，提升监测人员的实操技能，为高质量完成各项监测任务提供保障；为提升流域水生态环境监管信息化、智能化水平，对相关人员进行全国水生态环境综合管理平台应用培训；注意强化相关人员职业道德和对相关规章制度的学习，通过学习增强相关人员的责任意识、诚信意识和服务意识，为其干好业务工作提供精神支撑。监测培训重点对水质采样过程中现场参数的测定、采样垂线的确定、现场仪器设备的使用、各参数采样的注意事项及生物采样过程中生物网具、采泥器的使用技能进行实操培训。除重视监测能力外，海河北海局还重视对排污许可相关业务工作人员开展排污许可制度的培训，加深相关人员对排污许可管理制度的理解。海河流域北海海域生态环境监督管理局还重视相关人员的环境执法能力建设，2020 年积极组织相关职工参加由生态环境部执法局举办的第一期全国生态环境保护综合行政执法干部岗位培训。海河流域北海海域生态环境监督管理局还加强对地方水环境监管人员监管能力提升的帮扶，特别是重点加强对农村饮用水水源地管理人员的帮扶。2022 年，海河北海局组织开展监测队伍调研，并组织开展在岗监测人员职业操守培训和“监测知识网上答题”活动；积极指导协调和帮助监测与科研中心谋划争取监测能力项目。在地方政府层面，流域各级地方政府相关部门也十分重视上述各方面人员能力的培训，例如，2022 年京津冀各省区积极组织相关人员参加第一期全国排污许可管理培训；2021 年北京市积极组织开展了《排污许可管理条例》及排污单位证后合规专题培训，通州区生态环境局组织开展了排污许可证后监管执法培训。2018 年北京市生态环境局举办了排污许可证及企业环境管理实务操作专题培训；2022 年举办了全市生态环境系统处级干部依法行政培训。2019 年 6 月 27—28 日，河北省生态环境厅在石家庄市举办了家具制造业、电池工业、水处理、肥料工业、汽车制造业 5 个重点行业排污许可证申请与核发技术规范培训；2022 年河北省排污权交易中心组织各市生态环境局、雄安新区管委会生态环境局排污权交易工作负责人员进行排污权交易改革工作培训。总体来看，各省市十分重视流域水污染治理人员能力的提升，业务培训覆盖范围广。

（三）流域水污染治理手段及其评价

1. 信息监测

监测是评价生态环境质量状况、评价污染治理和生态保护成效、实施生态环境管理与决策的前提。习近平总书记曾指出，保护生态环境首先要摸清家底、掌握动态，要把建好用好生态环境监测网络这项基础工作做好。海河流域水环境监测由海河流域北海海域生态环境监督管理局监测信息处负责，专门进行全流域生态环境监测、考核、信息发布等工作；另设有生态环境监测与科学研究中心，主要承担所在流域海域生态环境监测、评价和科学研究等工作，为流域海域生态环境监管提供支持保障。其工作内容包括，组织做好流域地表水国控断面、流域水生态断面、流域地下水考核站点、海洋生态环境监测断面的监测工作；做好流域水质自动监测站的质控工作，监测数据的审核会商工作；组织做好信息管理与应用工作等。在监测手段方面，除传统监测手段外，采用无人机图像实时传输技术配合现场核查方法对污染状况精准实时监测。海河北海局还积极与生态环境部卫星环境应用中心展开合作，重点推进重点河湖水生态环境监测监管工作协作，有效结合天空遥感和地面监测，定期会商，形成合力，做好重点河湖水生态环境专项监测，共同推进重点区域水生态环境高质量监管，推动了流域农业面源污染的监测。海河北海局还积极与天津地方环境监测部门建立定期技术交流机制，充分发挥各自的技术优势，在生态环境监测网络构建、基础调查和数据共享、监管技术支撑服务水平提升等方面优势互补，联合攻关，加强陆海统筹，合力支撑天津市流域海域生态环境保护工作。为发挥监测工作“支撑、引领、服务”的作用，准确掌握流域海域生态环境情况，反映污染治理成效，支撑流域海域生态环境监督管理工作，海河北海局定期组织编制海河流域北海海域水生态环境质量月报、年报。海河北海局每月参加中国环境监测总站数据会商，同步对当月流域海域监测数据进行分析评价，在评价时，为方便研判监管重点，支撑监督管理工作开展，对流域水污染物按照水系、湖库、水功能区、省界、入海断面等属性进行分类分析评价，使监测信息内容不断完善。月报内容不仅包括海河流域水生态环境质量评价、北海海域水生态环境质量评价，还增加了北海海域入海河口水生态环境质量评价，有助于系统分析陆域环境信息和海洋环境信息，促进陆海协同治理。为发挥监测信息效能，探索开发信息产品，月报新增了地表水环境质量预测预警模块，根据近几年水环境变化趋势及本年度水环境状况，预警预测水环境变化趋势，提出近期流域水环境监管重点，为流域监管工作提供方向。深入挖掘监测信息，做好环境变化动态分析，可以帮助研判污染治理情况、环境保护工作进展情况及未来发展方向。月报通过环比、同比等评价方式，评估水环境变化情况，掌握水环境变化动态，研判水环境改善或恶化情况、污染治理成效等。年报通过分析本年度水环境状况及逐月变化情况，评估年度水环境变化趋势，解析年度水环境总体状况、季节和汛期等因素对水环境的影响程度，为规划下一年度环境保护工作提供思路。海河北海局还通过建立健全信息系统和合作机制等形式，促进监测信息的共享使用，充分发挥监测信息的支撑服务作用。为保证监测数据的质量，海河北海局对数据监测实施全流程管理，严格落实监测信息管理制度，切实做好监测数据规范化管理。党的二十大以来，海河北海局锚定中央部署主动开展相关监测评估工作，包括 2022 年海河北海局主动开展天津市、河北省农业面源污染调研，重点开展白洋淀、海河河口水生态调查监测工作，以及开展农村面源污染防治、城市黑臭水体治理和海河综合治理攻坚战等重大举措成效评估分析，以使流域海域监测信息工作的实际行动服务国家重点区域发展大局，推动健全跨流域跨部门监测信息共享机制，加强监测信息资源整合利用。经过多年努力，海河北海局水污染治理监测取得了长足发展，2007 年北京市朝阳区建成了全市首个地表水质自动监测系统，监测系统 24 小时在线监测辖区地表水水质，一旦水质发生变化，监测系统就会记录下变化数据，通过网络将水质状况的第一手资料传输到环保部门，并定期向市民公布。2017 年北京市通州区实现河流水质自动监测系统全覆盖。截至 2022 年，天津市建成的地表水水质自动监测站从 5 个增加至 81 个，实现入境、跨区、入海断面全覆盖，实现一个平台管水质；占污水排放总量 95% 以上的企业全部安装在线监控设施，实现水质实时监控。到 2020 年底，河北省建设完成全省生态环境监测网络，基本实现了对环境质量、重点污染源、生态状况监测全覆盖，其中共建成 1.18 万个视频监控点位，实现对全省河流的全覆盖、全天候监控。综上，海河流域水污染监测手段实施较好，但其监测自动化、实时化方面还有待提高。

2. 政府管制

基于总量控制与定额分配，以及管控生态环境管理原则，加强流域管理机构和各级地方政府相关部门对排污单位根据排污种类、浓度、排放量、排污口设置进行行政许可，并对其排污行为进行监督和直接管制，是流域污染治理的关键环节。就流域层面看，海河流域北海海域生态环境监督管理局立足流域监管职责和水生态环境质量改善需求，积极主动开展排污许可制度执行情况监管，推动流域排污许可证核发质量及制度执行能力的持续提升，为构建以排污许可制为核心的固定污染源环境监管制度体系提供有力支撑，海河流域北海海域生态环境监督管理局通过对入河排污口设置许可对排污单位的排污性质、浓度、总量进行管制，即要求排污单位就入河排污口设置提出申请，明确其精确地理位置、排污方式，规定其排污类型、浓度和总量，要求其设置入河排污计量监测装置，定期检测并及时报送检测信息；通过全流域固定源排污执法检查对排污企业进行排污许可检查。就地方政府情况看，根据法定要求，重点污染物的排放量由省市生态环境主管部门结合各区（县）经济社会发展、生态环境质量、污染物排放情况等拟定，并报省市人民政府批准；要求企事业单位依法依规开展自行监测，按要求向所在地区生态环境主管部门报告废气（水）排放量、重点污染物排放种类、重点污染物排放浓度及排放方式等，并对上报内容的完整性、真实性和准确性负责；省市生态环境主管部门统筹负责本市重点污染物排放总量控制制度的组织实施和监督管理；落实国家重点污染物排放总量控制指标要求，组织建立各地区和企事业单位重点污染物排放总量控制指标管理台账，实行动态管理；国家发展改革委、工业和信息化、农业农村等有关政府部门按照各自职责做好重点污染物排放总量控制监督管理工作；市、区生态环境主管部门优化企事业单位重点污染物排放量核定技术和流程，建立监测统计监管系统，及时准确地监测、核算企事业单位重点污染物排放量；加强对企事业单位重点污染物排放总量控制指标落实情况的监督管理。除了排污许可管制，当前流域污染对排污单位违规行为的管制手段还包括罚款、限产、查封、扣押、拘留、入刑等，并对重点违法行为典型进行社会曝光。总体来看，研究期内海河流域水污染治理政府管制手段有较为完善的制度安排，且实施较好，但仍然存在重发证、轻监管及证后监管，缺乏各层面排污口许可方面权限划分，流域与区域协同监管尚未有效实施等问题，故综合定量评价赋值为3.75。

3. 经济激励

在排污收费方面，海河流域地方政府很早就开始进行排污收费。如2004年天津市开始以排污者排放污染物的种类、数量为污染当量计征，超过国家或地方规定的污染物排放标准的，按照排放污染物的种类、数量和规定的收费标准计征污水排污费的收费额加一倍征收超标准排污费。

近些年各地方政府相继出台了《污水处理费征收使用管理办法》，明确了各类污水排放单位与个体需缴纳污水处理费，实现了各类排污者排污收费的全覆盖；按照覆盖污水处理设施正常运营和污泥处理处置成本并合理盈利的原则确定收费标准。当前海河流域的排污权交易市场逐步完善。海河流域各省区及地级市均建立了排污权交易中心，出台了相关法规条文。如根据《国务院办公厅关于进一步推进排污权有偿使用和交易试点工作的指导意见》(国办发〔2014〕38号),2015年河北省出台了《河北省排污权有偿使用和交易管理暂行办法》；2022年河北省人民政府办公厅印发《关于深化排污权交易改革的实施方案（试行）》《河北省排污权市场交易管理暂行办法》《河北省排污权市场交易细则》等。在生态补偿激励方面，为促进海河流域生态环境质量不断改善，充分调动海河流域上下游区县治污积极性，加快形成责任清晰、合作共治的流域保护和治理长效机制，济南市积极推动海河流域横向生态补偿机制的签订工作，2021年9月9日，济阳区政府和商河县政府正式签订山东省海河流域首份流域横向生态补偿协议。综上，研究期内海河流域水污染治理经济激励手段运用较为充分，但也有一定的不足，如污水排放权交易适于以流域为基本单元在流域内进行交易，但当前海河流域层面的污水排放权交易平台还没有建立，也没有出台相关交易制度；当前的排污收费标准按覆盖污水处理设施正常运营和污泥处理处置成本并合理盈利的原则确定，可能会导致收费标准过低，不足以激励企业减排。

4. 工程技术

在治污技术推广应用方面，流域各级地方政府积极推动减排技术在企业的推广运用，包括废水处理工艺优化与达标排放技术、城镇污水处理厂优化运行技术、河流生态修复与自净能力强化技术等。在城市污水收集处理设施建设方面，天津市于2019年完成全市110座污水处理厂提标改造，加快补齐城镇水环境治理设施短板，新建、改造污水管网1470千米、消除空白区约136平方千米，完成4000余个雨污管网串接混接点改造。2017 年北京市实现城市污水处理设施建设全覆盖，污水全收集全处理。就乡村污水设施建设情况看，经多年努力，天津市农村生活污水处理覆盖面不断扩大，2020 年实现了农村生活污水处理设施建设全覆盖。2022 年城市建设状况公报数据显示，2022 年年底，河北省城市排水管道建成总长度 2.35 万千米，污水处理厂 97 座，污水处理率 99.08%，城市生活污水集中收集率 81.72%；北京市城市排水管道建成总长度 2.01 万千米，污水处理厂 78 座，污水处理率 98.07%，城市生活污水集中收集率 88.68%；天津市城市排水管道建成总长度 2.39 万千米，污水处理厂 46 座，污水处理率 98.45%，城市生活污水集中收集率 82.44%。可见，通过工程设施建设，海河流域城市水污染治理程度较好，高于全国平均水平。就农村水污染治理看，截至 2022 年年底，河北省、天津市、北京市农村生活污水治理率分别达到 41%、90% 和 55%，均高于全国平均水平的 31.59%。就农业面源治理看，研究期内河北省畜禽粪污综合利用率达到 78%，规模养殖场粪污处理设施装备配套率达到 100%，测土配方施肥覆盖率达到 92%；天津市全市测土配方施肥覆盖率达到 90% 以上，化肥农药利用率保持在 40% 以上，畜禽粪污综合利用率达到 91.7%；北京市测土配方施肥覆盖率达到 98%，肥料有效使用率达到 40.2%。总体来看，海河流域水污染治理的工程技术手段运用较好。

5. 宣传教育

为深入宣传贯彻习近平生态文明思想，营造尊重自然、顺应自然、保护自然的社会氛围，海河北海局紧扣“人与自然和谐共生”主题，积极组织开展六五环境日宣传教育系列活动。如联合中海油天津分公司开展环保进校园主题宣传活动，广泛传播人与自然和谐共生理念。海河北海局还以党建联学联建的形式组织相关部门走进社区基层进行水污染治理方面的宣传教育。如 6 月 10 日，监测与科研中心第三党支部赴雄安新区，与安新县圈头乡党委、邵庄子村党支部开展联学联做，在邵庄子村开展白洋淀水生态环境保护社区宣传活动。在流域地方层面，积极进行地方水污染防治条例的宣传教育活动，发放条例读本和宣传册，采用社区环保课堂、区有线电视台、报纸、微信号对条例进行宣讲和普及，对企事业单位干部职工、社区群众及中小学生宣传条例要点及水环境工作任务，教会企业和群众如何知法、懂法、守法、用法。总体来看，海河流域水环境治理宣传教育基本能做到社区、企业、公司、学校全覆盖，但宣传教育内容尚需扩展，需加强如何减排治污方面的宣传。流域各级地方政府还注重对排污单位相关知识技能的教育培训，例如，2009 年河北省对环境污染治理设施运营资质持证单位的运营管理及操作人员、排污企业污染治理设施运行人员进行设施运营培训；2018 年河北省相关企业组织参加由国家发展和改革委员会培训中心与北京中建政研信息咨询中心共同举办的排污许可证及企业环境管理实务操作专题培训；2021 年北京市组织企业参加《排污许可管理条例》框架下的企业守法专题培训；2020 年北京市东城区生态环境局开展医疗企业排污许可延续及证后监督帮扶培训等。可见，海河流域水污染治理宣传教育覆盖面广，内容较为全面，该类措施实施较好。

七、淮河流域水污染治理体系梳理与评价

淮河流域是我国七大流域之一，地处我国黄河流域中下游以南和长江流域中下游以北，东经 111° 55′ ～ 121° 20′，北纬 30° 55′ ～ 36° 20′。西起桐柏山、伏牛山，东临黄海，南以大别山、江淮丘陵、通扬运河和如泰运河南堤与长江流域接壤，北以黄河南堤和沂蒙山脉与黄河流域毗邻；地跨山东省的南部、河南省的中部南部、安徽和江苏省的北部，总面积 27 万 km²。淮河流域地势平坦、土地肥沃、河网密布、资源丰富、交通便捷，历来是我国人口密集之地，也是重要的粮食生产基地、能源矿产基地和制造业基地，在我国经济社会发展全局中占有十分重要的地位。流域耕地面积约 14.73 万平方千米，约占全国

耕地面积的11%，粮食产量约占全国总产量的1/6。流域工业以煤炭、电力工业及农副产品为原料的食品、轻纺工业为主，是华东地区重要的煤电供应基地。

淮河流域是我国最早进行水污染综合治理的重点流域之一。经过多年治理，当前淮河流域水环境污染得到有效遏制，流域水质有所改善，淮河干流水质基本常年保持Ⅲ类以上。尽管淮河流域水质总体上呈现好转趋势，但部分河流水质尚未达到水功能区管理目标要求，淮北地区重要支流的主要污染物入河量仍超过水功能区纳污能力。根据《2019中国生态环境状况公报》，淮河流域开展监测的179个水质断面中，Ⅰ类水质占比为0.6%，Ⅱ类水质占比为20.1%，Ⅲ类水质占比为43.0%，Ⅳ类水质占比为35.2%，Ⅴ类水质占比为0.6%，劣Ⅴ类水质占比为0.6%，距离《水十条》中要求的到2020年实现超过70%的水质优良（达到或优于Ⅲ类）比例的目标还有一定距离。此外，淮河片排污口2018年的实测结果显示，淮河流域废污水入河排放量约为64.61亿吨，尚未达到《全国水资源保护规划（2016—2030年）》中的要求。

尽管淮河流域污染治理已取得明显成效，诸多大型燃煤电厂、钢铁厂等产业已经完成生产技艺的升级和排污设备的更新，但部分企业或小作坊的排污体系仍然未达到升级改造标准，暗地里将生产废水直接排放入河。由于沿淮地区城镇化发展，乡村生活用水条件改善，淮河流域生活污水排放量持续上升。同时，受制于农村有限的经济文化发展水平，村民的水资源保护意识与认知不够全面，农村农业污水处理设备与技术较为落后，农业污染现象时有发生。当前，淮河流域水生态系统恶化趋势虽已得到有效遏制，但部分地区水源涵养功能受损，河湖岸线及河道内滩地生态空间被挤占，南四湖周边部分污水处理厂配套人工湿地生态系统功能退化，洪泽湖、高邮湖、骆马湖等湖库富营养化呈加重趋势，流域水生态保护恢复工作任重道远。

（一）流域水污染治理环境及其评价

1.政策法规

自1995年8月国务院发布《淮河流域水污染防治暂行条例》以来，我国先后制定了一系列涉及淮河流域水环境污染治理的法规。除国家制定的诸多一般性法规，如《排污费征收使用管理条例》《中华人民共和国水污染防治法实施细则》《征收排污费暂行办法》《防治船舶污染海域管理条例》等，具体涉及淮河流域的法规包括《淮河流域水污染防治规划及“九五”计划》《淮河流域水污染防治“十五”计划》等行政法规。

在2014—2017年，中央政府在制定淮河流域水污染防治政策时，涉及领域较为广泛，政策措施更加多样，除了延续前阶段的规划实施情况、年度考核、科研投入、污水处理工程投入、监测网建设、环境影响评价等方面政策，还增加了黑臭水体排查、生态文明示范区建设、政府和社会资本合作、清洁生产技术推行等新政策。2015年4月2日，国务院发布关于印发水污染防治行动计划的通知，即《水十条》，淮河流域水污染防治政策进入实质性的创新阶段。该时期政策的主要特点可总结为以下五个方面。①严格年度目标考核和黑臭水体排查，确保政策规划的落实。2015年颁布《水十条》，并于次年颁布针对《水十条》实施情况的考核规定，监督水污染防治行动计划的落实，环境保护部（现生态环境部）还颁布了《关于发布重点流域水污染防治专项规划2013年度考核结果的公告》（公告2014年第73号）、《关于发布重点流域水污染防治专项规划2014年度考核结果的公告》（公告2015年第64号）等。此外，城市黑臭水体排查和整治方面的政策如《住房城乡建设部、环境保护部关于印发城市黑臭水体整治工作指南的通知》《关于公布全国城市黑臭水体排查情况的通知》。②改进排污费及综合整治资金的管理，确保专款专用。财政部、国家发展和改革委员会、住房和城乡建设部印发《污水处理费征收使用管理办法》，财政部、水利部印发《江河湖库水系综合整治资金使用管理暂行办法》，财政部、环境保护部（现生态环境部）印发《水污染防治专项资金管理办法》。③建设生态文明示范区和工业示范园区，探索经济和环境协同发展模式。国家发展和改革委员会、科技部、财政部、国土资源部（现自然资源部）、环境保护部（现生态环境部）、住房和城乡建设部、水利部、农业部（现农业农村部）、国家林业局（现林业和草原局）等10个联合部门发布《关于开展第二批生态文明先行示范区建设的通知》。④引导民间和社会资本向水污染防治领域流动，缓解公共财政压力。财政部、环境保护（现生态环境部）部于2015年4月发布《关于推进水污染防治领域政府和社会资本合作的实施意见》，指导政府和社会资本合作的相关工作。⑤对已经实施了的政策进行一定程度的创新，细化工作方案。如创造性地实施区域差别化环境准入政策、发布关于水污染防治重点行业清洁生产技术的具体推行方案、规定对于排污许可证进行控制和管理的相关细节、细化地表水环境质量监测网设置方案、严格对水利工程的环境影响评价和环保验收等。

21世纪以来，国家逐步将生态文明建设的理念提至战略高度，治理手段也在不断升级创新，淮河流域通过开展控源减排、生态修复、综合调控等治理活动，初步实现了河水变清、水质达标的战略目标。其中，2006—2010年的治理政策强调“控源减排”，着力于对排污源头进行监管控制，限制污废水的产生与排入，首先解决重度污染流域水质问题；2015年更多地关注对淮河流域的“减负修复”，实施危害污染物分级分类管控，加强废水处理、再生水利用、生态治理与生态修复等技术的开发与推广，以实现流域水质的改善和水环境的修复；2016至今为“综合调控”阶段，全面管控生活、农业污染，建立河湖长制，逐步恢复淮河水生态功能，不断推进生态文明建设。2020年8月，习近平总书记考察淮河时充分肯定了70年淮河治理成效，并作出“要把治理淮河的经验总结好，认真谋划‘十四五’时期淮河治理方案”的重要指示，水利部会同有关部门与流域四省采取有力措施推进治淮工作。党的十八大以来，治淮更加注重水生态保障体系建设，试点推进了生态流量调度、全面建立淮河流域河长制湖长制。2021 年，淮河流域水质由轻度污染改善为良好。治污的“减法”配合河湖面貌治理的“加法”，淮河流域河湖面貌发生历史性改变。

规划是流域水环境治理的系统谋划，是水环境治理依据的具体方案。2023 年生态环境部等 5 部门联合颁布了《重点流域水生态环境保护规划》，为我国包括淮河流域在内的重点流域水生态环境保护工作做了顶层规划布局，明确了“十四五”时期淮河流域水生态环境保护工作的目标和任务要求。该规划客观地指出了淮河流域目前还存在着水环境质量改善不平衡、不协调的问题依然突出，水生态环境质量稳中向好的基础还不稳固，部分城市环境基础设施还存在短板，城乡面源污染问题尚未得到有效治理，部分区域汛期水质较差等问题。该规划按照源头治理、系统治理、综合治理的原则，构建了淮河流域“一横、两纵、三湖、四区”的水生态环境保护空间布局。“一横”是指淮河干流，重点保障干流水质稳定达到Ⅲ类；“两纵”是指南水北调东线和引江济淮，重点是建设清水廊道，保障输水干线水质安全；“三湖”是指洪泽湖、骆马湖和南四湖，重点是控制水体富营养化；“四区”是指淮河源头区、淮北平原区、里下河地区和山东半岛区，重点是筑牢生态屏障，加强淮北平原地区农业面源污染治理。该规划逐一明确了淮河干流、京杭运河、沂河、沭河、沙颍河、涡河、洪汝河、大沽河、小清河等 13 条河流及南四湖、洪泽湖、骆马湖、高邮湖 4 个重要湖泊等重要水体保护方案，确保措施任务落地可行；要求到 2025 年，淮河流域达到或好于Ⅲ类水体的比例为 76.1%，污染严重水体基本消除，饮用水安全保障水平持续提升，淮河干流、南水北调东线输水干线、南四湖湖区及 53 条入湖支流水质全部为Ⅲ类，里下河地区、淮北平原区汛期农业面源污染对地表水水质影响得到改善。该规划按照“流域统筹、区域落实”的理念，构建了协同推进的工作格局。根据水系汇流特点及污水排污去向，结合乡镇行政区划分汇水范围，以汇水范围为基本单元，进行问题识别、成因分析、任务设计，统筹了上下游、干支流、左右岸协同治理，系统提出了流域整体布局和保护目标，突出了流域特性，同时保证了行政区域的完整性。地市人民政府充分发挥主导作用，加强生态环境、工信、自然资源、住建、交通、水利、农业农村等各部门，以及市、县、乡的协调，建立工作机制，形成工作合力，完成地市规划的编制。淮河流域生态环境监督管理局（以下简称淮河流域局）作为流域整体环境治理最高层面的统筹机构，立足职责定位，强化监督管理，构建流域统筹、区域落实、协同推进的工作格局，全面推动流域规划顺利实施。与此同时，淮河流域重视域内市内水生态环境保护“十四五”规划。如在2020年作为全国水生态环境保护“十四五”规划编制的10个试点城市之一，济宁市在淮河流域生态环境监督管理局的大力指导和协助下，高质量地完成了规划编制工作。淮河流域局还指导帮扶其他51个地市编制规划要点，加快推进流域规划报告文本编制，确定“十四五”时期淮河流域设置国控断面381个，划定363个汇水范围和90个控制单元，并因地制宜设定保护目标任务，为淮河流域水生态环境保护勾画出了目标愿景。

对淮河流域水污染治理政策法规环境进一步分析，目前主要存在以下问题。①水污染事故责任的界定不够清晰。首先，污染事故主体具有不确定性。因为污染源可能来自所有的企业，只不过排污的表现方式不同，具体表现为合法排污、非法排污及混合排污。事实上，水污染事故发生后，由于污染源具有极大的相似性，当这些污染源相互混合并有可能发生复杂的化学反应后，则很难区分众多的排污企业中每一家企业具体的排污情况。其次，污染事故证据的收集难。污染事故主体具有不确定性，给污染事故证据的收集带来了极大的困难，根本原因在于污染源的混合性及河水的流动性对污染证据的最终确定提出了挑战。②重视城市污染法规建设，忽视农村污染防治立法。从当前已颁布的法律法规来看，绝大多数行政法规和法律条文都是针对城市环境污染防治拟定的，如《城镇排水与污水处理条例》《中华人民共和国固体废物污染环境防治法》等，而针对农村环境污染治理的法律法规却不多见。③重经济处罚，轻刑事处罚。《淮河流域水污染防治暂行条例》中涉及了经济处罚和行政处罚，且对处罚对象和处罚标准均进行了严格的限制，但很少涉及刑事处罚。如将处罚对象描述为“违反枯水期污染源限排方案超量排污者”和“负有直接责任的主管人员和其他直接责任人员”，处罚标准则为“处10万元以下的罚款”或“情节严重的，责令关闭或者停业”或“依法给予行政处分”等。由上，淮河流域水污染治理政策法规环境建设评价赋值为3.75。

2. 资金投入

国家高度重视淮河流域治理工作。中央和政府持续加大对淮河水污染治理的投资力度，支持污水处理设施和管网建设，充分发挥市场机制在污水处理设施建设和运行中的作用，合理收取污水处理费，用于治污设施的建设和正常运行，吸引社会资金投入污水处理厂和管网建设。截至2022年2月底，淮河治理中的34项工程已开工建设，累计完成投资823.35亿元，占批复总投资额1001亿元的82.3%。各级地方政府也高度重视淮河流域治理资金保障。近些年，江苏省淮安市全面加强地方水污染防治投资工作，按照水环境污染防治规划，先后投资6亿多元，全面整治化工行业，关闭了不符合产业政策和整改不达标的化工企业；为完善城市污水处理设施，投资15亿元建成9个污水处理厂，全市污水处理能力累计达到34.5万吨。自2012年开始，十年间安徽省已投资约1929亿元用于淮河流域综合治理，“十二五”期间投资约有880亿元。安徽省此后进一步创新水利建设投融资体制，多举措筹集建设资金，全力落实各项规划任务。相关研究表明，当前淮河流域多头分散管理的格局导致水环境治理资金分散列支，有些部门资金额度较低且不具有连续性，各部门投入缺乏有效的整合，资金的使用效益较低。与水环境保护直接相关的支出仍然分列在多个预算科目中，难以准确全面地反映出政府投资状况。淮河流域水环境治理投资主体除各级政府和流域机构外，企业和非营利组织的参与度十分有限，尚未建立市场机制分担政府实现公共利益的成本，需提高非政府机构和公众对公共事务的参与度，以应对政府资金短缺带来的挑战（包晓斌，朱晓兵，2021）。

（二）流域水污染治理体制建设及其评价

1. 体制机制

淮河流域水资源与水环境协调统一治理体制机制建设得到国家高度重视，中央政府“自上而下”统一规划部署并带动地方政府进行水环境治理。1950 年，水利部淮河水利委员会成立，负责承担流域水资源的综合规划、开发、治理、调度及工程管理工作，定期公布水资源公报与治理方案等，与其他地方各级主管部门协同管理流域水资源。1988 年，淮河流域水资源保护领导小组设立，负责协调、解决有关淮河流域水资源保护和水污染防治的重大问题，监督、检查淮河流域水污染防治工作。1991 年淮河流域水资源保护局成立，负责监测流域内四省省界水质，并将监测结果及时报领导小组，对重点排污单位超标排污的，责令其限期治理。1994 年淮河流域水资源保护领导小组由国务院调整为国家环保局与水利部共同主导、沿淮四省参与治理的管理体制，随后出台正式条例明确其法定职责。2019 年，生态环境部设立淮河流域生态环境监督管理局，依法受生态环境部的授权或委托，统一负责流域水资源、水生态、水环境方面的生态环境监管工作。其具体职责包括，提出流域纳污能力和限制排污总量方案建议；指导流域内入河排污口设置，承办授权范围内入河排污口设置的审批和监督管理；指导协调流域饮用水水源地生态环境保护、水生态保护、地下水污染防治有关工作；承担流域生态环境执法、重要生态环境案件调查、重大水污染纠纷调处、重特大突发水污染事件应急处置的指导协调工作；督促流域各省、市人民政府履行水生态环境保护主体责任，统筹流域和行政边界，分解落实规划目标和任务；

定期调度、调研规划实施进展，积极开展督导帮扶；坚持和完善水生态环境问题发现和推动解决工作机制，强化流域水生态环境形势分析研判，及时发现和推动解决突出水生态环境问题；加强汛期水环境监管，精准识别汛期污染强度较高的断面和相应的行政区域；指导有条件的地区开展规模化种植业和养殖业污染防治、区域再生水循环利用等试点；健全流域上下游各级人民政府、各部门之间水生态环境保护议事协调机制，加强协调配合，协同推进。

近年来，中央相继出台多份条例，鼓励流域省份试点积极探索设置具有较高权威的流域环保机构，整合不同领域、不同部门、不同层次的治理力量，建立跨行政区的流域水污染治理协调机制。具体到淮河流域，水污染治理主管部门主要有国家环保局、水利部、沿淮四省人民政府及其以下的各级相关部门，以及淮河水利委员会及其所属管理机构，实行“生态环境部和水利部双重领导、以生态环境部为主”的双重领导体制。沿淮四省人民政府各对本省淮河流域水环境质量负责，采取措施确保本省淮河流域水污染防治目标的实现。同时要求将淮河流域水污染治理任务分解到有关市（地）、县，并签订目标责任书。县级以上地方人民政府须定期向本级人民代表大会常务委员会报告本行政区域内淮河流域水污染防治工作进展情况，并根据上级人民政府制定的淮河流域水污染防治规划和排污总量控制计划，组织制定本行政区域内淮河流域水污染防治规划和排污总量控制计划，并纳入本行政区域的国民经济和社会发展中长期规划和年度计划。对辖区内造成水体严重污染的排污单位和综合治理项目做出治理决定或决定停业、关闭，制定水污染紧急情况下的应急或临时措施，并监督实施。

各级地方生态环境行政主管部门对淮河流域水污染防治实施统一监督管理，组织编制本行政区域内水污染防治规划和实施方案，报同级人民政府审批，并与有关部门编制水功能区划，报有关人民政府批准，按相应水质标准监督管理；组织实施排污许可管理制度和重点水污染物排放总量控制制度，按分级管理原则，定期公布辖区河流、湖泊、运河、水库的水质状况。水污染事故发生后，须在事故报告时起24小时内，向本级人民政府、上级环境保护行政主管部门和领导小组办公室报告，并向相邻上游和下游的环境保护行政主管部门、水行政主管部门通报；对地表水体的环境质量进行密切监测。淮河流域水环境治理涉及部门既包括环保、水利、林业、农业等直接相关的业务部门，也包括国土、建设、交通等掌握项目工程建设实施的职能部门。如县级及以上人民政府交通运输部门对船舶污染水域的防治实施监督管理；省及淮河流域县级以上人民政府的水行政、自然资源、卫生健康、农业农村、林业、渔业和住房城乡建设等部门，在各自的职责范围内，对有关水污染防治实施监督管理。总体来看，海河流域水污染治理体制机制较为健全，基本上形成了各层级多元主体共治的局面，表明流域水污染治理在政府主导体制机制建设方面表现良好，但还未形成由政府主导的以企业为主体，社会团体、公众参与的多元治理体系格局。综合赋值评价为4.25。

2. 能力建设

淮河流域水污染治理主管机构重视青年职工的能力建设，专门成立青年理论学习小组，由全体青年职工参加青年理论学习小组集中学习、落实生态环境部直属机关青年理论学习提升工程实施方案，进行青年干部能力提升系列培训，以强化管理人员自身能力建设，提高专业技能；通过参加全国生态环境保护综合行政执法干部岗位培训，提高监督执法能力。各地方水污染治理机构通过各种手段提高监管人员技能。如河南省举办全省生态环境监控业务大比武活动，促进相关人员技能的提高。为进一步加强对新污染物及分析技术的理解与运用，江苏省淮安市环境监测中心举办了新污染物检测培训班。在人员能力提升的基础上，强化相关硬件设施建设和配备，提升治理机构的治理能力，如建设水环境监测中心实验室和流域水质自动监测站。淮河流域生态环境监测与管理局监测与科研中心还与地方环境管理机构进行合作，对地方水环境监测中心人员进行培训，经过多年努力，监测与科研中心在水环境监测方面积累了丰富经验，打造了一支高素质的水环境监测专业技术人才队伍。各省地方环境保护部门人员能力的建设也得到了重视。2018 年生态环境部举办对流域各省环境保护厅相关工作负责人和各省淮河流域环境与健康综合监测工作技术人员进行了淮河流域环境与健康综合监测技术培训。2020 年 11 月，监测与科研中心对河南省水环境监测中心共 41 名检测人员进行了培训，累计完成 10 项参数、9 个检测方法、141 项培训和考核工作。2022 年为进一步提升全省监测机构污染源监测技术水平，不断提升现场监测人员综合业务能力，江苏省环境监测中心对来自全省各级监测机构的约 400 名监测技术人员进行了现场监测技术培训。总体来看，淮河流域水污染治理人员能力建设方面较好。

（三）流域水污染治理手段及其评价

1. 信息监测

生态环境部淮河流域生态环境监督管理局成立流域监测与科研中心及行政管理机构信息监测处，专门负责淮河流域水环境监测与评价及其管理工作，为流域生态环境监管工作顺利开展提供基础信息。监测与科研中心发挥监测评价优势，坚持监测科研两手发力，保障了流域生态环境监管工作顺利开展，在国家对流域地表地下水考核、问题断面独立调查、日常监督监管等方面有力有效地支撑了流域生态环境监管。自 2019 年监测与科研中心成立以来，其发挥了以下作用：流域生态环境监测、评价，监测网络建设、监测质量控制；开展流域水功能区纳污能力和限制排污总量测算；进行规划环评技术审查、项目环评评估、排污许可技术审查、入河排污口设置审查管理等技术支持；承担跨界饮用水水源保护区划定、规划后评估和环评后评估等技术支持；承担流域内生态环境保护督察、执法、纠纷调处、应急等技术支持；承担信息化建设技术支持等。流域内地方政府成立水环境监测中心，进行辖区内水质水环境监测。近些年省、市生态环境主管部门按照“统一平台、分级部署、属地管理”原则，开展污染源自动监控系统的建设和管理工作。省级生态环境主管部门负责全省自动监控平台软件开发，省级监控平台的建设、管理和运行维护；负责指导全省污染源自动监控系统建设、管理等工作。市生态环境主管部门负责市级监控平台的建设、管理和运行维护；负责对行政区域内重点排污单位安装的自动监测设备及其附属设施进行日常监管；要求各重点污染单位按照国家相关规定安装自动监测设备、视频监控设备及其附属设施，并与生态环境主管部门的监控平台联网。自动监测设备正常运行情况下产生的自动监测数据，可作为生态环境主管部门实施监督管理、行政处罚、行政强制等监管执法的依据。“十三五”期间，淮河流域内山东省共设置省控地表水环境质量监测断面 593 个，覆盖所有跨市和跨县河流交界处，主要入湖和入海河流在汇入湖（海）前全部设置断面，全省所有划定省级水功能区的水体实现全覆盖。至 2022 年研究期末，淮河流域内河南省实现污染源自动监控设施建设全覆盖和河流断面水质自动监测全覆盖；江苏省实现重点断面水质自动监测全覆盖，共新建 318 个水站，包括 169 个省考断面水站、15 个跨界断面水站、31 个集中式饮用水水源地水站等。综上，总体来看淮河流域水污染治理污染监测措施实施较好，综合定量评价赋值为 4.25。

2. 政府管制

政府管制是为达到水污染治理目标，政府相关治理部门依照相关法律法规对水污染行为采取的直接行政干预，具体可包括排污总量的控制与排污许可、污水达标排放监管、违法排污行为查处、水污染事件的调查与处理等，如对违法行为进行行政罚款、责令限量排污、责令限期整改，严重的责令关停或停业。淮河流域是我国水污染最严重也是我国最早开展水污染治理的流域，早在 1994 年，鉴于当时严重的水污染，国务院就颁布了《淮河流域水污染防治暂行条例》，提出了水污染治理目标。淮河流域水污染治理政府监管手段包括以下三个方面。①排污总量控制：由环保部门、国务院计划部门及沿淮四省水环境管理部门根据淮河流域水污染防治目标，拟订排污总量控制计划，该计划包括排污总量控制区域、排污总量、排污削减量和削减时限要求及重点排放单位名单等。②污染控制联防：淮河水利委员会于2012年1月研究制订了《2012年淮河水污染联防工作方案》。在总结经验的基础上，明确了水污染联防范围，并确定联防工作职责分工和组织体系，同时从水质的动态监测与信息传递、水闸防污调度、污染源限排及突发性水污染事件应急处理四方面对水污染联防工作提出了具体要求。③排污许可：生态环境部对淮河流域排污许可证的实施进行统一监督管理，沿淮四省县级以上环保行政主管部门负责排污许可证的审批、发放和监督管理。淮河流域生态环境监督管理局作为淮河流域专职环境管理部门定期对流域内各地市入河排污口进行监督性监测，并依法及时将入河排污口超标排污情况通报地方环保部门，督促其加强对排污单位的监督管理。对流域内严重超标排放的排污企业进行挂牌督办。对排污单位排污实行行政许可，明确规定排污单位入河排污口设置地点和排放方式，污染物排放量及排放浓度控制要求、水生态环境保护要求、入河排污口规范化管理要求。2020年按要求淮河流域四省基本实现固定污染源排污许可全覆盖，并于2022年启动淮河干支流入河排污口排查整治工作。综上，总体来看淮河流域水污染治理政府监管措施实施较好。

3. 经济激励

淮河流域水污染治理实施了多种经济激励手段。首先，实施排污收费制度，按照核定的排污量经济主体征收排污费。淮河流域诸多城市都已征收污水处理费，各省分别颁布实施污水处理费征收使用管理办法。其次，政府鼓励公众参与到淮河流域水环境的保护，对防治淮河流域水污染做出显著成绩的单位和个人，会由县级以上人民政府及其有关部门给予奖励。再次，建立省级排污权交易市场。即在满足区域总量控制的前提下，准许排污权交易和储备管理机构、排污单位及其他符合条件的主体对其拥有的排污权在淮河流域进行出（转）让、受让、租赁、抵押等交易流转。鼓励排污单位通过淘汰落后和过剩产能、减少产能、转产、污染治理、技术改造升级等方式将富余的排污权进行转让、租赁交易。排污权交易价格以市场调节为准，但不得低于全省统一规定的排污权有偿使用价格。最后，按照“谁受益、谁补偿，谁破坏、谁承担”的原则，以保护水质为目的，以水质监测结果为依据，建立上下游水环境生态补偿机制。2007 年起，江苏省率先开始在太湖试点跨市流域水环境横向补偿制度，是全国最早开展此项工作的省份之一；2014 年，在全国率先建立覆盖全省的“双向补偿”制度；2016 年，修订印发《江苏省水环境区域补偿工作方案》，确定了全省 112 个补偿断面，其中涉及淮河流域的徐州、连云港、淮安、盐城、宿迁等重点地区共安排补偿断面 51 个；2018 年，全省累计发生补偿资金 3.6 亿元，其中淮河流域约 1.2 亿元。以淮河流域上游的重要水源涵养区安徽省大别山区为例，自 2014 年实施生态补偿以来，跨市断面罗管闸水质全部达标，主要污染物指标保持稳定并有所降低，截至 2021 年，省财政、合肥市及六安市财政累计安排生态补偿资金 16.6 亿元。总体来看，海河流域水污染治理经济激励手段实施较好。

4. 工程技术

淮河流域县级以上人民政府通过推广精准施肥、生物防治病虫害等先进适用的农业生产技术，减少化肥、农药使用量，支持秸秆综合利用和畜禽粪污处理设施建设，开展清洁小流域建设，进而有效控制农业面源污染。淮河流域综合治理工程坚持以保护饮用水水源安全和流域生态环境安全为主要目标，积极构建淮河流域生态环境安全工程体系。实施淮河流域环境污染综合整治新的行动计划，推进重金属污染治理、生活垃圾和污水处理设施建设、农村面源污染治理、生态建设等工程建设，加大环保执法力度，全面改善淮河流域生态环境，保障淮河流域居民的身体健康，目前已经基本建成了布局合理、措施匹配、调度灵活的治理工程体系。通过开展淮河水体变清等行动，充分利用水利工程体系，统筹保护与治理，实施跨区域跨部门的水污染联防，已取得明显的成效，有效改善了河湖萎缩、生态失衡的状况。截至2020年，淮河流域已经连续15年没有发生突发性的水污染事故。根据各省城市建设状况公报，至2022年年底，江苏省城市排水管道总长度9.41万千米，建设污水处理厂213座，污水处理率97.42%，城市生活污水集中收集率75.37%；山东省城市排水管道总长度7.46万千米，污水处理厂233座，污水处理率98.53%，城市生活污水集中收集率72.27%；河南省城市排水管道总长度3.45万千米，污水处理厂127座，污水处理率99.53%，城市生活污水集中收集率77.12%；安徽省城市排水管道总长度3.79万千米，污水处理厂98座，污水处理率98.07%，城市生活污水集中收集率61.85%。可见，淮河流域城市水污染治理设施，特别是污水收集设施建设还有较大不足。就农村生活污水治理率看，江苏、山东、河南、安徽四省农村生活污水治理率分别为31.1%、42.46%、36.6%和23.1%。可见，淮河流域农村水污染治理率部分省份偏低，工程设施建设还存在较大不足。在农业面源污染治理方面，各省近些年持续推进化肥减量增效，测土配方施肥技术覆盖率稳定在90%以上。总体来看，淮河流域水污染治理仍存在工程基础设施覆盖度不够、部分环境基础设施建设推进不足、生活污水收集处理不到位等问题。

5. 宣传教育

淮河流域局及流域各地方政府重视公众宣传工作，联合地方生态环境部门积极走进机关、学校、企业、社区开展环保宣讲活动，讲授习近平生态文明思想、淮河流域水生态环境保护工作成效等内容，并发放环保知识宣传资料。淮河流域局与中国环境报社开展联合宣传，利用环保主流媒体传播优势，重点宣传水生态环境问题、黑臭水体治理监督、水生态监测、生态流量保障监管等内容，做好淮河协同治理保护工作；面向民众开展环保知识线上答题活动，题目涵盖习近平生态文明思想、环保法规政策、绿色低碳生活等内容，通过知识竞赛把环保政策和理念传递给公众，引导市民共同参与生态环境保护，践行绿色生活方式，宣传教育取得了一定成效。近年来，居民对政府、企业水污染治理的关注度有所提升，大部分居民能够认识到淮河流域水污染治理的重要性，愿意实际参与到水污染防治的行动中，但仍有部分居民认为水污染治理主要是政府的事，对于自身及其他社会组织应该做的和能够做的工作缺乏清晰认识，较多关注与自身生活相关的水环境问题。在提高企业能力教育培训方面，为提高排污企业相关人员的综合素质和业务能力，2021 年山东省环境保护产业协会举办了多期排外许可专题培训；为使排污企业进行精细化环境管理，并满足国家相关排污许可的要求，2022 年江苏省环境科学学会联合江苏九沐环境科技有限公司共同举办第 4—5 期排污许可申请及证后管理人员网络培训；2022 年山东省举办排污许可制度下的企业环境管理与责任落实培训。总体来看，淮河流域水污染治理在社会公众宣传教育内容方面还不够全面、形式还不够多样化，对排污企业污水治理技术方面的培训仍存在不足。

八、浙闽片河流水环境治理体系梳理与评价

浙闽片河流主要位于我国东南沿海浙江省与福建省境内，包括钱塘江、闽江、瓯江、九龙江等大小十几条河流，总面积约 24 万平方千米。因地处我国东南沿海亚热带季风气候区，地形以山地为主、断裂发育，河流多具有流程短、比降大、水流急、径流大等特点。其中钱塘江流域多年平均水资源总量为 389 亿立方米，闽江流域为 629 亿立方米，均超过我国第二大河流黄河。该片区河流地处我国发达地区，至 2022 年底，总人口约 10765 万人，GDP 为 13.59 万亿元。

该区域社会经济发达，水污染排放量较大，因此一度水质恶化严重，水环境治理压力大。21 世纪初钱塘江流域劣于地表水Ⅲ类水的河长曾占研究期内总河长的 50.5%，主要超标项目为氨氮、高锰酸盐指数、五日

生化需氧量、总磷等。主要污染源是中下游遍布两岸的印染、化工厂等高污染物排放的工厂。经过长期治理，2022 年，钱塘江水系总体水质状况为优，60 个省控以上断面水质均达到或优于Ⅲ类。其中，Ⅰ类水质占比 13.4%、Ⅱ类水质占比 63.3%、Ⅲ类水质占比 23.3%，全部满足水环境功能区目标水质要求，达标率为 100%。钱塘江干流省控以上断面水质自 2020 年以来已稳定保持在Ⅰ–Ⅱ类。20 世纪八九十年代以来，闽江流域有大量的农业生产和生活污水、工业废水和废弃物排放，江河污染日益严重，水质恶化。2005 年上半年，闽江干支流Ⅲ类水质达标率仅有 83.7%；另外局部河段网箱养殖过密，造成水体富营养化。之后地方政府大力开展相关整治工作，整体水质有所提升，Ⅰ–Ⅱ类水质占比达 96.1%。当前，畜禽养殖和农业面源污染一直是造成闽江流域污染的重要来源之一，中上游地区尤为严重；沿江生活污水处理设施建设滞后，生活源水污染占比仍然较大；重工业企业沿闽江上游各支流两岸分布，产业结构性与布局性带来的环境风险十分突出。

（一）流域水污染治理环境及其评价

1. 政策法规

国家层面，除一般性环境保护政策法规外，国家并未制定有关浙闽片河流水污染治理的专门政策法规。浙江省与福建省地方政府制定了较为严密的流域水污染治理地方性政策法规条文及污染防治规划。早在 1988 年，浙江省就出台了《浙江省鉴湖水域保护条例》（1997 年、2002 年修订）；2007 年，浙江省环保局编制发布《钱塘江流域重点水污染物排放总量控制实施方案》；2008 年浙江省人民政府出台《浙江省主要污染物总量减排管理办法》，为区内流域水污染物减排和总量控制管理提供了基本法规依据；2008 年 9 月发布了《浙江省水污染防治条例》（2013 年、2017 年、2020 年三次修订）、2010 年实施《浙江省城镇污水集中处理管理办法》（2019 年修订）、2009 年制定《浙江省温瑞塘河保护管理条例》(2020年修正)、2010年出台《浙江省排污许可证管理暂行办法》(2015年修正)、2010年制定《浙江省曹娥江流域水环境保护条例》(2020年修订)等;为规范浙江省排污权有偿使用和交易行为,维护排污权交易市场秩序,促进主要污染物总量减排出台了《浙江省排污权有偿使用和交易试点工作暂行办法》(浙政办发〔2010〕132号)及其实施细则,2015年出台了《浙江省畜禽养殖污染防治办法》(2021年修订)、2011年出台《浙江省饮用水水源保护条例》(2018年、2020年修订)、2021年制定《浙江省排污权回购管理暂行办法》。2010年出台《浙江省电镀产业环境准入指导意见》《浙江省农药产业环境准入指导意见》《浙江省生猪养殖业环境准入指导意见》等行业性规范文件,2011年印发《浙江省排污权有偿使用和交易试点工作暂行办法实施细则》,2012年印发《浙江省建设项目主要污染物总量准入审核办法(试行)》,并出台《关于建立环保公安部门环境执法联动协作机制的意见》,2013年8月21日印发《浙江省排污权储备和出让管理暂行办法》,2013年8月发布《关于实施企业刷卡排污总量控制制度的通知》;2013年底,浙江省委、省政府作出了治污水、防洪水、排涝水、保供水、抓节水的"五水共治"决策部署,将治污水作为首要任务,并相继出台"五水共治"总规划和各子规划,全省统一治水方向、目标和具体任务,并在全省各市、县(市、区)层面制定联动规划或具体方案。2014年4月浙江省生态环境厅发布《关于钱塘江流域执行国家排放标准水污染物特别排放限值的通知》,2015年4月下发《关于进一步加强全省重点污染源监督性监测工作的通知》,2016年,印发《浙江省污染源日常环境监管双随机抽查办法(试行)》和《浙江省环保部门随机抽查事项清单(试行)》,2016年制定出台《浙江省水污染防治"十三五"规划》,同年制定出台《浙江省水污染防治行动计划》,2017年印发《浙江省"十三五"节能减排综合工作方案》。2018年11月浙江省生态环境厅印发《浙江省污染源自动监测监控信息传输管理办法》,2018年6月印发《浙江省环境保护专业技术人员继续教育学时登记细则（试行）》，同年发布浙江省部分行业环境保护税应税污染物排放量抽样测算方法的公告。2019 年 4 月出台《杭州湾污染综合治理攻坚战实施方案》，2022 年印发《关于进一步提升医疗机构污水治理能力的实施意见》、2023 年 12 月浙江省生态环境厅印发《浙江省污染源自动监控管理办法（试行）》，2021 年制定出台《浙江省水生态环境保护"十四五"规划》。为持续推进钱塘江流域水环境治理，强化流域共保共护，浙江省生态环境厅出台《钱塘江一河一策 2022 年工作计划》。

就福建省看，早在 1996 年福建省就出台了《福建省人民政府关于加强闽江流域水环境综合整治的决定》，2001 年出台《福建省九龙江流域水污染防治与生态保护办法》、2010 年出台《福建省环保局关于对全省水质安全调查行动发现的环境污染问题进行整改的通知》，2011 年 12 月 2 日福建省人民代表大会常务委员会通过《福建省流域水环境保护条例》，2013 年《"十二五"主要污染物总量减排考核办法》发布实施，2013 年出台《制浆造纸工业水污染物排放标准》（DB35/1310—2013）2014 年福建省环保厅印发地方标准《合成革与人造革工业污染治理工程技术规范》，2016 年发布福建省地方标准《氟化工行业废水和废气污染治理工程技术规范》（DB35/T 1626—2016），2017 年福建省环保厅印发《污染源自动监控数据超标处置及督办流程》，2018 年发布《厦门市水污染物排放标准》（DB35/322—2018）2021 年 7 月 29 日福建省第十三届人民代表大会常务委员会第二十八次会议通过《福建省水污染防治条例》，2016 年实施《福建省水污染防治 2016 年度计划》，重点突出小流域环境综合整治，全省计划投资约 109 亿元，重点推进工业污染防治、城镇生活污染治理、农业农村污染防治、船舶港口污染控制、水资源节约、水环境管理、保障水生态安全、近岸海域生态环境保护、健全市场机制和提高监管水平十个方面 115 个项目。根据各地上报情况初步统计，2017 年年初完成或基本完成约 80% 左右项目。2019 年制定并印发《福建省水源地保护攻坚战行动计划实施方案》，2021 年 6 月制定《福建省农村生活污水提升治理五年行动计划（2021—2025年）》，2021年出台《深入推进闽江流域生态环境综合治理工作方案》，2022年4月15日印发《福建省“十四五”重点流域水生态环境保护规划》，2022年1月24日印发《福建省“十四五”地下水污染防治规划》。2022年福建省人民政府出台《加强入河入海排污口监督管理工作方案》，以深化排污口设置和管理改革，建立健全长效监督管理机制，有效管控入河入海污染物的排放。总体来看，尽管当前浙闽片河流污水治理各项政策法规比较完善，但研究期内区域发展其他政策规划与污水治理目标保持协调性不够，影响着流域水污染治理的绩效（潘护林，2016）。

2. 资金投入

浙闽片河流水污染治理所需资金包括每年中央下达的水污染防治资金和地方政府安排的水污染治理资金，但所需资金多来自地方政府和社会企业资金投入。2014—2017年浙江省地方政府投资了近800亿资金用于钱塘江水污染治理，涉及工业整治、农业农村治理、河道整治、生态保护修复、饮用水水源保护等方面，以基本消除钱塘江流域的“黑臭河”“垃圾河”，将钱塘江流域Ⅰ－Ⅲ类水质比例（水质优良率）提高到75%以上。2019—2021年，西湖区钱塘江流域水生态保护投入资金总计9028.61万元，其中水污染防治达8438.97万元。2021—2023年，福建省安排近9亿元治理农村水污染，主要对县（市、区）开展农村生活污水提升治理给予补助，自2021年，省财政已累计支持超1500个村庄建设农村污水处理设施。在社会投资方面，浙江省早在2005年前后就开始按照“谁治污谁收费”的原则吸纳民间资本处理污水，地方政府根据环保需要进行项目招商，民资治污企业的工程规模、排放标准、收费价格等由政府决定，但投资者享有局部经营垄断权，在排污量不足时由政府给予补贴。总之，研究期内该片区高度重视污水治理设施建设财政投资，但进一步调研分析表明，研究期该片区存在投资城乡结构不合理，乡村污水处理设施建设与后期管理维护投资不足等问题。实际上，该区大多农村生活污水治理设施建设与维护资金主要来源于地方财政补助和村级自筹，由于某些市县地方财政资金和村集体经济相对短缺，农民治污责任意识不强而缺乏投资动力，导致农村污水治理投资不足。

（二）流域水污染治理体制建设及其评价

1.体制机制

在区域层面，2019年生态环境部设立了环境治理督察机构华东督察局，重在负责上海、江苏、浙江、安徽、福建、江西、山东等地区对国家生态环境法规、政策、规划、标准的执行情况。但是浙闽片河流并没有形成统一的跨区域的流域水污染治理机构。各省区虽建立了流域管理局，如浙江省钱塘江流域中心（浙江省钱塘江管理局）与闽江流域中心，但隶属于省水利部，主要负责水利工作而非水污染治理工作，如流域规划实施及涉水监督管理、推行河湖长制的事务性，流域水量分配、调度的事务性，水库大坝、河道、堤防等水利工程安全的基础性、技术性工作等。流域内水污染治理协调主要是开展跨区域会商、联合执法。就钱塘江流域看，2023年11月由杭州市、绍兴市、金华市、衢州市、黄山市五市成立钱塘江流域水环境共治共保联盟，其是一种非正式的流域水污染协同治理机构。联盟组建钱塘江流域水环境共治共保协作小组，由五市分管副市长任组长，各市治水工作机构相关负责人任成员，负责处理联盟日常工作。通过联盟的形式，建立健全流域共治共保工作机制、流域水环境安全应急联动机制、水环境质量和应急信息互通机制等。省生态环境厅是各地方水污染治理的正式官方机构，其主要职责是负责组织实施生态环境基本制度；贯彻执行国家生态环境工作的法律、法规和政策，会同有关部门起草生态环境地方性法规、政府规章和政策并监督实施；组织拟订生态环境保护地方标准和技术规范；组织拟订并监督实施重点区域、流域、海域、饮用水水源地生态环境规划和水功能区划；负责重大生态环境问题的统筹协调和监督管理，监督管理全省减排目标的落实，以及环境污染防治的监督管理；负责生态环境监测和信息发布工作；组织开展省级生态环境保护督察和环境监察工作；统一负责生态环境监督执法组织指导和协调生态环境宣传教育工作，负责有关生态环境保护专项资金的管理工作。浙江省生态环境监测中心主要承担各类生态环境监测、科研、咨询等工作，满足政府、企业等社会各方对服务性环境监测与咨询的需求，为环境管理制度创新提供科学决策依据，为污染治理行动实施提供技术服务，为各项年度工作考核提供客观的评价，充分发挥了“眼睛”“耳朵”的作用，为浙江省环境保护工作、生态文明建设作出了积极贡献。总体来看，在污水机构设置方面，研究期内存在流域层面责任部门不统一、专职机构不明确的问题。片区水污染防治工作由县级以上环境保护部门负责各自行政辖区内水污染治理的统一监督管理；对船舶污染水域的防治由海事管理机构实施监督管理，县级以上政府水行政、国土资源、卫生、建设、农业、渔业等有关主管部门也拥有相关水污染防治监督管理权。综上，浙闽片河流水污染治理存在着多头管理的问题，在实际工作中可能会出现职能交叉与相互推诿的问题；没有各自流域层面的统一的水污染治理管理机构，会直接影响流域内上下游、左右岸的污水治理协调性。此外，纵向看，乡镇、街道、社区层面既没有相应责任部门也没有污水治理授权，导致相关工作难以具体落实。在污水治理机构运转机制方面，缺乏民主决策、监督及部门协调机制。当前浙江省在污水治理决策方面实施行政首长负责制和目标责任制（体现为“河长制”等），具体监督管理由环保等相关部门组织实施。显然这种污水治理机制仍然是一种传统的自上而下的行政命令式管理，缺乏自下而上的公众参与的民主决策和监督渠道。此外，在多部门均拥有污水治理管理权的体制下，没有广泛建立部门间协调机制，不能形成污水治理合力。

2. 能力建设

浙闽两省非常重视治理机构人员与治理企业主体水污染治理能力建

设。浙江省 2010 年对各市、县（市、区）环保局减排核查技术人员共 130 余人进行了减排核查技术培训。2011 年浙江省环境质量自动监测信息管理平台 2.0 版在全省建成后，为提升有效性审核工作水平，提高相关人员自动监测管理能力，对各市、县（市、区）环保局污染源在线监控系统管理负责人及相关技术人员进行污染源在线监测系统业务专题培训。2014 年浙江省对全省各市、县（市、区）环保局、水利（水务、水电）局相关业务人员进行水环境功能区划分方案修编工作培训。为更好地对接基层环保技术，加强科技标准支撑和引领，浙江省生态环境厅对各设区市环保局、太湖流域和钱塘江流域县市区环保局代表进行环保科技标准培训，内容涉及新常态下废水处理与提标改造、农村生活污水处理技术及工程应用、农村生活污水处理设施水污染物排放标准。此外，地方政府还重视对环境督察人员和环保干部的培训。2012 年杭州市组织全市 210 名环保系统各级环境监察人员在中国人民武装警察部队士官学校开展了为期 12 天的“大培训、大练兵”封闭式集训，开设了政策法规、环境应急、调查取证、媒体宣传和廉洁执法等讲座，提高了学员的政策理论水平。2018 年浙江省生态环境厅在杭州全省市县开展环保干部岗位培训，通过培训，使全市环保干部进一步认清了形势、明确了任务，统一了思想、增强了信心、开阔了视野、提高了能力。2018 年福建省水利厅开办全省入河排污口规范整治培训班，对全省各设区市（含平潭）、县（市、区）水利局入河排污口专门工作队伍负责人和技术负责人进行相关培训，使参培人员明确了规范整治工作要求，了解了规范整治方案编制的内容纲要，为全省入河排污口规范整治工作顺利开展打下基础。2019 年福建省生态环境厅制定并实施了《2019—2022 年福建省生态环境系统干部教育培训规划》。2021 年，为提高浙江省农村生活污水治理管理行业有关人员的业务素质和管理水平，浙江省建设厅在杭州举办 2021 年度全省农村生活污水治理管理人员培训。2022 年浙江省对全省排污许可及证后监管执法人员进行了排污许可管理培训。总体来看，浙闽片河流水污染治理人员能力建设较好，教育培训人员覆盖面广、培训内容全。

（三）流域水污染治理手段及其评价

1. 信息监测

浙闽片区水污染监测机构健全，职责划分清晰。研究期内，浙闽成立省市级生态环境监测中心，省级监测中心承担省内生态环境、工业污染、土壤污染等监测及监测后的资料汇总、分析、保存工作，为有关部门提供监测信息报告和技术支持等。市生态环境监测中心负责行政区域内属于省级考核事权的生态环境质量监测工作；按要求做好重点污染源监督性监测、环境应急监测和预测预报等工作；对地方环境监测机构进行技术指导与监测质量核查；承担流域内跨设区市河流断面水环境监测质量控制、信息汇总、综合分析等技术工作；按要求开展省内近岸海域的生态环境监测；完成上级下达的其他工作。此外，两省还建立了小流域智慧监测平台，实时监测各控制断面水质异常情况，以及时而精准地发现问题，迅速调动监管力量，进行污染溯源分析，锁定可疑污染源，展开有效的污染防治措施，从而实现了监测实时化、管理精细化、数据共享化的效果，为水环境监管和流域综合治理提供了科学有效的技术支撑。针对重点排污单位，浙江省建立了排污自动监测平台，对排污情况进行实时监督监测，并定期发布监测报告，告知公众加强对排污单位的监督；福建省建立了省级污染源监测信息综合发布平台，定期发布各类排污单位排污监测信息。至研究期末，浙江省已建成省域范围内布点完整、覆盖面广、功能齐全的水环境自动监测监控体系，形成包括省控以上断面 296 个，设置跨行政区交接断面 148 个、县级以上饮用水源 96 个监测点位，覆盖全省八大水系、京杭运河干流及主要支流、平原河网等的地表水监测网络。总体来看，研究期内浙闽片河流在水污染治理信息监测方面实施较好，特别是对河流水质监测和重点污染企业排污监测方面，但污染源自动监测还未实现全覆盖，对入河排污口的监测和监督管理也较为滞后。实际上，直到2022年11月，浙江省人民政府才出台《浙江省加强入河入海排污口监督管理工作方案》，要求2022年底前完成全省工业企业、工业园区、城镇污水处理厂入河排污口和太湖沿岸10千米范围内所有入河排污口的排查。

2. 政府管制

早在2006年，浙江省就在钱塘江流域率先实行全流域重点水污染物排污总量控制，钱塘江流域的所有市、县（市、区）今后将以各自的水环境容量，以及其所允许的重点水污染物最大排放量为参照进行排污总量控制。2002年初，福建省闽江流域开始实施《闽江水污染排污总量控制标准》，该标准规定了闽江流域内各地、市、县辖区河段的八种水污染物排放总量控制限值、闽江流域各河段执行的排放标准和交接断面位置。浙江省、福建省对区域内流域水污染物排污许可的实施进行统一监督管理，县级以上环保行政主管部门负责排污许可证的审批、发放和监督管理。各省生态环境厅作为专职环境管理部门定期对流域内各地市入河排污口进行监督性监测，加强对排污单位的监督管理，对流域内严重超标排放的排污企业进行责令整改。对排污单位排污实行行政许可，明确规定排污单位入河排污口的设置地点和排放方式、污染物排放量及排放浓度控制要求、水生态环境保护要求、入河排污口规范化管理要求。自2014年，根据浙江省发展改革委要求，钱塘江流域5个地市共11个行业执行国家排放标准水污染特别排放限值即最严格的国际标准，针对不符合排污标准或准入条件的项目，一律不予批准建设，对已经存在的不符合要求的企业，年底前一律依法关停或搬迁。依据相关规定，省生态环境厅负责对排污口审批实行分类管理，工矿企业、工业及其他各类园区污水处理厂、城镇污水处理厂入河排污口的设置依法依规实行审核制；生态环境部门统一行使排污口污染排放监督管理和行政执法职责，对违反法律法规设置排污口或不按规定排污的，依法予以处罚；对相关问题排污依法采取取缔、清理合并规范整治等措施；强化事中事后监管，通过核发排污许可证等措施，依法明确排污口责任主体自行监测、信息公开等要求；通过开展常态化现场核查，重点核查排污口排查整治和设置审批备案情况。在政府监管方面，尽管依法制定了污水治理实施细则与污水排放标准和水质治理标准，但存在监测不到位与监管不严问题，致使细则和标准并没有得到严格实施。综上，浙闽片河流水污染治理政府监管措施实施较好，但仍需加强日常长效环境执法监管机制的建设。此项指标综合定量评价赋值为 4.25。

3. 经济激励

在排污收费方面，浙江省从 1998 年开始实行污水处理收费制度，但早期收费城市覆盖不全面，收取标准普遍较低，计价方式也不尽合理。2004 年针对区域内八大水系水污染日趋严重的问题，浙江省开始按“谁污染、谁付费”和公平负担的原则，推行按用户排放污水的污染程度分类、分档计价收费的办法，逐步提高污水处理费标准，重点提高工业污水，特别是污染严重的行业和企业污水处理费的收取标准。2014 年水污染物中除五类重金属因子（铅、汞、铬、镉和类金属砷，下同）外的各因子排污费征收标准由每污染当量 0.7 元调整为 1.4 元；2015 年，根据《浙江省环境保护厅关于浙江省实行差别化排污收费政策有关具体问题的通知》要求，对超标排放污染物加一倍征收排污费，超总量排放污染物加一倍征收排污费。在排污权交易方面，措施实施较为滞后。实际上，2023 年浙江省才出台《浙江省排污权有偿使用和交易管理办法》，该办法确定了排污权交易的原则，明确了排污权交易的范围、平台、定价、转让、租赁、储备、调配、监管等全流程。在生态补偿方面，早在 2017 年，浙江省财政厅会同省级相关部门出台《关于建立省内流域上下游横向生态保护补偿机制的实施意见》，截至 2021 年底，全省 51 个市县实施了 52 对流域上下游横向生态保护补偿协议，覆盖浙江 8 个主要水系；2022 年 9 月，为进一步健全流域横向生态保护补偿机制，浙江省出台了《关于深化省内流域横向生态保护补偿机制的实施意见》，要求全省（不含宁波）以跨行政区域河流交接断面为基础，将钱塘江等八大水系和京杭运河的主干流或一级支流中，上下游污染责任明确、流向相对稳定的断面纳入实施范围，鼓励其他具备实施条件的流域上下游建立生态保护补偿机制。综上，研究期内浙闽片河流水污染治理经济激励手段实施较好。

4. 工程技术

“十三五”期间，浙江省大力推广了农田面源污染控制氮磷生态拦截沟渠系统建设技术，为农业面源精准治污提供了技术支撑，累计建成氮磷拦截沟 402 条，总长 453 千米，覆盖农田面积 188 平方千米，有效破解稻田退水氮磷治理难题。在水产养殖治理领域，推广新型尾水治理模式，解决渔业养殖业相关水污染问题。浙江省通过“禁、限、转、治”措施，以规模场自治、散户连片养殖集中治理等形式，实现水产养殖尾水循环再利用或达标排放。在城市污水治理方面，积极推动雨污分流，污水纳管集中处理工程技术。截至 2020 年，所有设市城市、县城、建制镇实现污水截污纳管和污水处理设施全覆盖，基本形成收集、处理和排放相互配套、协调高效的城镇污水处理系统，设市城市污水处理率达到 95% 以上，县城达到 92% 以上，建制镇达到 70% 以上。经过浙江省城镇污水处理提质增效三年行动，全省基本实现城镇截污纳管全覆盖，县级及以上城市建成区基本无生活污水直排口；基本消除城中村、老旧城区和城乡接合部生活污水收集处理设施空白。积极数字赋能，实现各类水质监测数据智能化采集，对全省所有断面水质现状有了更加精准的掌握。浙江省通过抓管网改造，高标准推进污水管网修复、疏通和建设，综合运用管道闭路电视、潜望镜、声呐等检测手段，排查整改一批老旧破损、错接漏接管网，打通治污“血脉”，提升污水收集效能。同时，实施化工、电镀等园区管网“暗改明、下改上”工程，推行重污染行业企业“污水明管化输送、雨水明渠化改造”。为提高污水处理能力，浙江省加快污水处理厂新建、扩建、提标改造和互联互通，累计建成城镇污水处理厂232座、污水管网4.8万千米，日处理能力达到1660万吨，并完成城镇污水处理厂清洁排放技术改造226座，出水指标达到地表水准四类标准。就福建省看，针对农村水污染治理的短板，福建省加大工程技术投资力度，实施了《福建省农村生活污水提升治理五年行动计划》，通过在人口集中乡村区建“化粪池+微动力+配套管网”集中式工程技术处理方式，在人口较少的村小组农户采用自建标准三格化粪池工程分散式处理方法，治理农村生活污水；加强城市污水治理工程建设。截至2021年底，全省共有市县生活污水处理厂108座，日处理能力677万吨。根据各省城市建设情况公报，截至2022年底，浙江省城市排水管道总长度6.44万千米，污水处理厂116座，污水处理率98.14%，城市生活污水集中收集率74.44%；福建省城市排水管道总长度2.37万千米，污水处理厂63座，污水处理率98.57%，城市生活污水集中收集率60.87%。就农业污水治理看，研究期末，福建省农村生活污水处理设施全面建成，农村生活污水处理设施覆盖率达到54%；浙江农村生活污水处理设施建设完成率77.4%，全省农村生活污水治理行政村覆盖率为77.7%，两省显著高于全国平均水平。综上，研究期内，浙闽片河流水污染治理工程技术措施实施总体情况表现较好，但存在着部分区域城市生活污水收集设施建设不足、乡村设施建设欠账多等问题。

5. 宣传教育

浙闽两省生态环境保护宣传教育中心是专门负责环境保护宣传教育的机构。福建省通过向公众开放污水处理等环保设施，组织公众和企业职工参观，起到治水宣传教育的作用。为加强农村水环境治理宣传，福建省生态环境宣传教育中心组织在全省100个乡镇开展农村水环境保护专项宣传教育活动。2012年浙江省生态环境监测中心和浙江省环保产业协会对环境污染治理设施运营资质持证单位的运营操作人员和排污企业污染治理设施的运营操作人员进行专题培训，涉及环境保护政策法规和有关排放标准、环境污染治理设施运营管理概论、环境污染治理实用技术、环境监测技术、环境污染治理设施基本情况和操作规程等相关内容。2013年，福建省进行多期污废水治理设施运营培训，旨在规范运营管理，提高从业人员素质，实现环境污染治理运行的规范化、专业化，确保环境污染治理设施稳定达标排放。福建省充分运用市场手段进行水污染治理项目的培训工作，如2021年福建省生态环境厅开展全省农村生活污水提升治理宣传培训服务项目招标。政府无论是对水环境保护宣传还是在污水处理技术培训方面均存在力度不够的问题。据调查，在水环境保护与治理宣传方面主要依靠民间环保公益组织和大学生社团自发，政府还没真正发挥组织引导作用，其责任需要进一步强化。在污水治理技术培训普及方面，尽管各地陆续出现了有关培训推广活动，但现有政府污水治理技术培训主要集中在个别市县，还没形成全省范围自上而下广泛有序的培训体系。

九、西南诸河水污染治理体系梳理与评价

西南诸河（澜沧江及以西）位于我国西南部的青藏高原和横断山地，面积约77万平方千米，涉及云南、西藏、青海等省（自治区），包括澜沧江、怒江、伊洛瓦底江、雅鲁藏布江、西藏南部和西部诸河。西南诸河水资源总量约5312亿平方米，是我国水资源量丰富的区域。西南诸河流域内因多高山、峡谷、高原，地势陡峻、地形崎岖，故人烟稀少，经济欠发达，总人口不足2000万，耕地资源1.8万平方千米。该区虽然水环境容量较大、人类活动扰动较小、水环境质量总体良好，但仍存在生活污水排放逐年增加、畜禽养殖规模不断扩大、饮用水水源地环境安全和城中水体环境质量不容乐观、环境监管能力严重不足的问题。

（一）流域水污染治理环境及其评价

1. 政策法规

虽然国家没有出台专门针对西南诸河流域的水污染治理政策法规，

但是该片区地方政府出台了日益完善的水污染治理地方政策、法规与方案。2003 年，西藏自治区出台了《西藏自治区环境保护条例》，明确规定县级以上人民政府环境保护主管部门对本行政区域的环境保护工作实施统一监督管理；县级以上人民政府有关部门依法在各自职责范围内，对资源保护和污染防治（包含水污染防治）等环境保护工作实施监督管理；企业事业单位和其他生产经营者应当依法保护环境，科学合理利用资源，加强节能减排，防止、减少环境污染和生态破坏，对所造成的损害依法承担责任；自治区建立政府、企业、社会多元化的环境保护投融资机制，鼓励、支持和引导各类资金用于环境保护。西藏自治区人民政府于 2005 年出台了《西藏自治区饮用水水源环境保护管理办法》，要求将饮用水水源保护纳入城镇总体规划和水污染防治规划；2014 年出台了《西藏自治区重要江河湖泊水功能区纳污能力核定和分阶段限制排污总量控制方案》，根据各水功能区水质管理目标要求和水体自净能力，核定了水域纳污能力，提出了分阶段限制排污总量控制方案意见，并要求各地市政府明确减排责任，加强水污染控制；2015 年出台了《西藏自治区水污染防治行动计划工作方案》，从强化环境质量目标管理、深化污染物排放总量控制、严格环境风险控制、推行排污许可、整治城市黑臭水体、狠抓工业污染防治、强化城镇生活污染治理、推进农业农村污染防治、加强船舶污染控制等方面对水污染治理工作进行了全面的部署；为强化城镇污水处理，还专门出台了《西藏自治区城镇污水处理设施建设与运营管理办法》及《西藏自治区城镇污水处理提质增效三年行动实施方案（2019—2021 年）》；2023 年则出台了《西藏自治区水污染防治条例》和《西藏自治区城镇污水处理技术导则》。

就云南省看，早在 1992 年，云南省就出台了《云南省环境保护条例》（2004 年修订），明确将水环境作为保护对象，并提出坚持“全面规划，合理布局，预防为主，防治结合，综合治理和污染者付费”的保护原则；明确了各级人民政府和有关部门的环境保护责任，如明确规定云南省人民政府环境保护行政主管部门对全省环境保护工作实施统一监督管理，自治州、市、县人民政府和地区行政公署的环境行政主管部门，对本行政区域内的环境保护工作实施统一监督管理。为强化排污口治理，1998年出台了《云南省排污口规范化整治工作验收标准》和《云南省排污口管理办法》。为了有效控制环境污染，改善环境质量，对排放污染物实施定量化管理，2001年出台了《云南省排放污染物许可证管理办法（试行）》。为保护和改善水环境质量，规范流域水污染物排放标准，巩固达标排放成果，配合排污许可证制度的实施，落实污染物总量控制措施，强化环境监理，促进企业污染防治技术和清洁生产的发展，为《排污费征收使用管理条例》的实施打下基础。2004年发布了《关于在全省开展在线监测和运行监控系统安装工作的通知》，要求全省持排污许可证的企业必须安装在线运行监控系统；排放污水的排污企业，凡日排废水 >100 吨的排污口，应安装流量计；凡日排废水 >200 吨或日排化学需氧量 >60 千克的排污口，应安装水质在线监测系统。为保护区域性重要水体，出台相应专门保护条例，制定相关污水治理措施，如为加强滇池的保护和管理，防治水污染，改善流域生态环境，2012年出台了《云南省滇池保护条例》《云南省阳宗海保护条例》《云南省云龙水库保护条例》《云南省抚仙湖保护条例》《云南省牛栏江保护条例》《云南省大理白族自治州洱海保护管理条例》《云南省赤水河流域保护条例实施细则》等。在规划计划方面，2004年为加强滇池污水治理，云南省制定了《滇池流域水污染防治“十五”计划》。为贯彻落实《中华人民共和国水污染防治法》，依法和科学地管理水环境、控制水污染、保护水资源。2010年制定了《云南省地表水水环境功能区划（2010—2020年》）。2016年云南省人民政府发布《云南省水污染防治工作方案》，对云南省水污染防治工作进行全面的部署和安排。

总体来看，研究期内西南诸河所在省区没有制定更具权威的统一的水污染防治专项法规条例。在其他政策法规方面，西藏自治区侧重饮用水源的保护和城镇污水处理治理、水功能区排污量的控制等方面的保护法规文件制定，且制定了全区范围较为全面的水污染防治行动方案；云南则侧重排污口的整治、排污许可、排污监测及其重点水域的污水治理等方面的法规制定。

2. 资金投入

资金投入包括中央财政、地方财政、社会资本、企业资本、生态补偿等多种渠道投资。平均每年中央向该片区转移支付水污染防治专项资金多达 10 余亿元（2022 年约 11.2 亿元）以支持地方水污染防治；各级政府高度重视地方财政投入用于水污染防治，如 2023—2025 年云南省每年将不低于 3 亿元财政资金用于农村生活污水治理。在《云南省城镇污水处理及再生利用设施建设“十四五”规划》中估算投资约 320 亿元。其中，新增及改造污水收集管网投资 145 亿元，新增及提标改造污水处理能力投资 140 亿元，新建、改建和扩建再生水生产能力投资 15 亿元，新增污泥无害化处理设施投资 20 亿元。从 2007 年起，10 年间西藏为防治雅鲁藏布江及其支流年楚河、拉萨河、雅砻河、尼洋河“一江四河”流域污染，投资 92.4 亿元并进行了大规模流域污染防治行动。“十三五”期间，西藏自治区投入 12.34 亿元用于开展水污染防治项目建设。其中，落实中央水污染防治专项资金 11.28 亿元，实施了 34 个水污染防治项目及污水管网建设；落实自治区本级环保专项资金 1.06 亿元，实施了 20 个水污染防治项目。云南省委、省政府从 2018 年起每年安排 36 亿元财政专项资金支持九大高原湖泊保护治理，省财政投入较 2016 年增长约 4 倍，从 2021 年起省级投入增加至 42 亿元。在引入社会资本方面，云南省创新引进社会资本参与湖泊保护治理，多渠道积极筹措资金，共计 175 个项目，引入投资 829 亿元。基于洱海环境压力巨大、本级政府财力有限的考虑，2015 年云南大理政府与社会资本合作，通过 PPP 项目吸纳社会资本对洱海进行治理。类似的还有昆明市东川区水环境综合整治工程 PPP 项目。在生态补偿资金渠道方面，针对云南、西藏地方政府由于生态环境治理、减少污染、控制排放等削减工业项目和限制开发而形成的财政减收，中央转移支付规模将相应增加，从而形成对这些地区发展成本的自动补偿。2021年，中央财政在分配水污染防治专项资金时，考虑到西藏自治区生态屏障功能重要，安排资金7.07亿元，用于重点流域水污染防治、饮用水水源地保护、良好水体保护和地下水污染防治等重点工作。当前，该片区地方政府还没建立起流域水环境治理跨区横向生态保护机制。综上，该片区特别是西藏自治区水污染治理资金支持主要依赖中央财政，社会资本渠道和生态补偿渠道还有待强化和完善。

（二）流域水污染治理体制建设及其评价

1.体制机制

西南诸河缺乏统一的水污染治理主管机构，各跨区的河流也没有建立统一的流域水污染治理的机构，各级地方政府及其主管部门是该片区河流水污染治理的主体。例如，西藏自治区各级人民政府负责水环境保护，成立了水污染防治工作领导小组，加强部门协调联动；相关部门认真按照职责分工，切实做好水污染防治相关工作；环境保护厅加强统一指导、协调和监督。各类排污单位严格执行环保法律法规和制度，加强污染治理设施建设和运行管理，开展自行监测，落实治污减排、环境风险防范等责任；工业集聚区内的企业要探索建立环保自律机制。就云南省看，省生态环境厅会同有关部门编制并监督实施全省重点区域、流域、饮用水水源地生态环境规划和水功能区划；牵头协调重大环境污染事故和生态破坏事件的调查处理，协调解决有关跨区域环境污染纠纷，统筹协调全省重点区域、流域生态环境保护工作；组织制定水污染物排放总量控制、排污许可并监督实施，负责监督管理全省减排目标的落实；负责水污染防治的监督管理，会同有关部门监督管理饮用水水源地生态环境保护工作，监督指导农业面源污染治理工作。云南省生态环境厅水生态环境处负责全省地表水生态环境监管工作，拟定和监督实施重点流域生态环境规划，建立和组织实施跨界水体断面水质考核制度，监督管理饮用水水源地生态环境保护工作，指导入河排污口设置。积极落实河长制，如2022年，云南省已建立省、州（市）、县（市、区）、乡镇（街道）、村（社区）五级河（湖）长体系，共设置河长33882名、湖长2034名，覆盖全省6573条河流、71个湖泊、5914座水库、4793座塘坝、2549条渠道，同时建立了省、州（市）、县（市、区）三级督察体系，实现了以水系为单位的水污染治理与监督体系和运行机制，为该片区水污染治理提供了有效体制机制保障；西藏自治区除了建立五级河（湖）长体系，还全面建立了“河（湖）长+检察长+警长”协作机制，各相关部门开展联合河湖巡查，严厉打击违法行为。此外，动员社会各界参与河湖保护行动，指导建立民间河湖长、企业河湖长、河湖志愿服务队，有效解决河湖管理“最后一公里”问题。综上，我国西南诸河水污染治理体制机制保障较为充分。

2. 能力建设

西南诸河片区十分重视水环境治理相关人员业务能力的提升，积极对其进行相关业务能力培训。地方政府相关部门对相关人员的能力培训涉及监测能力培训，如进行监测人员水质检测能力培训，地表水手工样品采集与交接管理系统的使用培训，在线监测设备使用培训，县域生态环境质量监测评价与考核工作培训，在线监测数据分析及设备监管能力培训，环境监测管理及技术培训，地表水自动监测业务知识培训，水质自动站建设、运维质控、数据审核等业务转岗培训，国家重点生态功能区县域生态环境质量监测评价与考核工作培训，信息化与网络安全培训；排污许可管理培训，如排污许可技术培训、企业排污许可发证登记培训、固定污染源清理整顿和排污许可发证登记培训；监管执法能力培训，如监管执法能力建设培训、执法辅助设备培训、驻村（组）干部生态环境保护法律法规专题培训、建设项目环境影响评价审批服务能力培训、水环境质量管理制度业务视频培训、工业污染源全面达标排放评估细则业务培训、国家水质自动站数据综合管理平台数据审核培训、入河排污口监管业务培训等；宣传教育培训，如生态环境教育培训、生态环境宣传教育能力提升培训、环保设施向公众开放培训等。此外，进行了城市黑臭水体整治培训、农村黑臭水体排查工作业务培训、打好污染防治攻坚战专题培训、水污染防治专项资金项目申报及管理业务培训、水生态环境保护综合业务培训、乡镇级集中式饮用水水源保护区划分及管理技术培训、县域农村生活污水治理专项规划技术培训。可见，西南诸河水污染治理能力建设较好，内容丰富、覆盖面全。

（三）流域水污染治理手段及其评价

1. 信息监测

（1）积极开展排污单位执法监测，如 2021 年云南省共监测排污企业 2224 家（次），达标率为 92.85%，2023 年开展执法监测 1724 家，占全省核发排污许可证企业总数的 19.9%，达标率为 84.7%，表明该省监测并没有实现排污企业全覆盖。

（2）排污口监测较为滞后，云南省 2022 年 7 月才出台《云南省加强入河排污口监督管理工作方案》，要求实现“有口皆查、应查尽查”，做到向流域排污的排污口全覆盖，开展排污口水质水量监测、排污口溯源分析，查清对应的排污单位及其隶属关系。虽然早在 2018 年西藏水利厅就发布了《西藏自治区入河排污口调查摸底和规范整治专项行动实施方案》，但并未建立常态化的排污监测机制。

（3）水体水质监测覆盖广，至 2020 年云南省已经建立了覆盖重要河流、水域的地表水监测断面 370 个，223 个县级及以上集中式饮用水水源地水质实现了定期检测。全省共有 1100 余家排污单位纳入《云南省重点排污单位名录》，对其定期开展执法监测。

（4）监测技术先进，除在线实时监测外，利用卫星遥感和无人机遥感监测等多样化先进监测技术手段，并建立水环境监测中心数据综合运用平台，“天地空一体”监测网络初步建成。

（5）监测运行机制高效，建立了污染源自动监控设施运行监理机制，定期对监控设施运行情况进行现场检查，实现污染物在线监控系统全市联网，建立了监测数据互联共享、监测信息统一发布机制。综上，西南诸河水污染治理信息监测手段实施良好。

2. 政府管制

总量控制与排污许可监管覆盖广。如2020年底云南省约5.2万家固定污染源纳入排污许可管理，发放排污许可证8135张，登记管理4.4万家企业，基本实现全省固定污染源排污许可全覆盖；2020年底西藏自治区建立了覆盖所有固定污染源的企业排放许可制度，完成了管理名录规定的行业排污许可证核发。但监管执法方面有待强化，根据2022年中央生态环境保护督察反馈，西藏空港新区相关部门日常监管走马观花，对污水长期直排问题熟视无睹。现场督察发现，在空港新区管委会办公楼前，就有一处污水大量汇集、黑臭明显的直排口。2021年12月，前期暗查发现空港新区生活污水直排、严重污染吉雄干渠等问题，西藏自治区有关部门随后下达督办通知，要求进行整改。但空港新区不是在加快推进污水收集处理设施建设上下功夫，而是在临时改变干渠水体观感上动歪脑筋，通过定期开闸放水、加快水体流动等表面措施，治标不治本，敷衍应对整改，形式主义问题突出。直至此次督察接到督察组转办的群众信访件后，才计划购置2套一体化污水处理设备进行应急处理。根据2018年中央环保督察反馈，重金属污染是云南省面临的突出环境问题，但当地对有色金属行业发展粗放和污染严重问题能拖则拖，在全省173家规模以上有色金属冶炼及压延企业中，仅有15家符合行业规范。2018年中央生态环境保护督察及“回头看”均严肃指出云南省对“杞麓湖流域内农业面源污染严重”的问题不重视，长期以形式主义、官僚主义对待治污，环湖截污治污工程有名无实，面对杞麓湖水质恶化趋势难以逆转、水质考核任务难以完成的局面，从不作为、乱作为发展到公然造假，不经科学论证，违反规定程序乱决策、乱拍板，斥资数千万实施工程，给监测数据强行“注水”。综上，西南诸河水污染治理政府部门监管措施实施较差。

3. 经济激励

在排污收费方面。2006年云南省出台《云南省清洁生产促进条例》，开始实施排污。2016年，根据国务院要求，云南省合理提高了污水排污费、处理费征收标准，做到了应收尽收，其中城镇污水处理收费标准不应低于污水处理和污泥处理处置成本。在排污权交易方面。尽管研究期内地方政府都有建立完善排污权交易制度规划，但实践中还并未形成完善的排污权交易体系，有关污水排污权交易案例也并不多见，我国西南诸河水污染治理中排污权交易激励措施实施不理想。在水污染流域生态补偿方面，为有效遏制跨县流域水质下降趋势，协调流域内各县（市、区）发展与保护矛盾，提升境内流域水质，按照“谁保护谁受益、谁超标谁赔付”的原则，云南省一些地级市（如保山市）积极探索建立跨县流域生态补偿机制，并取得初步成效。但总体来看，研究期内西南诸河水污染治理跨区域污染补偿机制并未广泛实施。综上，西南诸河流域研究期内水污染治理经济激励措施实施总体不够理想。

4. 工程技术

根据相关报道，研究期内西藏水污染治理基础设施缺口较大，西藏自治区7个地市所在城市生活污水集中收集率均低于40%，拉萨市2020年城市生活污水集中收集率为22.8%；西藏空港新区污水处理设施建设严重滞后，未建设生活污水处理设施及配套管网，导致生活污水长期直排；2022年，然乌湖景区环境保护重视不够，未同步建设污水收集处理设施，旅游旺季时景区部分污水直排然乌湖。根据2022年西藏自治区城市建设情况公报和2022年西藏自治区生态环境状况公报，西藏自治区建设城市排水管道总长度0.1万千米，污水处理厂11座，污水处理率

96.57%，城市生活污水集中收集率 27.18%，农村生活污水处理率 10.8%，两者远低于全国平均水平。研究期内，云南省水污染治理率城乡差距大。截至 2022 年底，云南省农村生活污水治理率为 38%；而城镇污水处理能力由 2015 年底的 337 万吨 / 日提高到 2020 年底的 400.6 万吨 / 日，污水处理率由 2015 年底的 87.19% 提高到 2022 年底的 99.02%。综上，我国西南诸河水污染治理工程技术手段总体并不理想，存在污水治理工程不配套、不健全，建设滞后，区域不平衡等问题。

5. 宣传教育

西南诸河片区地方政府十分重视对排污主体和公众水污染及其治理的宣传教育。云南省生态环境厅面向全省重点排污单位和重点管理单位组织召开《排污许可管理条例》培训，全省相关企业负责人共 4000 余人参加。为进一步推进排污许可证证后管理工作，落实排污单位主体责任，对企业积极开展排污许可证证后管理培训。此外，针对汞污染防治对相关企业进行履约培训，开展生态环境志愿服务及环保社会组织能力建设培训，积极开展企业环境信息依法披露业务培训，积极组织企业参加全省排污许可管理视频培训会、环境监测数据弄虚作假和执法监测案例专题警示教育暨培训会等。综上，研究期内西南诸河水污染治理宣传教育手段实施较好。

十、西北诸河水污染治理体系梳理与评价

西北诸河包括西北内陆诸河及新疆的额尔齐斯河、伊犁河等国际河流中国境内部分。该地区西起帕米尔高原国境线，东至大兴安岭，北起国境线，南迄西藏冈底斯山分水岭，地处东经 73° 35′ ～ 119° 55′ 、北纬 33° 00′ ～ 49° 05′ ，总面积 336.23 万平方千米，占全国国土面积的 1/3 以上。西北诸河水系包括黑河、石羊河、疏勒河、塔里木河、博斯腾湖、青海湖等，其中石羊河、黑河、塔里木河、疏勒河是该地区主要的

四大河流流域。从自然地理视角看，该片区诸河地处我国西北干旱地区，降水稀少，蒸发强烈，气候干燥，水资源是该区最重要、最宝贵的自然资源。因此，西北诸河水污染治理与水资源保护在我国大西北开发战略及其经济社会可持续发展中具有十分重要的战略意义。从人文地理视角看，该片区河流域隶属于我国甘肃省、青海省、新疆维吾尔自治区、内蒙古自治区等省区，这些省区多为我国经济欠发达的少数族聚居的区域，在未来必然面临着保护水环境以改善少数民族生态环境与发展经济提高居民生活水平之间的矛盾。

西北诸河纳入全国重要江河湖泊水功能区划的一级水功能区共 80 个（其中开发利用区 35 个），区划河长 12146 千米，区划湖库面积 10658 平方千米；二级水功能区 62 个，区划河长 5058 千米，区划湖库面积 3012 平方千米。按照水体使用功能的要求，在一、二级水功能区中，共有 97 个水功能区水质目标确定为Ⅲ类或优于Ⅲ类，占总数的 90.7%，当前总体水质为优。在各类污染中，工业废水排放是西北诸河地表水体的主要点污染源，这些点污染源主要分布在新疆天山北麓诸河所在的天山经济带，其次是石羊河、黑河、疏勒河所在的河西内陆河等经济发展较快的区域。人口较少和工农业用水需求量较小的地区水质良好，社会经济较发达的河流中下游地区水质则存在一定程度的污染。青海湖水系、吐哈盆地小河、中亚西亚内陆河和昆仑山北麓小河等河流水质良好，河西内陆河、天山北麓诸河等部分河流中下游水质较差。总体而言，西北诸河大部分河流和湖库水质良好，仅少部分区域存在不同程度的污染。但随着西部经济的快速发展，西北诸河水污染问题也将进一步凸显。因而必须对区域水资源进行有效保护，加大水污染治理力度，以促进经济和环境协调发展。

（一）流域水污染治理环境及其评价

1. 政策法规

西北地区是我国生态保护的大屏障，它的生态环境的好坏直接关系着我国所有地区生态环境的安全，因此早在20世纪八九十年代，各地方政府就出台了一系列相关的政策法律制度和地方管理条例，如《甘肃省黑河流域水资源管理条例》《新疆维吾尔自治区塔里木河流域水资源管理条例》等，这些条例为内陆河的保护提供了一些法律依据，但因其规定的笼统性、责任的模糊性、法律位阶较低，为水资源有效管理带来滞后性，使得水资源管理主体缺乏责任感和主动性。这一状况的有效改善发生在2012年，国务院印发了《国务院关于实行最严格水资源管理制度的意见》，围绕水资源配置、集约和保护三个环节，通过"三条红线""四项制度"严格的管理标准来实现对水资源的保护，这一制度的提出为对西北内陆河的保护提供了有力的法律依据。进入21世纪，国家关于西北诸河流域的保护法规也在不断完善。《水污染防治行动计划》中指出，要进一步强化源头控制，水陆统筹、河海兼顾，对江河湖海实施分流域、分区域、分阶段科学治理，系统推进水污染防治、水生态保护和水资源管理，坚持落实各方责任，严格考核问责，形成"政府统领、企业施治、市场驱动、公众参与"的水污染防治新机制。《西北诸河水资源综合规划》（2010）则提出了规划水平年使西北诸河水功能区水质明显改善，2020年主要河流和湖泊水功能区水质达标，2030年所有湖泊、河流水功能区水质达标的控制目标；科学谋划了西北诸河水资源利用和保护的新格局，确立了用水效率控制红线和纳污总量控制红线要求，为今后一定时期内西北诸河水污染治理与水环境保护提供了重要依据。2023年，生态环境部等5部门联合印发《重点流域水生态环境保护规划》，要求西北诸河进一步强化区域再生水循环利用，推动落实生态流量，维护水质较好水体稳定达标，按照"四屏、三区、两带、多廊"的区域生态环境安全格局落实水生态环境保护修复，并对各支流的治理提出了具体的要求。

在区域层面，各省市也制定了相关的法律法规和条例，如甘肃省出台的《甘肃省石羊河流域水资源管理条例（修订草案）》《甘肃省水污染防治条例》《甘肃省生态环境污染强制责任保险实施方案（试行）》《武威市重点流域水生态环境保护规划》（2021—2025 年）等，新疆维吾尔自治区出台了《新疆维吾尔自治区环境保护条例》《新疆维吾尔自治区实施〈中华人民共和国水污染防治法〉办法》《新疆维吾尔自治区塔里木河流域水资源管理条例》（修订）等，青海省出台了《青海省生态环境保护条例》《青海省“十四五”生态环境保护规划》（2021—2025 年）、《青海省实施河长制湖长制条例》等，内蒙古自治区出台了《内蒙古自治区加强入河排污口排查整治和监督管理工作方案》《内蒙古自治区河湖保护和管理条例》等。其中，《甘肃省石羊河流域水资源管理条例（修订草案）》明确要求，流域内禁止建设高耗水、高污染工业项目，已建的应当限期进行改造，采用先进技术、工艺和设备，实施废水净化处理，建立循环用水系统，提高水的重复利用率。《甘肃省水污染防治条例》，则明确了水污染防治标准、监督管理与具体防治措施等，规定各级人民政府对本行政区域内的水环境质量负责，及时采取措施防治水污染，其中生态环境主管部门对辖区内水污染防治实施统一监督管理，其他相关部门在各自职责范围内依法对有关水污染防治工作实施监督管理；建立省市县乡村五级河长制，分级分段组织领导辖区内河湖水污染治理工作；县级以上人民政府应当将水环境保护工作纳入国民经济和社会发展规划，优化产业结构和布局，建立健全水污染防治工作机制，统筹解决水污染防治工作中的重大问题，完善水污染防治制度措施，加大水污染防治的财政投入。《新疆维吾尔自治区实施〈中华人民共和国水污染防治法〉办法》则从总则、规划和监督管理、水污染防治措施、饮用水水源和冰川保护、水污染应急处置、法律责任及附则等方面，明确了各级人民政府及相关部门和工业园区水环境监管职责，以及企业、生产者的责任，同时强化了地方政府责任，并将重点流域污染防治、水生态保护、区域流域水污染联合防治等各项制度措施规范化、法治化，进一步完善了水污染治理工作的体制机制。《青海省实施河长制湖长制条例》则明确了青海省实施河长制湖长制的工作原则、经费保障、组织体系、工作机制体制等具体内容，明晰了五级河湖长体系，各级河湖长、河湖长制办公室、有关责任部门的工作职责，并对流域区域联合共治、信息化建设、信息公开、工作通报、社会监督、督察考核、工作述职、责任追究等内容作出了具体规定。上述政策法规条例中既有对水污染治理目标、治理体制与直接治理手段的明确，也有从根源上治理水污染的相关产业政策协调措施的出台。综上，我国西北诸河水污染治理政策法规制度建设较为完善。

2. 资金投入

西北诸河水污染治理资金主要来源为中央政府的专项资金支持及地方政府的投资。以甘肃省为例，2021 年国家下达甘肃省中央生态环境专项资金 16.21 亿元，其中水污染防治资金 7.17 亿元。甘肃省生态环境厅累计下达生态环境专项资金 22.11 亿元，其中 3.85 亿元用于省本级，18.26 亿元转移支付市州水污染治理。其中 1390 万元用于全省西北诸河、长江流域入河排污口排查，6000 万元用于污染防治攻坚专项奖补资金，1650 万元用于黑河、石羊河流域上下游横向生态补偿奖励（已累计下达奖补资金 5150 万元），766 万元用于农村生活污水（黑臭水体）治理综合试点。在省本级方面，则主要保障生态环境保护重点专项工作。2021 年，甘肃省市、县生态环保专项资金累计投入 14.02 亿元。其中，市级财政投入 2.24 亿元，县级财政投入资金 11.78 亿元。此外，负责统筹西北诸河流域事务的西北督察局也提供了部分资金支持，2021 年西北督察局在环境保护管理事务上支出约 409 万元，在污染减排上支出约 500 万元，生态环境执法监察（主要用于开展中央生态环境保护督察、污染防治攻坚战强化监督、环境应急等工作）上支出约 500 万元。2020 年以来，甘肃省积极推进重点流域上下游横向生态保护补偿机制建设，完成黑河、石羊河流域生态补偿三年试点，下达奖励资金1400万元。该区域重视吸纳金融资本投入水污染治理，2021年甘肃省印发了《关于推进农村生活污水治理项目融资支持的通知》，以便充分发挥绿色金融作用，加大对农村生活污水治理的中长期信贷支持，以市场化方式推动农村水污染治理项目融资模式创新，主要用于农村生活污水处理设施及配套管网建设、农村黑臭水体治理。但在吸纳社会资本投入方面还存在不足，在《甘肃省人民政府办公厅关于鼓励和支持社会资本参与生态保护修复的实施意见》中并未将水污染治理纳入社会资本支持的范畴。总体来看，西北诸河水污染治理资金投入主要来自各级财政，多样化融资还有欠缺。

（二）流域水污染治理体制建设及其评价

1. 体制机制

西北诸河的治理主体仍以各省区生态环境厅为主，由生态环境部西北督察局对各省区环境治理和保护进行统一督察。其在陕西、甘肃、青海、宁夏、新疆等区域内承担以下职责：监督地方对国家生态环境法规、政策、规划、标准的执行情况；承担中央生态环境保护督察相关工作；协调指导省级生态环境保护部门开展市、县生态环境保护综合督察；参与重特大突发生态环境事件应急响应与调查处理的督察；承办跨省区域重大生态环境纠纷协调处置；承担重大环境污染与生态破坏案件查办；承担生态环境部交办的其他工作。各省生态环境厅水生态环境处则主要负责本省地表水生态环境监管工作，拟定和监督实施全省重点流域生态环境规划，建立和组织实施跨地区水体断面水质考核制度，监督管理饮水水源地生态环境保护工作，指导入河排污口设置，组织落实水污染防治行动计划。各省自然资源厅则需按规定开展水资源调查和评价工作，并对其进行确权登记管理。此外，西北诸河的四大主要河流处均由省人民政府设有流域管理机构，对河流进行专门的管理，如塔里木河流域管理局、石羊河流域管理委员会，但其主要职责是管理水资源而非水污染或水环境治理，具体职责包括统筹流域综合规划和专业规划；指导流域水资源的保护、开发、节约和利用工作；协调跨流域调水有关事宜；审查流域年度水量分配方案和调度计划；决定流域综合治理的相关政策和其他重大事项。此外，甘肃省水利厅还设有石羊河流域水资源利用中心，其是管理委员会的办事机构，负责流域水资源统一管理中相应的具体工作。同时，大部分地区均推行河长制，按照行政区域管理和河湖流域管理相结合的原则，构建省、市、县、乡、村五级河湖长体系。省、市（州）、县（市、区、行委）、乡（镇、街道）设立总河湖长。各河湖分级、分段、分片设立责任河湖长，自然保护地等特定区域根据工作需要设立责任河湖长。县级以上人民政府将实施河湖长制的工作经费纳入本级财政预算，设置河湖管护员岗位，鼓励社会公众监督，对河湖管理和保护效果进行监督与评价。省、市（州）、县（市、区）河湖长制办公室应当建立健全河湖长制督察工作制度，通过开展日常督察、专项督察、重点督察，对河湖长制实施情况、下一级河湖长履职情况进行督查。推行河湖长制工作述职制度，总河湖长审阅或适时听取本级责任河湖长、河湖长制责任单位主要负责同志和下一级总河湖长的履职情况报告。跨行政区域河湖所在地的河湖长制办公室共同推动建立联合共治机制，共享河湖管理和保护信息，开展联合巡查、联合执法、联合治理，从而实现流域区域联防联治。

综上，西北诸河主要实行流域管理和行政区域管理相结合，行政区域管理服从流域管理的管理体制。流域内各级人民政府和流域机构依照各自职责，互相配合，共同做好流域水资源的管理和综合治理工作。流域内市、县（区）水行政主管部门依照法律、行政法规条例的规定，做好行政区域内水资源的统一管理和监督工作。流域内各级河湖长则负责流域内河湖管理保护相关工作。总体来看，研究期内，西北诸河还是存在着管理主体职责分工法律制度不明确、水资源分配职责模式不清、流域管理机构缺乏有效的实体权力、流域管理机构与行政区域管理机构之间不能形成统一的合力等问题。但是，在法律法规不断完善及各级政府的努力下，该区正朝着省以下环保机构监测监察执法垂直管理制度的方向改革，机构调整、编制划转、职能定位、责任体系等举措得到相对有效的落实，市（州）生态环境部门逐步实现由地方管理为主向市（州）党委政府双重管理、省厅为主的转变，监测事权稳妥上收，监管资源有效整合，组织基础不断加强，运行机制初步理顺，独立权威、专司督政的“1+4”生态环境督察工作体系正在逐步建立。总之，在研究期内西北诸河水污染治理体制机制较为一般，并未建立多元主体参与协调运转的体制机制。

2. 能力建设

西北诸河所在省区十分重视水污染治理相关人员业务能力的提升和建设工作，相关主管部门积极开展各项相关业务培训。以甘肃省为例，为加强人员的数据质量意识，切实提高生态环境监测数据质量，生态环境监测中心组织开展了数据监测质量技术培训。为提升监测人员的污染源自动监测管理能力，有效支撑辖区生态环境保护工作，甘肃省积极开展全省污染源自动监控业务线上培训。围绕深入打好污染防治攻坚战、提升生态环境统计数据质量，甘肃省开展了全省生态环境保护综合业务专题培训。为提高固定污染源“一证式”管理法制化水平，逐步建立污染源管理长效机制，甘肃省组织开展了排污许可工作培训；为加强相关人员的污染源监测平台操作能力，甘肃省对污染源监控业务负责人进行了污染源监控平台业务培训。为提高环评从业人员的技术水平，规范环评文件技术评估工作，甘肃省环境工程评估中心对甘肃省环评领域人员进行了相关专业技术培训。为提高执法队伍素质，2018 年甘肃省环境监察局对全省环境执法干部进行了岗位培训。为提高相关管理人员的污染源自动监测管理水平，甘肃省对全省各州市及部分县区污染源自动监控业务骨干进行污染源自动监控管理培训，内容包括污染源自动监控系统操作、新版水污染源监测技术规范、污染源自动监控违法行为查处、污染源自动监控设备基本原理及现场检查要点等。为提升基层生态环境监测工作能力，甘肃省生态环境厅于2020年组织了全省生态环境监测技术培训。为加强各生态环境监测中心管理，甘肃省生态环境监测中心站组织开展了全省生态环境监测中心主任培训，内容包括生态环境监测规划编制、建设项目管理、监测数据质量管理、生态环境监测支撑污染防治攻坚战等。为提高全省生态环境宣传队伍素质，省环境宣传教育中心于2018年对相关专职工作人员、环保社会组织和环保设施公众开放单位代表进行了生态环境宣传教育骨干培训。为做好主要污染物总量减排工作，进一步提升全省总量减排技术人员的专业能力，甘肃省生态环境厅举办了2023年全省主要污染物总量减排管理培训。可见，甘肃省水污染治理管理人员业务能力培训涵盖了污染物总量减排管理、排污许可审批管理、污染源自动监测管理、监测技术及监测数据质量管理、项目环评管理、环境执法、宣传教育等关键水污染治理领域，内容覆盖全面。

（三）流域水污染治理手段及其评价

1.信息监测

“十四五”以来，甘肃省不断加强生态环境监测体系建设，持续加强监测数据质量，开展监测数据质量专项检查和监测数据弄虚作假抽查，督促市州落实自动站基础运维保障责任，严防人为干扰自动监测行为。同时，推进监测数据联网共享，按照“陆河统筹、天地一体、上下协同、信息共享”的原则，统筹推进数据联网工作，做到“应联尽联”，并按时上传自动监测数据。研究期内，甘肃省建设了地表水环境质量监测网、饮用水水源地监测网。此外，甘肃省进一步深化水生态监测试点，开展甘肃省水生态监测体系与能力建设，深化新污染物监测，组织开展新污染物试点监测，深化智慧监测试点。为做好地表水质量监测，明确要求各有关市州及时关注地表水国控、省控断面水质监测状况，组织做好超标断面水质申诉质疑。西北诸河片区地方政府重视对固定污染和排污单位的监测与检查。研究期内，甘肃省已经建成重点污染源在线监测网络，环境监测部门定期开展重点排污单位污染源核查监测工作，并督促排污企业加强污染物排放基础设施建设，如排污口、监测平台等规范化建设，为污染源监督性监测工作提供基础保障。此外，重视入河排污口水污染排污监测工作，如 2022 年，甘肃省对西北诸河入河排污口进行了专项排查、监测、溯源，但研究期内还未建立覆盖全面的排污口水质自动在线监测网络系统。综上，西北诸河水污染治理监测措施良好。

2. 政府管制

在排污许可管制方面，2020 年甘肃省实现了固定污染源排污许可全覆盖，完成固定污染源排污许可发证登记 23064 家；同年新疆维吾尔自治区实现了 13458 家排污单位固定污染源排污许可清理整顿，总体完成率 100%，所有固定污染源均实现持证排污。在排污信息监测监管方面，扎实开展打击危险废物环境违法犯罪和重点排污单位自动监测数据弄虚作假违法犯罪、打击第三方环保服务机构弄虚作假等一系列专项行动，保证企业排污许可落实。在入河排污口监管方面，2022 年根据“有口皆查、有水皆测”的原则，甘肃省依法对西北诸河入河排污口进行排查、监测、溯源，从而实现“受纳水体—排污口—排污通道—排污单位”全过程监督管理。同时，明确每个入河排污口的责任主体，落实各级人民政府属地管理责任，排查整治现有入河排污口，规范审批新增入河排污口，加强日常管理。在执法检查方面，2023 年甘肃省各级生态环境部门累计现场检查排污单位 6206 家，建设项目 713 个，饮用水水源地 92 个，开展部门联合检查 138 次，实施非现场检查 811 次，公告在线监测数据超标企业 177 家，共立案查处生态环境违法案件 275 件。总体来看，该区政府水污染治理政府管制措施实施较好，但也存在部分地区监管不严的问题。例如，甘肃省兰州市安宁区兴蓉环境发展有限责任公司篡改、伪造自动监测数据案向社会公开后，安宁区人民检察院以“该案无法体现犯罪嫌疑人干扰监测数据的行为与结果间的因果关系且不能证实监测数据失真的严重后果”为由，退回兰州市公安局安宁分局，建议撤案处理，致使环境违法犯罪行为长期未得到惩处，未有效发挥打击震慑作用。又如，甘肃省兰州新区违规上马化工项目，所辖化工园区污染治理和环境应急设施建设不到位，执法监管缺失。

3. 经济激励

在排污收费方面，早在2014年甘肃省就出台了《甘肃省人民政府办公厅关于印发〈甘肃省排污权有偿使用和交易试点工作方案〉的通知》，次年将兰州作为试点，但至今未建立完善的排污收费机制。在流域上下游水环境保护生态补偿方面，该区广泛建立生态补偿机制，甘肃省为健全地表水断面生态保护补偿机制，提升流域上下游协同治理能力，开展了黑河、石羊河流域上下游横向生态补偿试点工作，探索建立“成本共担、效益共享、合作共治”的石羊河流域保护和治理长效机制，并成立了由财政厅、生态环境厅、发展和改革委员会、水务等部门组成的石羊河流域横向生态补偿试点工作推进小组。《石羊河流域上下游2020—2022年横向生态补偿试点实施方案》明确了水质考核标准、跨界考核断面、水质数据监测、补偿方法和金额、补偿资金结算等内容。按照“谁达标谁受益、谁超标谁赔付”的双向补偿原则，2020年6月凉州区与民勤县签订《石羊河流域上下游横向生态补偿协议》；2021年，天祝县与凉州区、古浪县分别签订了《石羊河流域上下游横向生态补偿协议》，上下游县区之间实行双向生态补偿。2023年，甘肃省生态环境厅进一步出台《关于加快建立和完善省内流域横向生态补偿的意见》，统筹推进市州之间、县区之间在“十四五”国控和省控断面建立横向生态补偿机制，对按期签订协议、考核断面全年平均水质达标的市县，甘肃省每年奖励300万元至1000万元不等资金。2019年，青海省也不断加快省内生态补偿机制的建立，制订流域水环境补偿实施方案、上下游横向生态补偿协议和水环境监测方案，其中海西、玉树州及流域内各相关县均签订了框架协议，就省际生态补偿协议事项与四川省对接。总体来看，研究期内，西北诸河水污染治理并未建立全面完善的生态补偿机制，特别是横向生态补偿机制，新疆直到 2023 年在《新疆维吾尔自治区实施〈中华人民共和国水污染防治法〉办法》中才确定推进水环境生态补偿制度和标准体系建设。在污水排污权交易方面，尽管早在 2015 年甘肃省就启动了排污权有偿使用和交易试点，并在 2020 年出台的《甘肃省水污染防治条例》中明确了要建立水污染物排污权有偿使用和交易制度，但鲜有水污染物排放权市场交易的报道。综上，我国西北诸河水污染治理经济激励机制措施并不全面充分。

4. 工程技术

西北诸河各地方政府重视工程技术手段治理水污染，但存在着相关工程设施建设不足的问题。根据各省（自治区）城市建设情况公报，截至 2022 年年末，甘肃省城市排水管道总长度 0.9 万千米，污水处理厂 31 座，污水处理厂处理能力 213 万立方米 / 日，污水处理率 97.79%，城市生活污水集中收集率 74.52%，2021 年年底全省农村生活污水处理率达到 21.8%。2022—2022 年年末，新疆维吾尔自治区城市排水管道总长度 1 万千米，污水处理厂 43 座，污水处理能力 258.8 万立方米 / 日，城市生活污水集中收集率 82.02%，污水处理率 97.79%，农村生活污水处理率 32.42%。2020 年青海省 13 个省级以上工业集聚区中 11 个已完成污水集中处理设施建设、2 个正在建设；加油站地下油罐防渗更新改造完成率为 98.5%。2022 年年末，青海省城市排水管道总长度 0.38 万千米，污水处理厂 14 座，污水处理能力 62.9 万立方米 / 日，污水处理率 95.89%，城市生活污水集中收集率 64.16%，农村生活污水处理率不及 20%。经中央生态环境保护督察发现，青海省部分地市管道设施建设改造不足，地区城市生活污水收集率较低，2022 年西宁市生活污水集中收集率为 65.3%，海东市为 52.8%，西宁市大通县甚至只有 7.8%。在农业面源污染治理方面，积极争取和实施国家农业面源污染治理项目，如 2021 年甘肃省共争取获批 14 个治理项目。截至 2022 年年底，新疆维吾尔自治区全区畜禽粪污综合利用率和测土配方施肥覆盖率达到90%以上。综上，我国西北诸河生活污水收集管网和处理设施建设仍有待加强，农村生活污水收集和处理设施仍严重不足。综上，我国西北诸河水污染治理工程技术手段运用情况稍差。

5. 宣传教育

为有效保障群众的环境知情权、参与权和监督权，进一步增进公众对生态环境保护工作的理解与支持，西北诸河所在片区各省市生态环境部门积极开展各种形式的环境宣传教育工作，向公众开放环境监测设施，不断丰富宣传教育的形式和内容。例如，甘肃省依托生态环境厅门户网站发布水环境质量自动监测信息查询链接，实时发布水环境质量监测信息，切实保障公众的知情权和监督权；为进一步加强环保社会组织能力建设，积极组织生态环境保护公益能力提升培训；全省环保设施开放单位组织活动近百场次，接待公众人数超过4000人次。对企业积极进行相关业务知识培训，包括新污染物治理培训、排污企业环评和排污许可培训；为不断加强企业环境保护法治意识和责任意识，提升企业专业素养和管理水平，强化企业落实生态环境保护主体责任能力，对排污企业负责人进行生态环境保护法律法规及环境安全知识培训；为规范重点排污单位自动监控系统建设，对重点污染源企业业务人员进行重点污染源自动监控系统知识培训；为提高全省水污染治理从业人员的从业能力和业务水平，对排污企业管理人员和技术人员进行水污染技术培训。为提升环保装备制造业水平及水污染治理水平，促进水污染治理产业发展，甘肃省环境保护产业协会开展水污染治理培训交流会。新疆维吾尔自治区通过制作科普动画《水污染防治我们怎么做》加强对公众水污染防治知识的宣传教育。对从事污废水处理、污废水处理设施运营、污水处理厂及有关单位的操作人员和管理人员进行污废水处理设施运维技术、经济、管理、政策法规等方面的培训及有关资质培训。为提高企业环保管理人员的业务水平，提高企业的环境风险防范能力，对排污企业进行环保法律及政策、排污许可证管理、危险废物管理、环境监测及在线监测设备管理、环保台账管理、生态环境保护应急管理等方面的知识培训；对排污企业进行排污许可证质量控制、证后管理培训；为促进供排水行业企业安全生产和规范化运行，对城镇供排水行业企业相关人员进行供排水专项培训。综上，西北诸河水污染治理对公众与排污企业宣传教育措施较好。

十一、我国流域水污染治理体系综评

综上，我国流域水污染治理体系建设取得了长足进步，相关法规制度较为健全，资金保障较为充分，水污染信息监测体系完善，政府监管较为严格。

（1）在法规政策环境建设上，各层级各方面政策法规制度体系建设日臻完善，但还存在部分治理领域在法律建设上的空白和不足。在国家层面，我国除《中华人民共和国水污染防治法》，还出台了《水污染防治行动计划》(《水十条》)、《重点流域水污染防治规划（2016—2020年）》，为更好地落实我国流域水污染治理目标和要求提出了具体的行动方案；专门制定和出台了《中华人民共和国长江保护法》和《中华人民共和国黄河保护法》，为我国长江、黄河流域水污染治理提供了专门的高位法律保障。在地方层面，各流域地方省区市政府积极出台水污染治理相关地方法规和流域水污染防治规划，以及各行业各领域水污染治理的专门政策法规、规范标准，以细化辖区流域水污染治理具体要求和落实方案。但是，我国流域水污染治理在地方水质监测标准的统一性和农业面源污染治理法规和标准的建设上还存在空白。另外，我国发展仍处于重要战略机遇期，经济发展压力使得经济落后地区经济发展政策难以与水污染治理政策形成有效协调。

（2）在治理资金环境保障方面，研究期内，我国流域水污染治理资金来源主要是中央财政专项资金和各级政府财政配套资金投入。我国各级政府为流域水污染治理进行了大量财政资金投入，且呈逐年快速增加趋势。2016—2018年三年污染防治攻坚期，中央财政安排水污染防治资金396亿元，支持全国开展重点流域水污染防治等，安排资金50亿元用于城市管网及污水处理补助，安排180亿元资金用于农村专项环境整治。如2022年我国中央下拨水污染治理专项资金达237亿元，占整个环境资金的38%。实际上我国水污染治理资金需求缺口巨大，单凭政府投资压力较大。然而我国目前“谁污染，谁治理”的污染治理原则落实还不到位，政府主导、企业主体、社会和公众共同参与的多元化环境治理投入机制尚未建立，横向生态补偿机制有待完善。研究表明，我国多数流域均存在过度依赖财政资金投入、社会投资不足、污水治理设施特别是农村治污设施投资不足等问题。

（3）我国流域水污染治理体制逐步完善，但流域层面与区域层面水污染治理管理协调，部门间、地区间协调及信息共享机制尚需加强，政府主导、企业主体、社会团体和公众共同参与的多元共治的治理体系尚不完善。研究期内，我国各大流域均建立了流域生态环境监督管理局，为协调流域内各区域水污染治理提供了明确的主体，流域各级地方政府及相关政府部门治污分工明确；但流域层面管理主体与地方政府治污协调常规合作机制尚未建立；流域内不同辖区政府治污协调机制多数流域尚未建立；各部门实际制定发展政策的协调性还需强化。水污染治理管理中仍习惯自上而下行政命令式控制管理，调动企业、社会团体、公众积极性，自下而上参与的机制缺失。此外，我国浙闽片河流、西南诸河、西北诸河水污染治理缺乏统一的更高层面的统筹协调机构，虽然此三片区所在区域设置了生态环境部环境督查局，但其功能重在环境治理督查，而协调职能不足。

（4）在流域水污染治理政府管理人员能力建设方面，多数流域治理机构和地方政府十分重视相关人员的能力培训和业务水平的提高，培训内容全面，受训人员广。在培训内容方面，包括环境影响评价、排污许可登记与证后管理、排污执法检查、河流断面水质检测与监测、固定污染源排污检测与监测、入河排污口排查整治与检测、水污染在线监测自动化信息管理等，涵盖流域水污染治理的各环节和领域。在受训人员方面，既有相关部门的领导负责人，也有一线业务人员；既有信息管理人员、水污染检测人员，也有相关环境执法人员。不足之处在于有关农村水污染治理、农村面源污染治理管理相关业务人员能力的培训还比较欠缺。

（5）在流域水污染治理信息监测措施方面，研究期内各流域普遍建立了覆盖各级监测断面的水质自动化在线监测系统、重点固定污染源自动监测系统，但监测网络覆盖面还不全，一些小流域、小支流水质监测网络建设还需强化；一般固定污染源和农村面源污染监测网络体系还有待完善；河流入河排污口水质自动化监测体系还未建立。此外，相关研究表明，我国的环境监测将属于同一生态系统的流域置于多个职能部门的管辖之下，难免各自为政，缺乏对整个流域的统筹考虑。流域水污染监测能起到督促排污者自觉减排、为管理者提供科学决策依据、加强公众监督等作用。流域水体水污染水质监测、固定污染源与排污口排污水质监测体系建设不足，需引起高度重视。

（6）在流域水污染治理政府监管方面，研究期内，我国各大流域地方政府对固定污染源排污许可监管实现了全覆盖，并强化了证后排污单位排污信息及时准确性监管，但在排污执法过程中，部分流域存在着执法不严等问题；我国各流域入河排污口台账基本建成，但排污口排查整治、设置审批还有大量工作要做，涵盖“受纳水体—排污口—排污通道—排污单位”全过程的监管体系还远未建立；农村面源污染治理还存在监管不力，部分流域农药、化肥施用量大，面源污染仍很突出的问题。一些流域地方政府在发展经济的压力下在产业准入审批时未能严格控制高污染项目的上马建设。

（7）在流域水污染治理经济激励手段方面，总体来看，我国排污收费激励机制较为完善，排污权交易制度完善市场日渐形成；但流域地区间横向生态补偿机制和排污交易机制建设不足。在排污收费方面，基本实现了生活污水和生产污水处理费应收尽收，但存在生活污水收费显示度低、生产污水收费较低、对排污者减排激励度不够的问题。我国城镇生活污水处理费与水资源使用费合并收费使个人以为仅是水资源使用费；生产污水处理收费较低使得生产宁可多缴费也不愿减排。在生态补偿方面，相关研究表明，我国流域横向生态补偿制度存在着立法供给不足，整体性、系统性不足，生态补偿方式单一且缺乏长效机制，协商与对话沟通机制、公众参与机制有待进一步完善等问题（张式军，2023）。

（8）在流域水污染治理工程技术手段方面，研究期内总体呈现城乡之间、区域之间差距大，污水收集设施与处理设施建设不够的特征。研究期内，我国各流域城市水污染治理技术先进工程设施建设好而收集管网建设不足，污水处理率高（多高于95%），生活污水收集率较低（多低于80%）。农村水污染治理工程设施建设严重不足，生活污水治理率低（多低于45%）。我国西南、西北诸河所在省区城市水污染处理率、生活污水收集率及农村生活污水处理率多数显著低于全国平均水平，截至2022年年底，西藏、青海、甘肃农村生活污水处理率均不及30%。这种状况主要与我国乡村地区和西北落后地区经济薄弱、水环境基础设施投资建设长期不足、历史欠账多有关。

（9）在流域水污染治理宣传教育方面，研究期内总体形式多样、覆盖面广，既重视对公众水环境保护意识提升的宣传教育，也重视对排污单位相关法律法规知识和信息监测能力的教育，但存在排污单位污水处理技能支持教育培训缺乏，宣传教育的制度化、常规化建设不足等问题。研究期内多数流域相关部门深入社区、学校、企业等单位进行面对面宣传教育，也非常重视借助网络媒体进行宣传教育；宣传教育对象涵盖了普通公众、企业人员、行业协会负责人等，宣传教育内容多为相关法律法规知识，但对公众、企业的水污染防治相关技能教育培训及其常规化还存在很大不足。

总之，我国流域水环境治理仍存在着体制机制不健全，公众参与的多元治理格局还未形成，相关法律法规、标准规范不完善，多样化经济激励手段运用不够，基础设施投资建设城乡差异大，城市水污染治理成效显著，乡村水染治理成效较差等问题。

第四节　我国流域水污染治理体系定量评价

基于前述对我国流域水污染治理体系要素的系统梳理与定性评价，下面对其进行定量评价。

一、构建指标体系

基于对集成水污染治理实施框架与原则下流域水污染治理体系的分析和解耦，建立流域水污染体系问题诊断指标体系及其诊断标准（见表4-1），借以评价流域水污染理体系存在的问题。

二、评价方法

由于上述各项评价指标均为抽象的定性指标且对于实现流域水污染治理目标具有不可替代或弱替代性，本研究采用基于定性分析的主观定量赋值的方法，即在对各流域污水治理工作相关方面进行深入数据资料调查定性分析的基础上，参照水污染治理体系要素定量定价标准及赋值表（见表4-2）中流域水污染治理体系评价指标标准对其进行0～5赋值。对照标准，当流域水污染治理工作没有实施指标所述行动时赋值为0。当研究区实施情况很差时，赋值为0～1；当实施情况较差时，赋值为1～2；当实施情况一般时，赋值为2～3；当实施情况良好时，赋值为 3 ～ 4；当实施情况完好、表现优秀时，赋值为 4 ～ 5。鉴于实现污水治理各项指标间不可替代或独立性，最后通过等权重平均法确定研究区污水治理体系综合评估值。

表 4-2　水污染治理体系要素定量定价标准及赋值表

评价标准	无或很少实施	实施情况较差	实施情况一般	实施情况良好	实施情况完好
评价赋值	0 ～ 1(不含)	1 ～ 2(不含)	2 ～ 3(不含)	3 ～ 4(不含)	4 ～ 5
评价定级	很差	较差	一般	良好	优秀

考虑到指标数据资料的可获取性，本研究选取其中关键的九项指标：治理环境维度的政策法规、资金投入，体制建设维度的体制机制和能力建设，治理手段维度的信息监测、政府管制、经济激励、工程技术、宣传教育。

三、评价结果及分析

基于上述数据资料，运用等权重平均法对各流域水污染治理体系问题进行定量评估，各流域水污染治理体系要素定量评价值如表 4-3 所示。

表 4-3　各流域水污染治理体系要素定量评价值

要素维度	要素指标	长江流域	黄河流域	珠江流域	松花江流域	辽河流域	海河流域	淮河流域	浙闽片河流	西南诸河	西北诸河	综合
治理环境	政策法规（X1）	4.50	3.25	3.50	4.25	4.25	4.50	3.75	4.25	3.50	4.50	4.03
	资金投入（X2）	4.00	2.25	3.75	3.50	4.00	3.25	3.25	3.75	3.75	3.75	3.53
	维度综合	4.25	2.75	3.63	3.88	4.13	3.88	3.50	4.00	3.63	4.13	3.78

续　表

要素维度	要素指标	长江流域	黄河流域	珠江流域	松花江流域	辽河流域	海河流域	淮河流域	浙闽片河流	西南诸河	西北诸河	综合
体制建设	体制机制（X3）	4.00	3.25	4.25	4.00	3.75	4.25	4.25	3.50	4.25	3.50	3.90
	能力建设（X4）	3.50	3.75	4.25	3.75	3.50	4.50	3.75	4.50	4.50	4.25	4.03
	维度综合	3.75	3.50	4.25	3.88	3.63	4.38	4.00	4.00	4.38	3.90	3.97
治理手段	信息监测（X5）	4.00	2.75	4.25	3.75	4.50	4.75	4.25	3.75	4.50	3.75	4.03
	政府管制（X6）	4.20	4.25	3.75	3.25	3.25	3.75	4.50	4.25	2.75	3.50	3.75
	经济激励（X7）	3.00	3.25	4.00	4.00	3.50	4.00	4.50	4.75	2.50	3.25	3.98
	工程技术（X8）	3.20	2.75	4.25	3.75	4.50	4.50	3.75	4.25	2.25	2.75	3.60
	宣传教育（X9）	4.00	3.75	4.00	3.25	4.50	4.00	3.25	3.50	3.75	4.25	3.83
	维度综合	3.68	3.35	4.05	3.60	4.05	4.20	4.05	4.70	3.15	3.50	3.83
各维度综合		3.82	3.25	4.00	3.72	3.97	4.17	3.92	4.39	3.53	3.73	3.85

根据表 4-3 中的数据，对研究期内我国七大流域及三大片区河流水污染治理体系要素情况做以下分析。

（一）各流域水污染治理体系要素评价分析

1. 长江流域

长江流域水污染治理各维度要素综合评价值为 3.82，表明该流域水污染治理体系总体接近优秀水平。其中，治理环境维度评价值为 4.25，表明该流域水污染治理环境优秀，政策法规环境和资金投入环境总体很好；而体制机制建设和治理手段运用评价值分别为 3.75 和 3.68，相对治理环境较差，但也处于良好水平。在治理环境中，政策法规环境相比资金投入环境较好，该流域政策法规较为健全，资金投入有待加强。在体制建设中，能力建设表现稍差，评价值为3.50，表明还需进一步加强，而体制机制较为健全，评价值为4.00，处于优秀水平。在治理手段中，信息监测、政府管制、宣传教育实施较好，评价值分别为4.00、4.20和4.00，处于优秀水平，而经济激励、工程技术手段运用较差，评价值分别为3.00和3.20，处于良好水平。长江流域各治理维度要素评价值占比及各治理体系要素评价值雷达图分别如图4-1与图4-2所示。

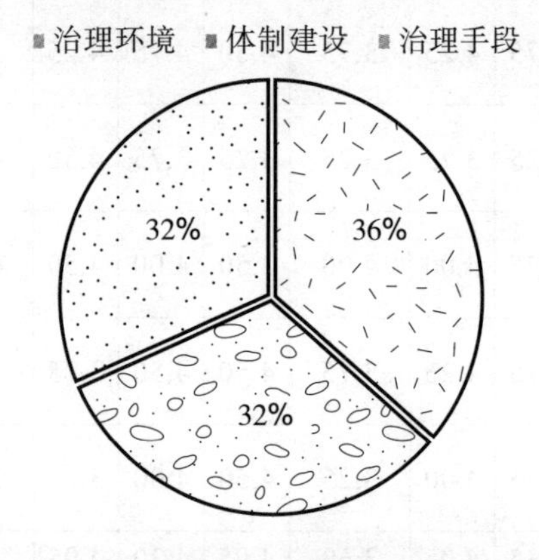

图4-1　长江流域各治理维度要素评价值占比

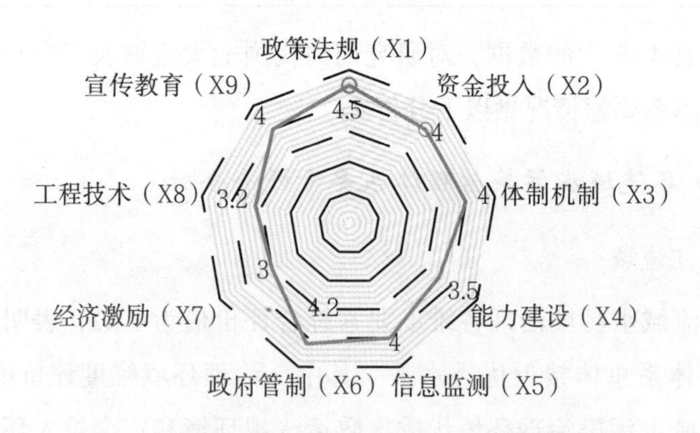

图4-2　长江流域各治理体系要素评价值雷达图

2. 黄河流域

黄河流域各维度治理体系要素综合评价值为3.25，表明该流域水污染治理体系总体略好于较低良好水平。其中，治理环境维度评价值仅为2.75，表明研究期内该流域水污染治理环境一般，政策法规不健全和资金投入不足。体制机制建设和治理手段运用评价值分别为3.50和3.35，相对治理环境稍好，处于良好水平，但还有很大完善和强化空间。在治理环境中，政策法规环境相比资金投入环境较好，两者评价值分别为3.25和2.25，分别处于稍好于较低良好水平和一般水平，表明该流域水污染治理法治环境和资金投入环境建设都仍需大力强化。在体制建设中，能力建设稍好于体制机制，评价值分别为3.75和3.25。在治理手段中，政府管制、宣传教育实施较好，评价值分别4.25与3.75，分别处于优秀水平和良好水平；而经济激励、信息监测、工程技术手段运用较差，评价值分别为3.25、2.75与2.75，分别处于良好水平和一般水平。黄河流域各治理维度要素评价值占比及各治理体系要素评价值雷达图分别如图4-3与图4-4所示。

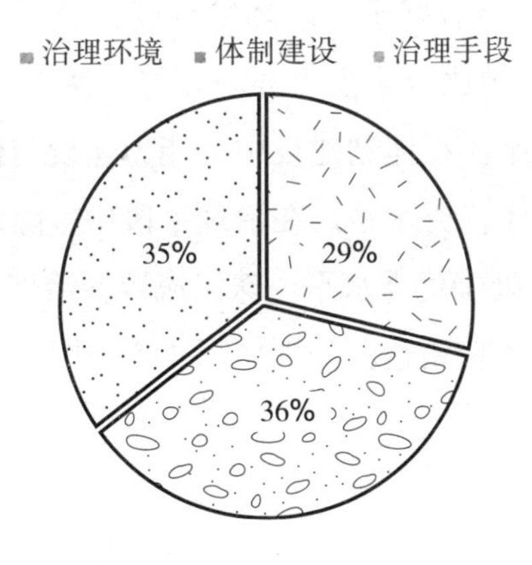

图4-3 黄河流域各治理维度要素评价值占比

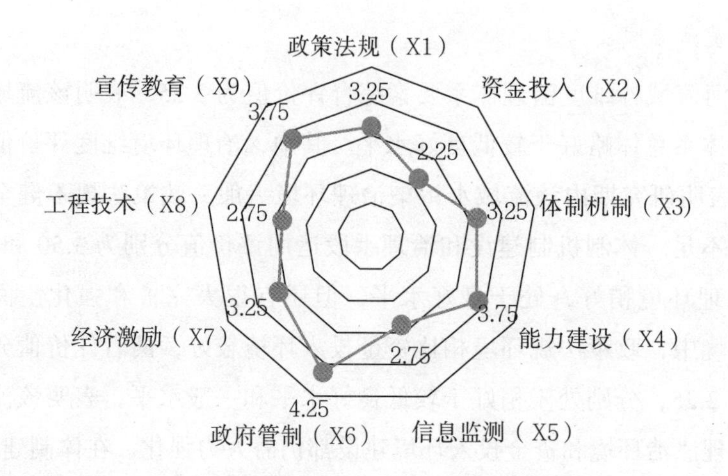

图 4-4 黄河流域各治理体系要素评价值雷达图

3. 珠江流域

珠江流域各维度治理体系要素综合评价值为 4.00，表明该流域水污染治理体系总体处于优秀水平。其中，治理环境维度评价值为 3.63，表明研究期内该流域水污染治理环境良好。体制机制建设和治理手段运用评价值分别为 4.25 和 4.05，显著好于治理环境维度，处于优秀水平。在治理环境中，政策法规环境相比资金投入环境较好，两者评价值分别为 3.50 和 3.75，均处于良好水平。在体制建设中，能力建设与体制机制评价值均为 4.25，表明两者均处于优秀水平。在治理手段中，除政府管制为良好水平外，其他各项手段均处于优秀水平。珠江流域各治理维度要素评价值占比及各治理体系要素评价值雷达图分别如图 4-5 与图 4-6 所示。

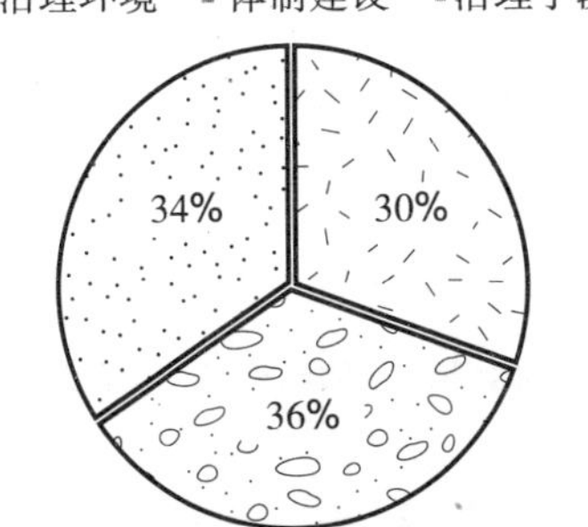

图 4-5 珠江流域各治理维度要素评价值占比

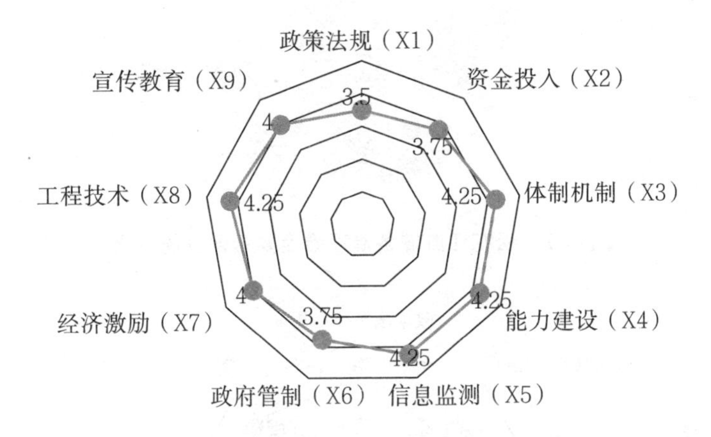

图 4-6 珠江流域各治理体系要素评价值雷达图

4. 松花江流域

松花江流域各维度治理体系要素综合评价值为 3.72，表明该流域水污染治理体系总体处于良好较高水平。其中，治理环境维度、体制建设维度、治理手段维度评价值分别为 3.88、3.88、3.60，表明治理环境维度、体制建设维度略好于治理手段维度，但总体均处于良好较高水平。在治理环境中，政策法规环境好于资金投入环境，两者评价值分别为 4.25 和 3.50，分别处于优秀水平和良好水平。在体制建设中，体制机制好于能力建设，两者评价值分别为 4.00 和 3.75，分别处于优秀水平和良好水平。在治理手段中，除经济激励手段处于优秀水平外，其他各项手段均处于良好水平。其中，信息监测和工程技术手段运用较好，评价值均为3.75，而政府管制和宣传教育手段相对较差，评价值均为3.25。松花江流域各治理维度要素评价值占比及各治理体系要素评价值雷达图分别如图4-7与图4-8所示。

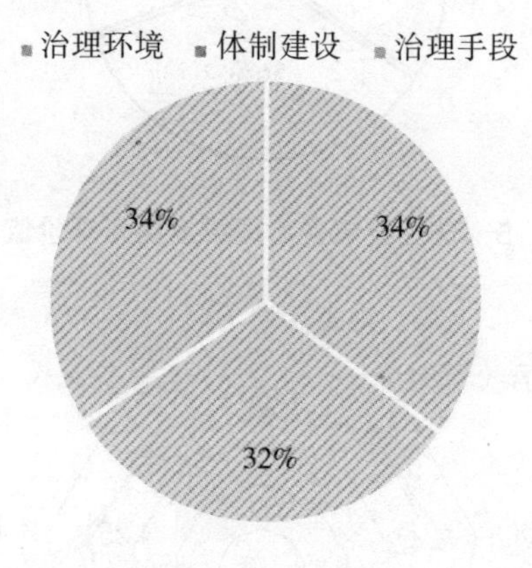

图4-7　松花江流域各治理维度要素评价值占比

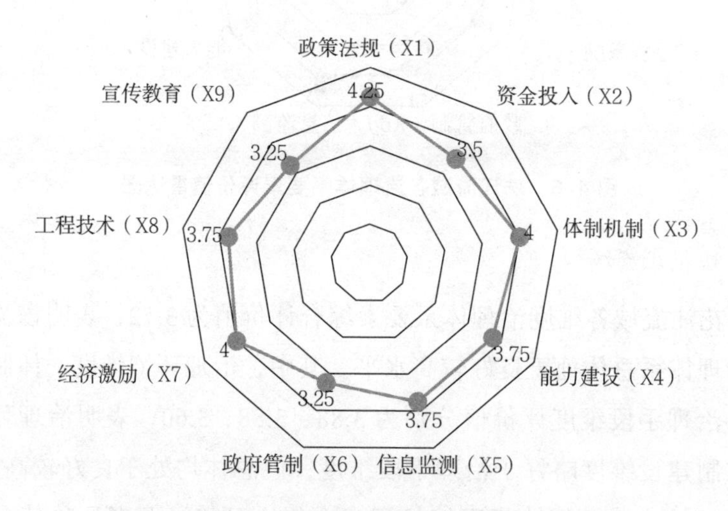

图4-8　松花江流域各治理体系要素评价值雷达图

5. 辽河流域

辽河流域各维度治理体系要素综合评价值为 3.97，表明该流域水污染治理体系总体接近优秀水平。其中，治理环境维度与治理手段维度好于体制建设维度，评价值分别为 4.13 和 4.05，处于优秀水平；而体制建设维度评价值为 3.63，处于良好水平，表明该流域水污染治理机制建设仍有待加强。在治理环境中，政策法规环境与资金投入环境评价值分别为 4.25 和 4.00，均处于优秀水平。在体制建设中，体制机制好于能力建设，两者评价值分别为 3.75 和 3.50，均处于良好水平。在治理手段中，信息监测、工程技术、宣传教育手段评价值均为 4.50，表明三者均处于优秀的较高水平；而政府管制和经济激励评价值分别为 3.25 和 3.50，表明两者均处于良好水平，治理手段中政府管制和经济激励相对较差，有待进一步强化。辽河流域各治理维度要素评价值占比及各治理体系要素评价值雷达图分别如图 4-9 与图 4-10 所示。

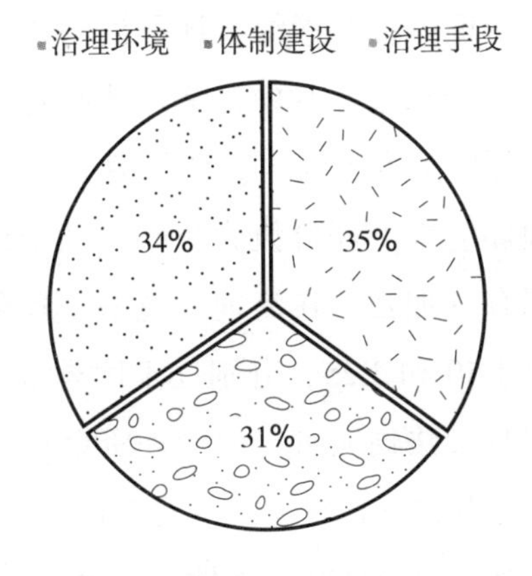

图 4-9　辽河流域各治理维度要素评价值占比

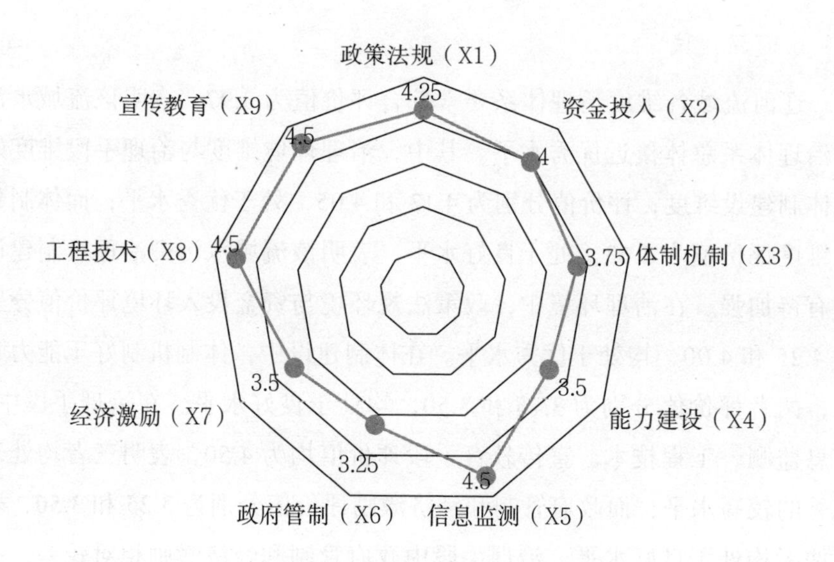

图 4-10　辽河流域各治理体系要素评价值雷达图

6. 海河流域

海河流域各维度治理体系要素综合评价值为 4.17，表明该流域水污染治理体系总体达到优秀水平。其中，治理体制建设维度与治理手段维度因素总体好于治理环境维度因素，其评价值分别为 4.38 和 4.20，均处于优秀水平；而治理环境维度评价值为 3.88，处于良好水平，表明该流域水污染治理环境仍有待加强。在治理环境中，政策法规环境与资金投入环境评价值分别为 4.50 和 3.25，分别处于优秀水平和良好水平，表明海河流域水污染治理政策法规完善，但治理资金投入仍需完善。在体制建设中，体制机制及能力建设表现优秀，两者评价值分别为 4.25 和 4.50。在治理手段中，除政府管制为良好水平外，其余各手段均处于优秀水平，其中信息监测与工程技术手段实施最好，评价值分别为 4.75 与 4.50。海河流域各治理维度要素评价值占比及各治理体系要素评价值雷达图分别如图 4-11 与图 4-12 所示。

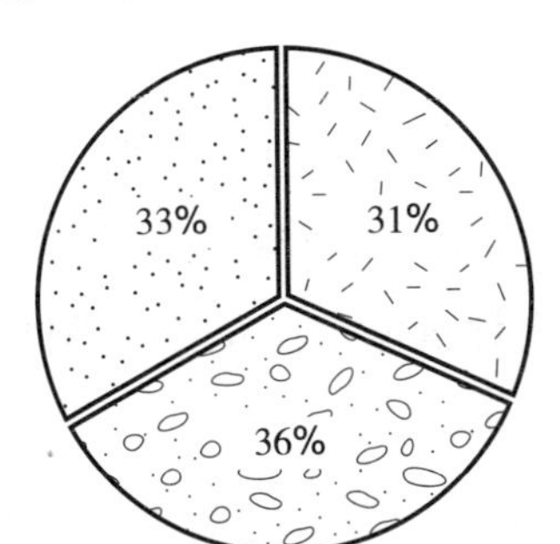

图 4-11 海河流域各治理维度要素评价值占比

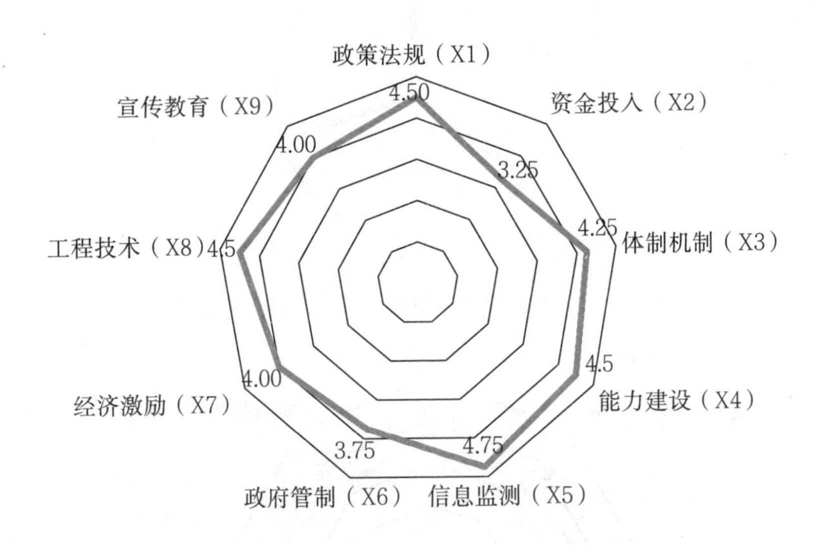

图 4-12 海河流域各治理体系要素评价值雷达图

7. 淮河流域

淮河流域各维度治理体系要素综合评价值为 3.92，表明该流域水污染治理体系总体水平接近优秀。其中，体制建设维度和治理手段维度好于治理环境维度，其评价值分别是 4.00 和 4.05，属于优秀水平，治理环境维度评价值为 3.50，处于良好水平。在治理环境中，政策法规环境略好于资金投入环境，评价值分别为 3.75 与 3.25，均属于良好水平。在治理体制建设中，体制机制好于能力建设，评价值分别为 4.25 与 3.75，分别处于优秀和良好水平。在治理手段中，信息监测、政府管制、经济激励好于工程技术和宣传教育手段，前三者处于优秀水平，而后两者处于良好水平，表明淮河流域仍需加强治污工程技术建设及宣传教育工作。淮河流域各治理维度要素评价值占比及各治理体系要素评价值雷达图分别如图 4-13 与图 4-14 所示。

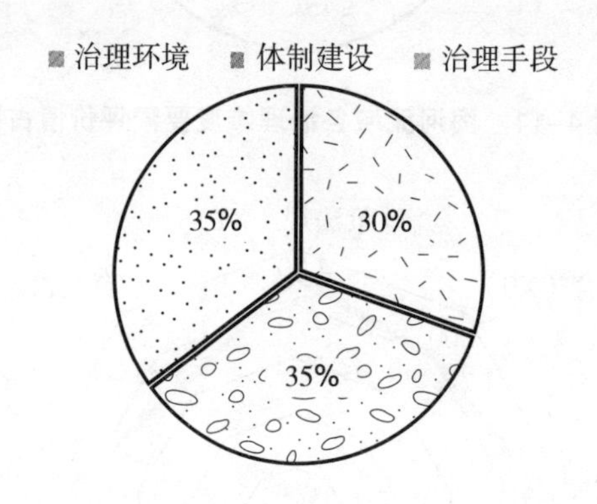

图 4-13　淮河流域各治理维度要素评价值占比

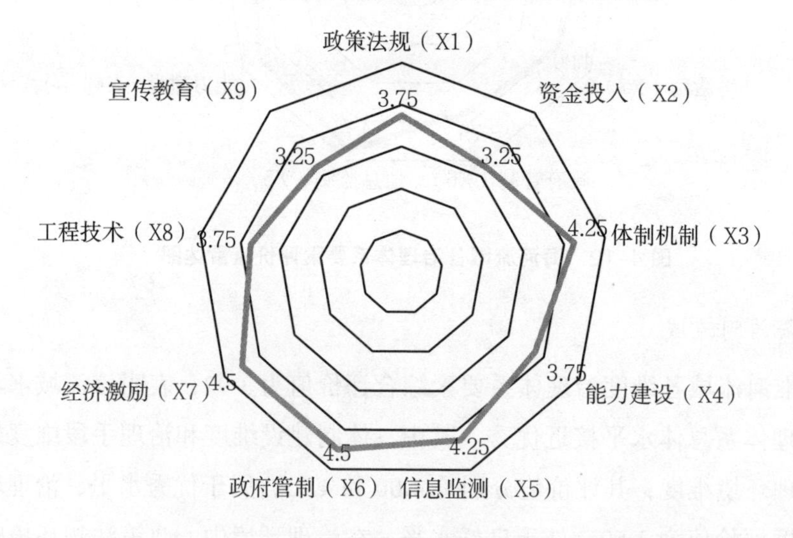

图 4-14　淮河流域各治理体系要素评价值雷达图

8. 浙闽片河流

浙闽片河流水污染治理各维度治理体系要素综合评价值为 4.39，表明该流域水污染治理体系总体处于优秀水平。三大维度因素均达到优秀水平，其中，治理手段维度好于治理环境维度和治理体制建设维度，其评价值为 4.70。在治理环境中，政策法规环境好于资金投入环境，评价值分别为 4.25 与 3.75，分别达到优秀水平和良好水平。在体制建设中，能力建设好于体制机制，评价值分别为 4.50 与 3.50，分别处于优秀水平和良好水平。在治理手段中，政府管制、经济激励与工程技术手段好于信息监测与宣传教育，评价值分别为 4.25、4.75 和 4.25，处于优秀水平；而信息监测与宣传教育手段运用较差，评价值分别为 3.75 与 3.50，处于良好水平。浙闽片河流各治理维度要素评价值占比及各治理体系要素评价值雷达图分别如图 4-15 与图 4-16 所示。

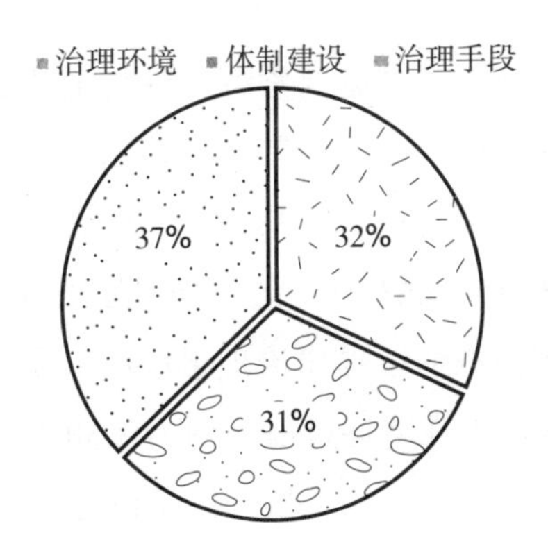

图 4-15　浙闽片河流各治理维度要素评价值占比

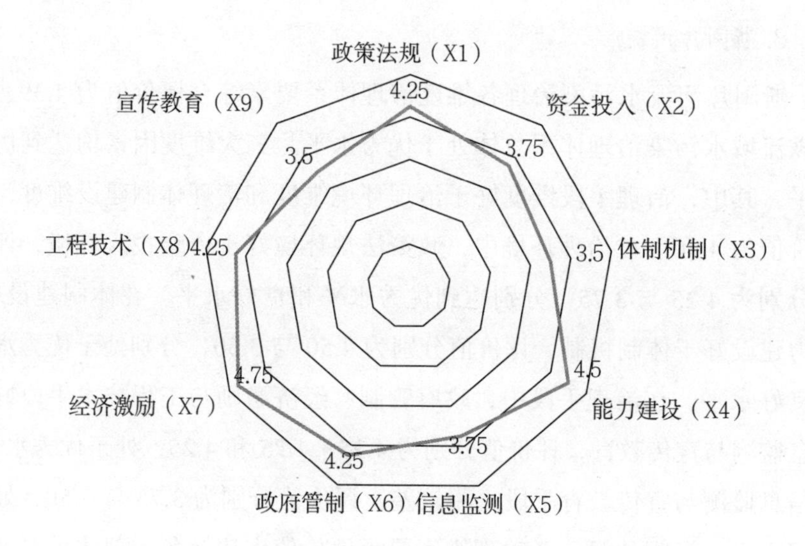

图 4-16　浙闽片河流各治理体系要素评价值雷达图

9. 西南诸河

西南诸河水污染治理各维度要素综合评价值为 3.53，表明该流域水污染治理总体处于良好中等水平。其中，体制建设维度显著高于治理环境与治理手段维度，其评价值为 4.38，处于优秀水平；而治理环境与治理手段维度评价值分别为 3.63 与 3.15，分别处于良好中等水平和略高于一般水平，西南诸河仍需继续强化治理手段的落实和运用。就治理环境看，政策法规和资金投入环境评价值分别为 3.50 与 3.75，均处于良好水平。就治理体制建设情况看，两项指标评价值分别为 4.25 与 4.50，均处于优秀水平。就治理手段实施情况看，信息监测和宣传教育好于政府管制、经济激励与工程技术，前两者评价值分别为 4.50 与 3.75，分别处于优秀水平和良好水平；后三者评价值分别为 2.75、2.50 与 2.25，处于一般水平。西南诸河各治理维度要素评价值占比及各治理体系要素评价值雷达图分别如图 4-17 与图 4-18 所示。

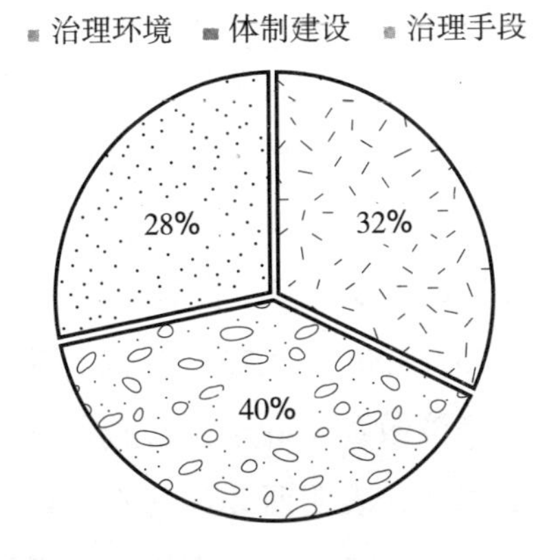

图 4-17　西南诸河各治理维度要素评价值占比

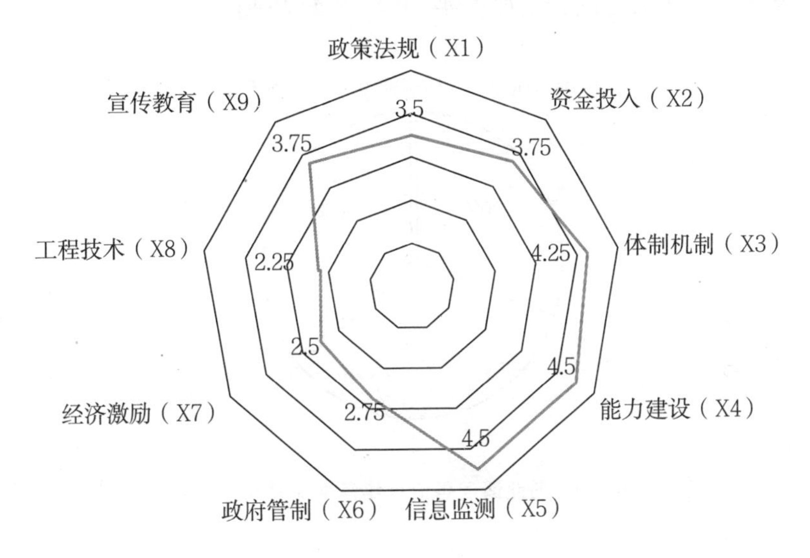

图 4-18　西南诸河各治理体系要素评价值雷达图

10. 西北诸河

西北诸河水污染治理各维度要素综合评价值为 3.73，表明该流域水污染治理体系建设总体处于良好水平。其中，治理环境维度好于治理体制建设维度，治理体制建设维度又好于治理手段运用维度，评价值分别为 4.13、3.90 与 3.50，分别处于优秀水平、良好水平和良好水平。就治理环境维度看，政策法规环境好于资金投入环境，评价值分别为 4.50 和 3.75，分别处于优秀水平和良好水平。就治理体制建设看，能力建设好于体制机制，评价值分别为 4.25 与 3.50，分别处于优秀水平和良好水平。就各类治理手段实施看，宣传教育好于信息监测、政府管制与经济激励，评价值分别为 4.25、3.75、3.50 与 3.25，分别为优秀水平和良好水平；信息监测、政府管制与经济激励又好于工程技术手段，工程技术手段评价值为 2.75，属于一般水平，表明西北诸河水污染治理尤其需要加强工程建设和先进技术支撑。西北诸河各治理维度要素评价值占比及各治理体系要素评价值雷达图分别如图 4–19 与图 4–20 所示。

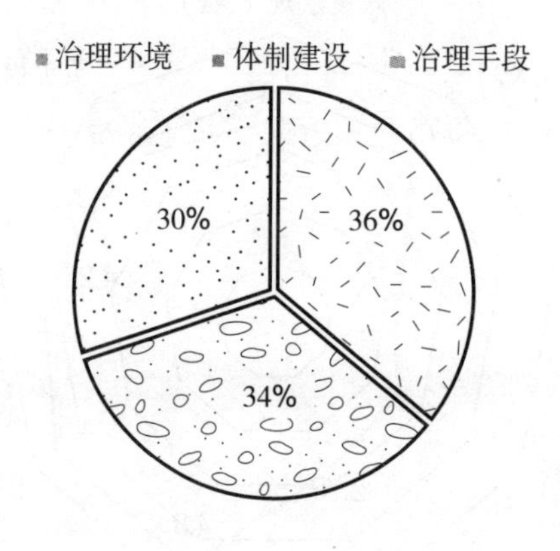

图 4–19　西北诸河各治理维度要素评价值占比

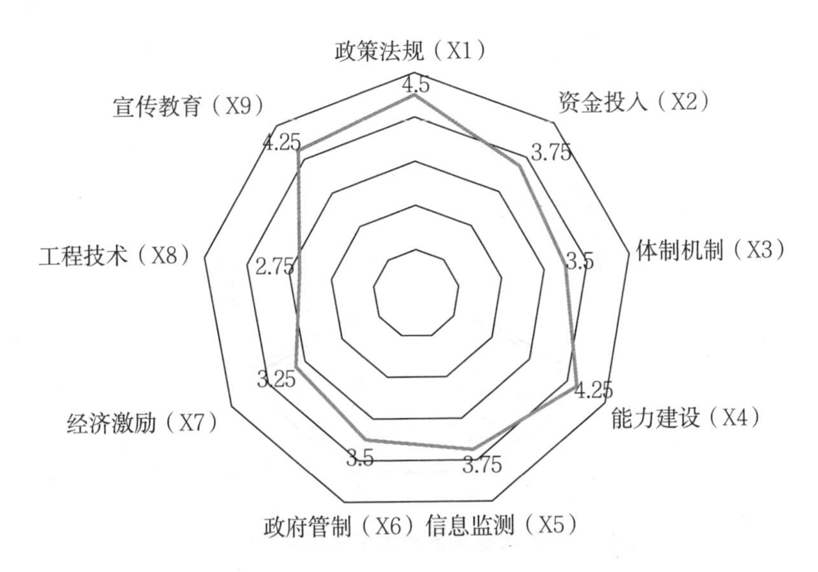

图 4-20　西北诸河各治理体系要素评价值雷达图

11. 流域综合分析

我国各流域各维度综合评价得分为 3.85，表明我国各大流域（片区）水污染治理体系建设总体水平处于良好较高水平。其中，体制建设维度好于治理手段维度，而治理手段维度又略好于治理环境维度，其评价值分别为 3.97、3.83 和 3.78，表明三者均处于良好较高水平，尤其是治理体制建设接近优秀水平。在治理环境中，政策法规和资金投入综合评价值分别为 4.03 与 3.53，表明我国流域水污染治理政策法规环境好于资金投入环境，两者分别处于优秀水平和良好水平。在体制建设方面，能力建设略好于体制机制，评价值分别为 4.03 和 3.90，分别处于优秀水平和良好水平。在治理手段方面，信息监测和工程技术手段好于其他手段，两者处于或接近优秀水平，其他手段均处于良好水平。各流域各治理维度要素评价值占比及各治理体系要素评价值雷达图分别如图 4-21 与图 4-22 所示。

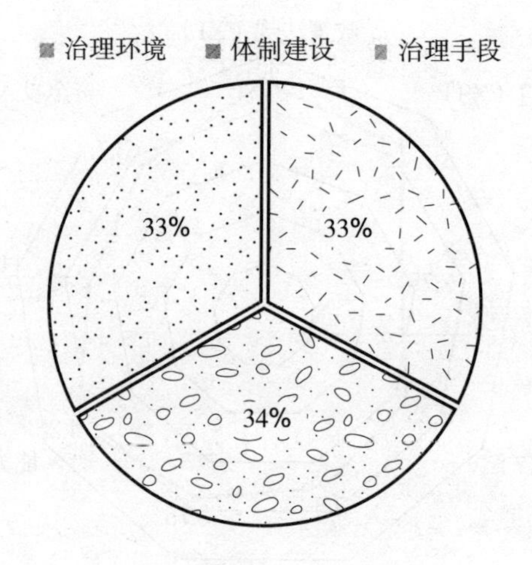

图 4-21 各流域各治理维度要素评价值占比

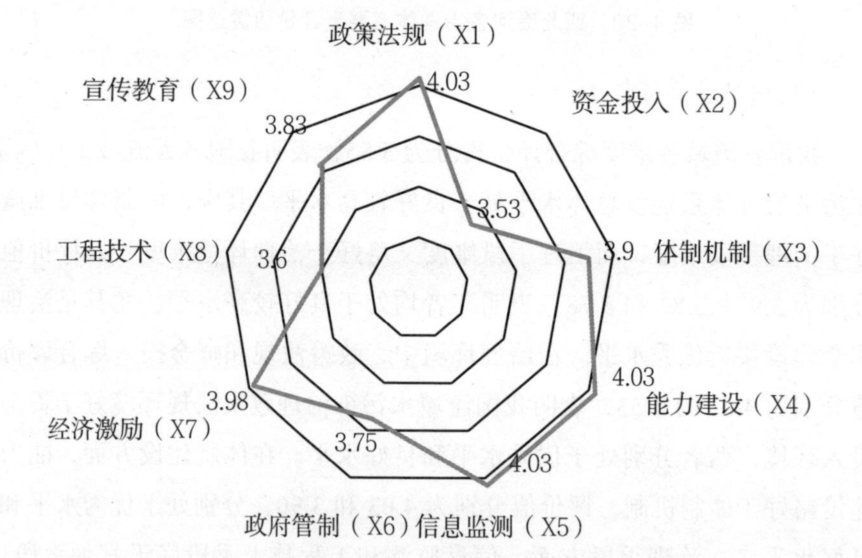

图 4-22 各流域各治理体系要素评价值雷达图

（二）各流域水污染治理体系各维度要素定量评价比较分析

1. 治理环境方面

各大流域或片区河流水污染治理环境维度评价均值为 3.78，表明我国各大流域水污染治理环境建设总体处于良好水平。其中，长江流域、辽河流域、浙闽片河流、西北诸河水污染治理环境维度综合评价值分别为4.25、4.13、4.00和4.13，表明这些流域或区域河流污水治理环境达到了优秀水平，优于其他流域或区域河流。珠江流域、松花江流域、海河流域、淮河流域和西南诸河水污染治理环境评价值分别为3.63、3.88、3.88、3.50和3.63，表明这些流域水污染治理环境处于良好水平。黄河流域水污染治理环境建设最差，评价值为2.75，仅为一般水平，需大力完善。在治理环境维度中，政策法规环境总体评价值为4.03，处于优秀水平，其中，长江流域、松花江流域、辽河流域、海河流域、浙闽片河流、西北诸河的治理政策法规环境相对较好，均处于优秀水平；其他流域相对较差，处于良好水平。从资金投入环境看，长江流域、辽河流域最好，处于优秀水平，评价值为4.00；而黄河流域最差，评价值为2.25，处于一般水平；其他各流域或片区处于良好水平。各流域或区域河流水污染治理环境综合评价值和比较如图4-23所示。

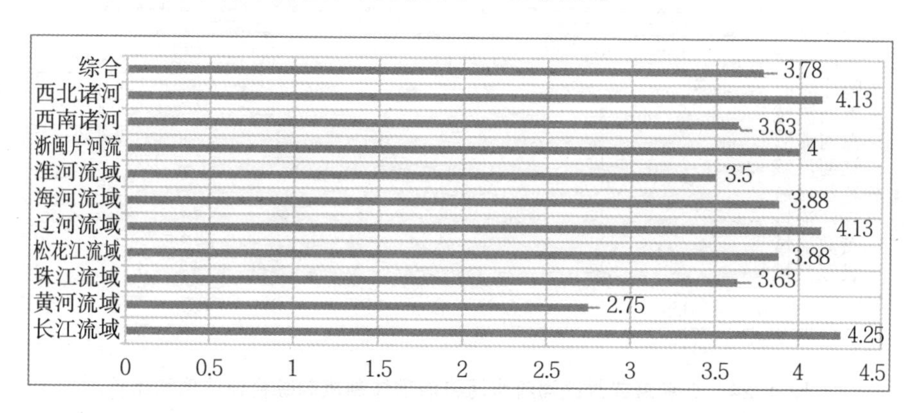

图4-23　各流域或区域河流水污染治理环境综合评价值和比较

2. 治理体制建设方面

各大流域或片区河流水污染治理体制建设维度评价均值为3.97，表明我国各大流域水污染治理体制建设总体接近优秀水平。其中，珠江流域、海河流域、淮河流域、浙闽片河流西南诸河水污染治理评价值均高于平均值，分别为4.25、4.38、4.00、4.00和4.38，处于优秀水平；其他流域或区域河流较差，均处于良好水平；黄河流域水污染治理体制建设最差，评价值为3.50。在治理体制机制方面，各流域或区域河流评价值为3.90，处于接近优秀的良好水平，其中，长江流域、珠江流域、松花江流域、海河流域、淮河流域和西南诸河相对较好，处于优秀水平，其他各流域虽较差，但都处于良好水平。从能力建设方面看，各流域或区域河流评价值为4.03，处于优秀水平，其中，珠江流域、海河流域、浙闽片河流、西北诸河、西南诸河较好，处于优秀水平；其他流域或区域较差，均处于良好水平，其中长江流域和辽河流域评价值最低，均为3.50，表明在各流域或区域河流中，这两个流域尤其需要加强水污染治理能力建设。各流域或片区河流水污染治理体制机制综合评价值和比较如图4-24所示。

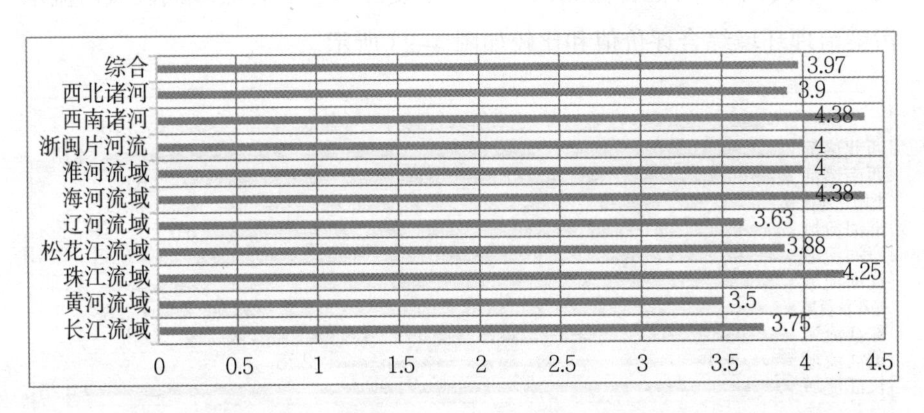

图4-24　各流域或片区河流水污染治理体制机制综合评价值和比较

3. 治理手段方面

各大流域或片区河流水污染治理手段维度评价均值为3.83，表明我国各大流域水污染治理手段实施总体处于良好水平。比较各流域，珠江流域、辽河流域、海河流域、淮河流域、浙闽片河流实施较好，均处于优秀水平，其中浙闽片河流最好，其评价值为 4.70；而长江流域、黄河流域、松花江流域、西南诸河、西北诸河实施相对较差，均为良好水平，其中西南诸河最差，评价值为 3.15，表明该区域河流治理需加强对各项治理手段的落实。在治理手段中，信息监测实施综合评价值为 4.03，表明各流域或区域水质水污染信息监测水平总体优秀，其中，长江流域、珠江流域、辽河流域、海河流域、淮河流域、西南诸河较好，均处于优秀水平；黄河流域最差，评价值仅为 2.75，处于一般水平，其余各流域或区域河流处于良好水平。政府监管手段综合评价值为 3.75，处于良好水平，其中，长江流域、黄河流域、淮河流域、浙闽片河流好于其他流域，均处于优秀水平；西南诸河最差，评价值仅为 2.75，处于一般水平；其他流域处于良好水平。经济激励手段综合评价值为 3.98，接近优秀水平，其中，珠江流域、松花江流域、海河流域、淮河流域和浙闽片河流最好，均处于优秀水平，其中浙闽片河流最为突出，评价值为 4.75；评价值最低的流域是西南诸河，仅为 2.50，处于一般水平；其余各流域或片区较好，均处于良好水平。工程技术手段综合评价值为 3.60，为良好水平，其中，珠江流域、海河流域、辽河流域、浙闽片河流最好，均处于优秀水平；较差的是黄河流域、西南诸河与西北诸河，评价值分别为 2.75、2.25 与 2.75，处于一般水平。宣传教育手段综合评价值为 3.83，处于良好水平，其中，长江流域、珠江流域、辽河流域、海河流域、西北诸河相对较好，均处于优秀水平，松花江流域和淮河流域较差，评价值为 3.25，处于较低良好水平。各流域或片区河流水污染治理手段综合评价值和比较如图 4–25 所示。

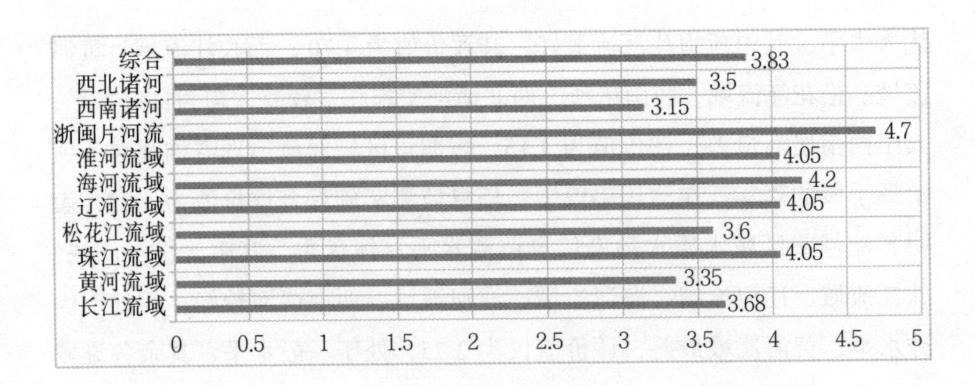

图 4-25 各流域或片区河流水污染治理手段综合评价值和比较

4. 各流域或片区各维度综合比较

根据评价值不难看出，浙闽片河流、海河流域、珠江流域水污染治理体系总体表现较为优秀，评价值分别为 4.39、4.17 和 4.00，其次是辽河流域和淮河流域，接近优秀水平，评价值分别为 3.97 和 3.92；再次是长江流域、西北诸河和松花江流域，评价值分别为 3.82、3.73 和 3.72，处于优良水平；表现最差的为西南诸河和黄河流域，其中黄河流域最差，评价值为 3.25，处于较低水平。各流域或片区各维度综合比较如图 4-26 所示。

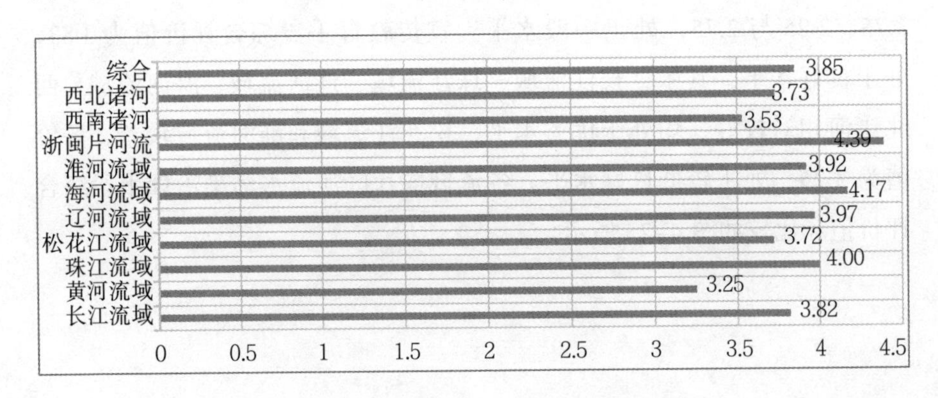

图 4-26 各流域或片区各维度综合比较

本章小结

本章重在对我国流域水污染治理体系进行系统梳理和评价。首先对流域水污染治理体系的相关概念与理论进行了阐述，建构了流域水污染治理体系评价指标体系，然后基于广泛的资料收集，对我国各大流域和片区河流治理情况进行梳理和评价。研究结果表明，研究期内，我国流域水污染治理取得了长足进步，但仍存在以下问题：在水污染治理法规政策环境建设上，我国流域水污染治理各层级各方面政策法规制度体系建设日臻完善，但还存在部分治理领域在法律建设上的空白和不足；我国流域水污染治理资金来源主要为中央财政专项资金和各级政府财政配套资金投入，社会资本吸纳不足；我国流域水污染治理体制逐步完善，流域层面与区域层面水污染治理管理协调，但部门间、地区间协调及信息共享机制尚需加强，政府主导、企业主体、社会团体和公众共同参与的多元共治的治理体系尚不完善；在流域水污染治理工程技术手段方面，研究期内总体呈现城乡之间、区域之间差距大，污水收集设施与处理设施建设不够的特征。

第五章　流域水污染治理绩效与治理体系关系分析

第一节　流域水污染治理绩效与治理体系关系理论分析

流域水污染治理绩效反映的是流域水污染治理想要达到的最终目标的实现程度。流域水污染治理体系是为实现流域水污染治理目标所采取的一切措施的总和。理论上，流域水污染治理体系与治理绩效存在着直接的因果关系。流域水污染治理措施越完备、越协调、实施得越到位，就越能促进流域水污染治理目标的实现，水污染治理绩效就越好。但在流域水污染治理的实践中，由于认知的不足、利益的博弈、条件的限制等，很难形成一套完备、协调、运行良好的流域水污染治理体系，使流域水污染治理目标顺利实现。一方面需要先从理论上对理想的流域水污染治理体系进行建构并采用规范分析的方法进行评价，从理论上“应然”的角度实现对流域水污染治理体系的完善；另一方面需要通过流域水污染治理体系及其要素与治理绩效内在耦合关系的精确实证分析，厘清现有治理体系及其实际运行方面存在的缺陷，从“实然”的角度认识流域水污染治理体系的不足并完善流域水污染治理体系，最终更好地实现流域水污染治理目标。水污染治理体系要素与流域水污染治理绩效的内在关系阐述如下。

一、治理环境类要素与治理绩效关系的分析

实施环境包括政策法规环境和资金投入环境两类要素。实施环境虽不直接带来流域水环境的改善，但可为流域水污染治理提供政策、法规制度和资金投入的保障。首先，政策包括流域水污染治理规划，为流域水污染治理提供了目标方向、行动原则，并明确任务及行动方案，勾勒流域水污染治理共同愿景和方向指引，可有效凝聚各方共识、调动各方力量和协调各方行动，对水污染治理具有方向性、纲领性和指引性作用。实践中跨界流域水污染治理面临着政策边界性和水污染的无边界性矛盾，这需要跨界流域水污染治理政策的空间协同。不仅如此，流域水污染问题虽在水里，但根在岸上，与岸上的人的社会经济活动密切相关，这需要流域其他社会经济政策与流域水污染治理政策相协调（潘护林，2016）。我国流域水污染治理政策对我国流域水环境的改善发挥了重要作用。其次，法规是对实践上有效政策的进一步细化和制度化固化，并成为各方行动的基本遵循和约束。流域水污染治理相关法规的制定和完善，能够为流域水污染治理目标的实现提供强制性制度保障。相关研究表明，法规制度完善与否与流域水污染治理绩效呈强相关性。最后，水污染治理需要工程技术保障，因而需要大量投资。当政府投资不足时，应允许社会投资的介入并获得一定的收益，为流域水污染治理提供充足的资金保障。研究表明，政府专项资金的投入有效推进了城镇污水处理设施及配套管网建设，并取得了显著的污水治理绩效（邓思卉，2012；杨晓杰，2015；刘国歌、胡学东，2020）。

二、治理体制机制类要素与治理绩效关系的分析

实施体制机制明确水环境治理的主体及组织运行形式，具体涉及体制框架、运行机制及能力建设。

（1）治理体制框架。治理机构的完善性及其管理制度的完备性和执行力度直接影响流域水污染治理成效。流域水污染属于大空间尺度公共环境事件，其实质是无规则约束下的流域水体环境使用个体理性导致的集体无理性状态，即“公地悲剧”。因此，流域水污染治理需要建立一个由代表公众利益具有集体理性的政府主导下的多方利益相关者参与的多元治理主体框架。其中，政府是多方利益的协调者和仲裁者，也是多方行动的组织者、推动者和监管者。就跨行政区的流域水污染治理看，需要上下游、左右岸相关行政区政府部门之间的协作，或者建立由更高层级政府协调的治理机构；在我国，流域生态环境监督管理局可作为流域水环境治理的组织者、监管者和利益协调者，并发挥相关作用。相关研究表明，在水污染治理中，政府对提升水污染治理成效作用显著。在地区协调行动的基础上加强监管是发挥投资积极环境效应即水环境改善的关键（张宇、蒋殿春，2014）；政府部门若能在演化博弈过渡时期审时度势、分阶段实施不同措施，就可以有效遏制企业排污违规行为（张伟等，2014）。我国近些年推行的河长制初步获得了水污染治理效果，在全面推行河长制的过程中，各级政府制定清晰且适宜的治理目标，设计健全可行的问责机制，引进专业第三方水质检测机构进行监督，将取得更好的治理效益（沈坤荣、金刚，2018）。

流域治理的其他实施主体，即参与者包括企事业单位、环保组织和公众等。其中，企业往往既是流域污染物的排放者，也是污染物治理最根本的贡献者。大量危害严重的污染物多由高污染企业排放，同样，流域污染物的消减和已排放污染物的处理需要企业环境保护意识的觉醒，清洁技术采纳和相关设施建设需要企业投资。相关事业单位特别是环境

科学技术研发部门和专家可为水污染环境科学高效治理提供重要的智力支撑。非政府环保组织在环境治理中发挥着重要的监督作用和公益服务作用。如通过组织环保公益活动、出版书籍、发放宣传品、举办讲座、组织培训、加强媒体报道等方式进行环境宣传教育，提高社会公众的环境保护意识；对政府与企业的环境责任进行社会监督，参与环境决策，积极建言献策，积极促成环保目标的实现；为公众特别是弱势群体提供法律服务，维护社会公众的环境权益，包括环境知情权、参与权、监督权和享用权，促成水环境治理成效的社会公平性。公众是流域水环境的直接利益方，是水污染的直接受害者，也是水环境治理的最终受益者，公众在水环境治理中发挥着最直接的监督作用。研究表明，公众对水环境、固体废弃物和噪声环境污染治理有着较高的参与度并取得了显著的治理效果（余亮，2019）；公众参与过程和结果的有效性会显著地促进环境治理满意度的提升（陈卫东、杨若愚，2018）。

流域水环境治理主体的治理行为需要进行规范，因此需要建立完善的规范机构运行的制度，并保证各级机构权责明晰，运作有序，包括政府起主导作用的权责边界、企业的减排和水污染治理的责任和收益边界、环保团体的监督权责和保障、公众参与的权责界定等方面的制度建设。相关制度的建设和执行可有效促进和提高流域水污染治理相关主体行为的协调和效率，间接提升流域水污染治理绩效。

（2）运行机制。水环境治理机制即水环境治理者采取什么方式来治理水环境，如完全依靠自上而下行政命令的政府控制型流域水污染治理模式；或者采用政府主导，自上而下与自下而上相结合的政府、企业、社会、公众共同参与的多元共治流域水污染治理模式；或者完全基于市场机制的流域水污染治理机制，如通过征收环境税或清洁生产补贴实现水污染治理目标；或者借用奥斯特罗姆公共事务治理模式即通过建立流域水污染治理自治组织采用集体行动机制解决流域水污染问题。上述运行机制同样通过影响治理主体的行动效率进而影响流域水污染治理绩效。

研究表明，多元主体共同参与是提高水污染治理效能的关键，政府引导、社会资源支持的内生性网络治理模式更具实效性（朱莉娟，2020）。

（3）能力建设。面对复杂多变的流域水污染问题，多元治理主体需要具备及时更新治理能力，如更科学地评估和认知流域水污染的来源及其变化、科学管理流程的培训教育等。为此需要为流域水环境治理机构配备充分的人力、资金、设备、信息资源，并充分授权。已有研究表明，政府污水治理基础设施投资乏力，污水不能充分纳入统一收集处理管网系统一度成为水体污染严重的重要原因（潘护林，2016）。流域水污染源点多面广，监管难度大，通过更新完善相关技术设备手段也需要大量投资。通过提高监测技术手段水平可有效倒逼排污企业通过清洁生产减排（陶崟峰，2022）。

三、治理工具类要素与治理绩效关系的分析

治理工具是治理主体在治理流域水污染中采用的具体手段，大体包括信息获取手段，如水污染信息监测评估、沟通交流，为流域水污染科学治理提供准确完备的信息基础；政府排污许可和直接管制等行政手段，为保障流域水污染治理提供强制手段；经济激励手段，包括排污收费、减排补贴、排污权交易、征收消费税；工程技术手段，包括生产生活污水收集、处理、排放工程技术，污染水体治理技术；宣传教育手段等。科学的流域水污染信息基础上的科学决策直接影响水污染治理绩效，如明确了流域水体污染物净化能力，进而做出有关排污总量控制决策，可直接将排污量控制在水体污染物承载能力范围内，促进水体的改善。对各排污者可排污量进行许可并直接管制可直接减少排污量，改善水体质量。同样，经济激励手段可使排污者自觉减少排污量，减轻水体污染，同时提高单位水环境容量使用的经济收益。工程技术手段直接减轻流域水体污染程度，提高水污染治理绩效。行业自治通过对行业组织、行业成

员排污行为的约束成为政府管制手段的有效补充，可进一步促进排污企业减少污水排放。宣传教育手段可有效促进公众通过减少水污染物的排放，减轻生活污水有机污染物对自然水体的污染。建立冲突解决机制可有效化解水污染事件引起的利益冲突，提高水污染治理的社会公平性。通过监测和分析各项污染物指标，明确水污染程度，各流域科学制定水污染防治政策，减轻水污染（陶峑峰，2022）。有研究指出，我国环境规制中监督的作用明显大于激励的作用，命令与控制政策的作用大于经济激励政策和公众参与政策的作用，进一步加强监督和制定更为严格的命令与控制政策是目前提高环境规制效率的重要手段（郭庆，2014）。运用 DEA 方法评价 2003—2014 年湖北省工业水污染防治收费政策实施绩效，结果表明排污收费、污水处理及工业水价三项政策对于降低工业污水及污染物排放起到了较好的促进作用，各项政策的实施绩效较高（刘渝，2017）。排污收费制度、污水处理收费制度和阶梯水价政策对降低滇池流域废水和污染物的排放，以及提高流域用水效率均起到了较好的促进作用，可通过提高排污费征收标准或排污费改税等措施，进一步降低企业污染物的排放量（张家瑞等，2015）。针对火电行业的研究表明，清洁生产技术减排效果是末端治理效果的 2.3 倍，加大清洁生产技术的研发、推广力度是我国实现污染减排长期目标的必然选择（王志增，2016）。

第二节　流域水污染治理绩效与治理体系关系定量分析

一、定量分析方法阐释

本研究将采用灰色关联模型探究我国流域或片区河流水污染治理绩效与治理体系定量关系。灰色关联分析法是灰色系统理论的重要内容，是对灰色系统中的相关因素关联度进行定量分析的方法，具有需要样本数据少、对数据分布特征要求不高等其他数理统计方法所不具有的独特优势。其基本思想是，根据系统各相关因素的序列曲线的几何相似程度，判断因素间的关系是否紧密；曲线几何形状越接近，相应序列间的关联度就越大；反之就越小（袁嘉祖，1991）。灰色关联分析一般步骤如下。

设参考序列 $X_0 = \left\{x_0(1), x_0(2), \cdots, x_0(k), \cdots, x_0(n)\right\}$；

比较序列 $X_i = \left\{x_i(1), x_i(2), \cdots, x_i(k), \cdots, x_i(n)\right\}$。

式中，参考序列 X_0 通常表示系统行为特征因子的时间序列；比较序列 X_i 表示影响系统行为特征因子的时间序列。

（1）初始化。将参考序列和比较序列分别进行初始化处理，使之无量纲化、归一化，方法一般有极值归一化、均值化、极值化。初值化是指将各序列第一个数据除以该序列中的所有数据，得到各时刻值相对于第一个时刻值的百分比的数列。均值化是指用序列的均值除以所有数据，得到一个占平均值百分比的数列。极值归一化是指用极大值减去各序列值的差除以极大值与极小值之差。本研究采用极差标准化分别对各大流域及各片区河流水污染治理绩效值和治理体系因素值进行标准化。

（2）求绝对差。

$$\Delta_{0i}(k) = \left|x_0(k) - x_i(k)\right|,\ k = 1, 2, \cdots, n \tag{5-1}$$

（3）求关联系数 $\xi_{0i}(k)$。取分辨系数 $\rho = 0.5$，计算各比较序列与参考序列在各时刻的关联系数。其计算公式如下：

$$\xi_{0i}(k) = \frac{\Delta_{\min} + \rho\Delta_{\max}}{\Delta_{0i}(k) + \rho\Delta_{\max}} \tag{5-2}$$

式中，$\Delta_{\min} = \min\limits_i \min\limits_k \left|x_0(k) - x_i(k)\right|$，$\Delta_{\max} = \max\limits_i \max\limits_k \left|x_0(k) - x_i(k)\right|$ 分别指比较序列与参考序列间各流域最小绝对差与最大绝对差。

（4）求关联度。取等权关联度。

$$r_i = \frac{1}{n}\sum_{k=1}^{n} \xi_{0i}(k) \tag{5-3}$$

式中，r_i 为第 i 项比较序列与参考序列关联系数均值。

（5）排序。根据关联度的大小顺序即可确定比较序列对参考序列的相关程度的大小。r_i 的值越大，说明其关联的程度越大；反之，r_i 的值越小，其关联程度越小。

二、我国流域水污染治理绩效与治理体系因子关系定量模拟

本研究选取各流域水污染治理绩效评价序列值（用 X_0 表示，为参考序列）作为反映受影响的农业生产系统的特征的量；选取流域水污染治理体系中治理环境、治理体制建设、治理手段三个维度共 9 个要素评价序列值（分别用 X_1、X_2、X_3、…、X_9 表示，为比较序列）作为反映影响流域水污染治理成效的因素量，对流域治理体系要素与治理绩效进行灰色关联分析。

利用式（5-1）～式（5-3），采用 SPSS 软件进行运算，最后得到我国流域水污染治理体系要素与治理绩效的关联度及关联顺序，如 5-1 图所示。

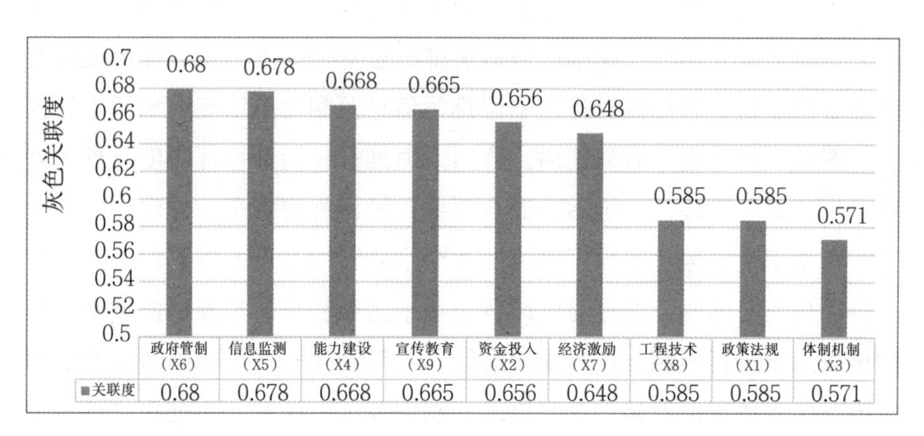

图 5-1 我国流域水污染治理体系要素与治理绩效的关联度及关联顺序

三、我国流域水污染治理绩效与体系关系模拟结果分析

由图 5-1 可知，我国流域水污染治理体系各类指标与治理绩效关联度均超过 0.5，最低三项因子关联度值也接近 0.6，表明我国各项管理体系因子均对我国流域水污染治理绩效有不同程度的影响。其中，政府管制和信息监测两项因子与流域水污染治理绩效关联度较大，分别为 0.680 与 0.678，表明这两项因子是研究期内对我国流域水污染治理绩效的影响最大的因子；其次是治理人员能力建设和对公众和企业的宣传教育，关联度分别为 0.668 与 0.665；再次是资金投入和经济激励两项因子，关联度分别为 0.656 与 0.648；关联度最小的是工程技术、政策法规、体制机制三项因子，关联度分别为 0.585、0.585 和 0.571，表明这三项因子对研究期内我国各大流域或片区河流水污染治理绩效的影响相对较小。值得注意的是，各因子关联度差距并不十分突出，经计算，其标准差仅为 0.042，表明我国流域水污染治理体系各项因子对治理绩效影响差距不是特别大。

研究期内，政府管制与信息监测对我国流域水污染治理绩效的影响最大，表明研究期内，我国严格落实排污总量控制下的排污许可证制度及证后执法监管和加强对排污单位排污信息监测对防治流域水污染发挥了关键和主导作用。研究期内，我国大力推行排污许可证制度及排污许可“一证式”管理，固定污染源全部纳入排污许可管理，排污许可环境监管实现了全覆盖；实现了对流域各个水质断面及重要排放污染源的信息自动化实时监测。通过对流域各企业水污染物排放量及全流域水污染物排放总量进行限制，可将水污染排放量限制在水体可容纳净化的范围之内，使水体逐渐改善；排污许可证制度及证后执法检查处罚，可对排污单位过量违法排污行为产生威慑并进行有效控制；对水体水质排污口进行实时在线监测，可随时精准掌握流域水污染变化，及时调整相关排污区治污政策措施；对排污单位、入河排污口的排污情况的信息监测，

有效促进了企业排污的自我管理，使企业自觉控制对各类水污染物的排放。今后有必要继续维持或强化对各企业及流域排污总量的控制、严格落实排污许可证制度及证后执法监管；继续加强对河流各级断面水质及固定污染源特别是重点排污单位排污信息的有效实时监测，在完成对入河排污口的排查、整治后，及时建设排污口自动化实时监测设施，尽早实现对入河排污口排污信息监测的全覆盖；同时强化中央生态环境保护督察组及生态环境部及其派出机构，包括各大流域生态环境监督管理局和各片区督察局对流域各级地方政府水污染治理的执法监督，及时发现政府监管中存在的问题，使排污许可证制度得到进一步严格落实。

研究期内，我国流域水污染治理部门相关人员能力建设、对公众及企业水污染防治的宣传教育、资金投入和经济激励手段对流域水污染治理绩效也有着较大影响，这表明提升水污染治理管理人员的认知水平、责任感和执法监管能力及提高公众与企业的环境保护责任感及治理能力对流域水污染防治有着重要意义，加大资金投入和将企业水污染成本内部化对防治流域水污染也发挥着重要作用。本研究表明，研究期内我国流域或片区各级管理机构十分重视对相关业务人员的能力培训，普遍开展了包括排污许可审批及证后监管培训，水体水质检测、监测及污染源排污信息监测能力培训等，使得排污许可证制度的落实更加严格、规范、有效，使得监管人员对水体水质污染情况及排污单位排污情况信息的掌握更加精准，这大大促进了对流域水污染治理的精准施策。研究期内各级政府相关部门十分重视对公众的宣传教育，以及提高排污单位自我管理及污水治理能力的培训，这直接提高了公众参与水污染治理的积极性及企业水污染治理的效能。本研究表明，研究期内我国中央政府对水污染治理的财政支持力度持续加大，如 2020 年中央财政安排水污染防治资金 217 亿元，增长 10.2%，主要用于流域上下游横向生态补偿机制奖励、重点流域水污染防治、集中式饮用水水源地保护、良好水体保护、地下水污染防治，以及长江经济带生态保护修复奖励等。但值得注意的是，各级地方财政支持力度及对社会资本的吸纳还需进一步加强，主要用于辖区内水污染治理项目的建设，提高水污染源治理能力。经济成本和收益是企业是否减排的重要影响因素，排污收费、排污权交易及生态补偿等经济激励手段将企业排污外部影响内部化，起到激发企业减排内在动力、从源头减排的作用。研究期间，我国水污染排污收费制度日臻完善且执行良好，基本做到了应收尽收，且提高了排污收费标准，一些流域排污权交易活跃，上下游生态跨区水污染生态补偿机制也逐步完善，对排污单位自主减排起到了很好的激励作用。但值得注意的是，当前我国水污染物排放收费标准还有待提高，排污权交易市场还不完善和活跃，跨区生态补偿机制还没有普遍建立，这表明我国水污染治理经济激励机制还未充分发挥作用，还有很大提升空间。

研究期内，工程技术、政策法规、体制机制三项因子具有相对较小的关联度，对流域水污染治理绩效有相对较小的影响，表明我国水污染治理体系中的工程技术、政策法规、体制机制因子虽然也发挥了重要作用，但还有进一步完善的较大空间。研究期内，通过工程设施建设，我国城市水污染治理率由不足40%提高到98%以上，为流域水污染治理做了很大贡献。但我国城市生活污水收集设施建设仍有很大不足，研究期末收集率仅为70%，农村生活污水和面源污染治理历史欠账更大，研究期末农村生活污水治理率仅为31%，畜禽粪便利用率为78%，农药、化肥利用率为41%。在水污染治理技术及其应用方面还有待进一步提高和推广，相关报道表明，研究期内我国水污染处理技术显著落后于西方发达国家，清洁水技术的研究与行业产业系统需求脱节，科技成果的转化率不到10%，这直接影响着我国水污染治理的效率。在政策法规和体制机制方面，我国水污染治理政策法规和体制相对较为完善，为我国流域水污染治理提供了较为完善的政策法规和体制保障，但由于我国国情特殊，各流域的政策法规环境和体制机制具有较大一致性，这可能会影响该项指标与治理绩效的关联度。但值得注意的是，我国流域水污染治理地方性法规和体制机制协调性方面还有进一步提高的空间，以政府为主导、以企业为主体、社会组织和公众共同参与、共治良性互动的环境治理体制机制还有待进一步强化。

本章小结

本章重在通过我国流域水污染治理体系各要素对治理绩效进行定性和定量分析。首先对流域水污染治理体系与治理绩效关系进行了理论分析，随后采用灰色关联分析法对两者关系进行了分要素定量分析。结果表明，我国各项管理体系因子均对我国流域水污染治理绩效有不同程度的影响。但治理体系各项因子对治理绩效影响的差距不是特别大。其中，政府管制和信息监测两项因子与流域水污染治理绩效关联度相对较大，其次是治理管理人员的能力建设和对公众和企业的宣传教育，以及资金投入和经济激励，工程技术、政策法规、体制机制三项因子影响相对较小，各项因子对促进流域水污染治理绩效方面均有进一步提升的空间和改进的余地。

第六章　我国流域水污染治理体系改进策略

第一节　流域集成水污染治理改进的逻辑框架

IWRM 动态发展框架为流域水污染治理改进以解决面临的急迫问题与适应新需求提供了基本逻辑框架。其基本思路是在对流域水污染治理关键问题与改进目标清晰认识的基础上，制定流域水污染治理改进策略和行动规划，然后在争取广泛支持（确定行动承诺）后实施行动，最后通过监测和评价进一步明确问题和确定目标。其基本特征是以问题和目标导向，以改进为动力，以广泛参与和争取广泛支持为基础的循环往复、动态发展的过程。该框架具体内涵如下。

（1）建立状态与全局目标。以问题为导向，明确当前流域水污染治理现状及与流域可持续发展目标有关的急迫的水污染及其治理问题；然后勾勒解决问题并实现总体目标的综合系统流域水污染治理框架。

（2）建立改进进程的承诺。在流域水污染治理的决策者、管理者、实施者、其他利益相关者间达成对必要改进的广泛共识，包括流域水污染治理的问题与改进目标的确定，得到上级政府的认同并纳入政治议事日程；通过提高公众水环境及其治理改进的意识，推动相关利益团体间的对话，进而建立广泛的承诺。

（3）分析差距。从流域现实条件出发，就解决当前急迫的水污染及其治理问题所需的流域水污染治理能力，对当前流域水污染治理体系在政策、法规、体制状况、能力建设、总体目标方面的差距进行分析，包括确定实现目标所需的流域水环境治理的能力，明确实现所需治理能力的潜力与制约因素。

（4）准备战略与行动规划。在明确差距的基础上，根据解决急迫水污染问题的需要，对当前的流域水污染管理政策、法规、资金支持框架进行改进、提高体制能力、强化水资源管理手段，从而建立新的战略与行动规划，并与其他流域或区域发展政策进行对接，为流域水污染治理改进的实施拟定路线。

（5）确定行动承诺并实施。流域水污染治理意味着采取的行动超出了单一部门的职责范围，因而需要对现有政府机构实施改革，并建立部门间的协作关系，因此得到最高政治层面的采纳并被利益相关者充分接受对于规划的实施十分关键。经过广泛的政策咨询与利益相关者的参与，得到最高政治层面的认可、主要利益相关者的参与、获得必要的资金支持，并付诸实施。

（6）监测与评价。通过定义指标、建立标准、设置机制来进行监测和评价。通过监测与评价，检查执行过程是否朝着设定的目标前进，评价短期和长期影响，根据影响评价确定行动是否真的对战略目标有贡献，也为下一步流域集成水污染治理调整与手段的改进提供关键信息。

总之，采用综合集成理念的流域水污染治理改进并不是要求抛弃现有的一切重新开始，而是对现有治理制度和规划过程进行改造或是在此基础上进行建设，获得更为科学的治理体系。我国流域水污染治理体系改进框架如图 6-1 所示。

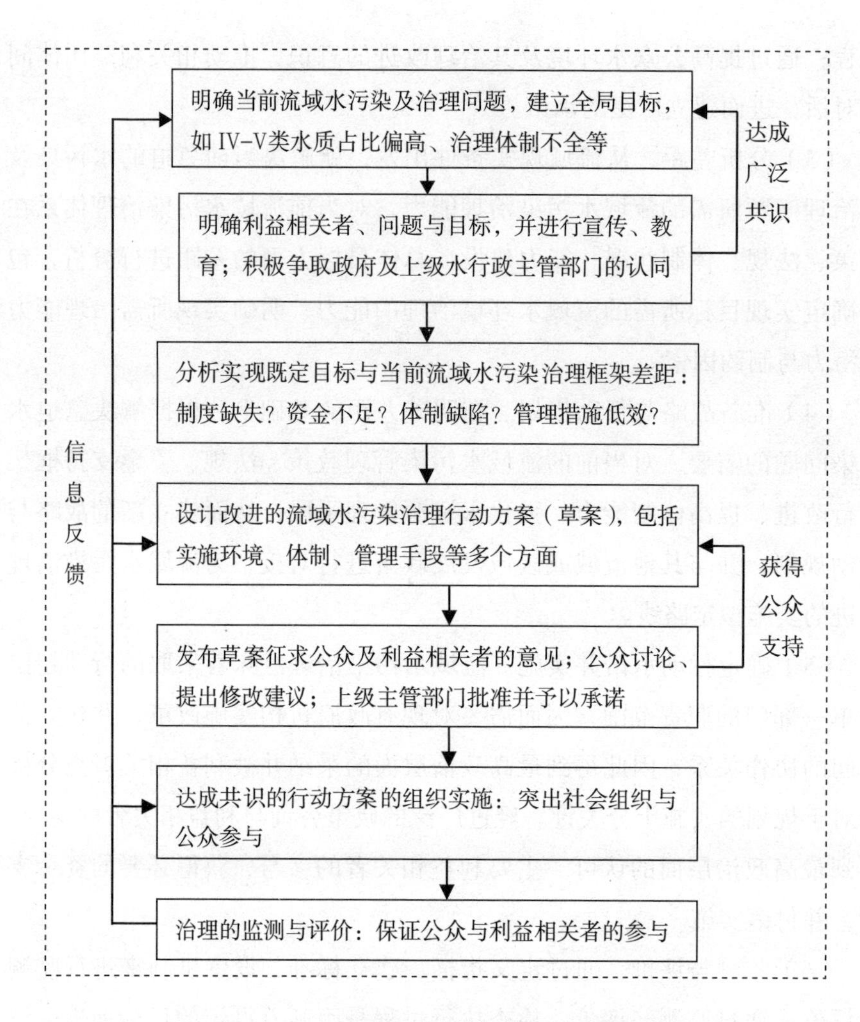

图 6-1　我国流域水污染治理体系改进框架

第二节　我国流域水污染治理体系关键问题梳理

在法规政策环境建设上，我国流域水污染治理在地方水质监测标准的统一性和农业面源污染治理法规和标准的建设上还存在空白。此外，在经济发展压力下，经济落后地区的经济发展政策难以与流域水污染治理政策形成有效协调。

在治理资金环境保障方面，我国水污染治理资金需求缺口仍较大；我国目前上下游之间的横向生态补偿机制有待完善；政府主导、企业主体、社会和公众共同参与的多元化环境治理投入机制尚未建立；多数流域均存在过度依赖财政投入、社会投资不足、污水治理设施特别是农村治污设施投资不足等问题。

在流域层面与区域层面，水污染治理管理协调，但部门间、地区间协调及信息共享机制尚需加强，政府主导、企业主体、社会和公众共同参与的多元共治的治理体系尚不完善。水污染治理管理仍习惯于自上而下行政命令式控制管理，调动企业、社会团体、公众积极性的自下而上参与的机制缺失。

在流域水污染治理能力建设方面，有关农村水污染治理、农村面源污染治理相关管理人员业务能力的培训还比较欠缺；存在缺乏排污单位污水处理技能支持教育培训，宣传教育的制度化、常规化建设不足等问题。研究期内，对公众、企业的水污染防治相关技能教育培训及其常规化还存在很大不足。

在流域水污染治理信息监测措施方面，监测网络覆盖面还不全，一些小流域、小支流水质监测网络建设还需强化；一般固定污染源和农村面源污染监测网络体系还有待完善；流域入河排污口水质自动化监测体系还未建立；我国的水环境监测隶属于多个职能部门，缺乏对统筹的考虑。

在流域水污染治理政府监管方面，排污执法过程中部分流域存在着执法不严等问题；我国各流域入河排污口台账基本建成，但排污口排查整治、设置审批还有大量工作要做，全过程的监管体系还未建立；农村面源污染治理还存在监管不力，部分流域农药、化肥施用量大，面源污染仍很突出等问题；一些流域地方政府在产业准入审批方面监管不严。

在流域水污染治理经济激励手段方面，我国流域地区间横向生态补偿机制和排污交易机制建设不足。在排污收费方面存在生活污水收费显示度低、生产污水收费较低、对排污者减排激励度不够的问题。我国流域横向生态补偿制度存在着立法供给不足，整体性、系统性不足，生态补偿方式单一且缺乏长效机制与协商沟通机制等问题。

在流域水污染治理工程技术手段方面，总体上存在城乡之间、区域之间差距大，污水收集设施与处理设施建设配套不够；各流域城市水污染治理工程设施建设好而收集管网建设不足，生活污水收集率较低；乡村水污染治理工程设施建设严重不足，生活污水治理率低；我国西南、西北诸河所在省区水污染收集、处理设施建设滞后等问题。

总之，我国流域水环境治理仍存在着体制机制不健全；公众参与的多元治理格局还未形成；相关法律法规、标准规范待补充完善；多样化经济激励手段运用不够；基础设施投资建设城乡差异大，城市水污染治理成效显著，乡村水染治理成效较差等问题。

第三节　我国流域水污染治理体系改进的建议

针对上述我国流域水污染治理存在的不足，运用公共环境管理理论及集成水污染治理理念，对我国流域水污染治理体系提出以下改进建议。

第一，针对治理政策法规建设方面存在的问题，应在上级主管部门的协调下，建立同流域内地方政府水质监测标准和农业面源污染治理法规和标准制定的沟通协调机制；流域内地方政府各部门间在制定发展政策时应建立沟通协调机制，形成政策合力，共同保障区域乃至流域水污染治理目标的实现。

第二，针对资金投入保障方面存在的问题，应建立多渠道多方投入机制，特别是积极吸纳社会资本投入，摆脱过度依赖财政投入的局面。要大力推广运用 PPP 模式，规范水污染防治领域 PPP 项目操作流程，完善投融资环境，并将更多社会资本引向农村水环境治理投入。

第三，针对管理体制机制建设方面存在的问题，应建立流域环境监督管理机构与地方政府流域水污染治理工作沟通协调机制，加强流域不同地区间各项政策建构、执法监督等方面的协调机制；地方政府各部门应在制定涉水政策时加强信息交流与沟通；积极营建政府、企业、社会团体、公众共同参与的协商式水污染治理机制。

第四，针对治理能力建设方面存在的问题，应对加强农村生活污水治理、面源污染治理相关管理人员业务能力进行常态化培训；加强排污单位污水处理技能支持教育培训，以及对农村面源污染治理知识技能的培训，由政府财政支持建立常态化培训机制，特别是先进水污染治理技术的培训；强化企业、公众的环境保护意识，提高减排自觉性。

第五，针对治理信息监测方面存在的问题，应强化各流域小支流、小流域水质监测设施建设及管理，形成全面覆盖的水体水质监测网络；污染源监测应向一般固定污染源和农村面源污染和入河排污口延伸，形成完善的污染源监测体系。加强水环境监测及其信息管理统一协调性，建设统一的监测网络和信息管理平台。

第六，治理政府监管方面，针对排污执法不严的问题，加强中央和地方环境监察部门执法监察工作；应投入更大的人力尽早完成入河排污口排查、整治、设置审批工作并建立完善的自动监测网络；应加强农村面源污染治理的监管和定期评估检查；上级政府部门应加强地方政府产业审批监管。

第七，针对经济激励手段方面存在的问题，排放收费应充分考虑对企业减排动力的真正激发，适度提高收费标准，建议将居民生活用水与污水排放费分开，提醒居民日常生活减排；应在加强立法的基础上建立流域上下游横向水污染补偿机制和排污交易机制；建立多种形式的补偿方式。

第八，针对工程技术方面存在的问题，应加强中央财政向乡村特别是落后地区乡村地区的倾斜，设置支持乡村和西南、西北诸河片区城市污水收集、处理设施建设专项基金；应普遍加强对城市污水收集特别是生活污水收集网管的建设；地方政府应加强相应资金投入并积极吸引社会资本投资，以弥补建设资金的不足。

本章小结

本章在分析流域水污染治理体系改进框架的基础上，在系统梳理我国流域水污染治理体系存在的突出问题的前提下，有针对性地全面地提出了我国流域水污染治理的改进建议。流域水污染治理体系改进的基本框架是，在对流域水污染治理关键问题与改进目标清晰认识的基础上，制定流域水污染治理改进策略和行动规划，然后在争取广泛支持（确定行动承诺）后实施行动，最后通过监测和评价进一步明确问题和确定目标。研究期内，我国流域水环境治理仍存在着体制机制不健全；公众参与的多元治理格局还未形成；相关法律法规、标准规范待补充完善；多样化经济激励手段运用不够；基础设施投资建设城乡差异大，城市水污染治理成效显著，乡村水污染治理成效较差等问题。因此，建议建立同流域内地方政府水质监测标准和农业面源污染治理法规和标准制定的沟通协调机制；流域内地方政府各部门间在制定发展政策时应建立沟通协调机制；应建立多渠道多方投入机制，特别是积极吸纳社会资本投入，摆脱过度依赖财政投入的局面；应在加强立法的基础上建立流域上下游横向水污染补偿机制和排污交易机制；应加强中央财政向乡村特别是落后地区乡村地区的倾斜，设置支持乡村和西南、西北诸河片区城市污水收集、处理设施建设专项基金等。

第七章　结论

当前，水污染仍然是人类面临的重要环境问题之一，我国水污染环境问题依然严峻，在我国以流域为基本单元展开整体系统的流域水污染治理和相关研究仍很薄弱。本研究基于系统思维，以流域为基本的污染治理单元，在全面评估我国流域水环境治理绩效与治理体系现状的基础上，重在采用数理模型，分析影响流域水污染治理绩效的治理体系关键因素，并提出系统的流域水污染治理体系优化策略措施，以期为解决我国水污染问题找到更为科学有效的对策方案。本研究的主要结论如下。

第一，流域是众多自然与人文地理环境要素的空间载体，其中，水系是构成流域最基本的地理要素，以水系为纽带，各环境要素密切联系，形成了一个相对独立完整的地域综合体；由于流域的整体性和系统性，流域水污染治理应该以流域为基本单元，采用系统化治理措施。

第二，流域水污染治理内涵包括：应以流域为基本空间单元和治理整体；从源头减少废水和污染物排放量；采取多种措施对排放的污水及被污染水体进行综合治理；加强对水污染从源头减排到末端处理整个过程的管理；以公平的、不损害关键生态系统可持续性的方式，促进整个流域水、土等资源环境协调利用与相关污染治理，使流域居民社会和经济福利最大化。

第三，研究期内，我国流域水环境治理总体成效卓著，当前我国流域总体已基本消灭劣Ⅴ类水，Ⅳ－Ⅴ类水治理还需继续努力；研究期内总体呈较快上升趋势，但具有显著阶段性特征，大体可分为“两快一稳定”三个阶段；我国一些流域水污染治理绩效变化具有显著波动性，表明这些流域水污染治理绩效具有不稳定性和水污染防治压力大，仍任重道远。

第四，研究期内，我国流域水污染治理体系建设逐步完善，但仍存在部分治理领域法律建设上的空白和不足；流域水污染治理资金来源过度依赖财政投入，社会资本吸纳不足；流域层面与区域层面水污染治理管理协调，但部门间、地区间协调及信息共享机制尚未建立；政府主导、企业主体、社会团体和公众共同参与的多元共治的治理体系尚未建立等问题。

第五，研究期内，我国流域水污染治理体系因子均对治理绩效有不同程度的影响，影响虽有差距但不是特别大。其中，政府管制和信息监测两项因子与流域水污染治理绩效关联度相对较大，其次是治理管理人员能力建设、对公众和企业宣传教育、资金投入和经济激励，工程技术、政策法规、体制机制三项因子影响相对较小。

第六，未来我国流域水污染治理的主要改进建议：建立同流域内地方政府水质监测标准和农业面源污染治理法规和标准制定的沟通协调机制；地方政府各部门间在制定发展政策时应建立沟通协调机制；建立多渠道多方投入机制，摆脱过度依赖财政投入的局面；建立流域上下游横向水污染补偿机制和排污交易机制；加强中央财政向乡村特别是落后地区乡村地区的倾斜，设置支持乡村和西南、西北诸河片区城市污水收集、处理设施建设专项基金等。

参考文献

[1] 杰索普，漆蕪 . 治理的兴起及其失败的风险：以经济发展为例的论述 [J]. 国际社会科学杂志（中文版），1999（1）：31–48.

[2] 北京市石景山区人民政府 . 抓“综合”促“下沉”：北京市石景山区探索城市管理体制改革新路 [J]. 城市管理与科技，2015，17（2）：6–11.

[3] 财政部财政科学研究所课题组，石英华，程瑜 . 流域水污染防治投资绩效评估研究 [J]. 经济研究参考，2011（8）：45–56.

[4] 曾正滋 . 公共行政中的治理：公共治理的概念厘析 [J]. 重庆社会科学，2006（8）：81–86.

[5] 陈华栋，顾建光，裴锋 . 新公共管理理论及实践模式探析 [J]. 求索，2005（7）：42–44.

[6] 陈家刚 . 从社会管理走向社会治理 [N]. 学习时报，2012–10–22（6）.

[7] 陈卫东，杨若愚 . 政府监管、公众参与和环境治理满意度：基于 CGSS2015 数据的实证研究 [J]. 软科学，2018，32（11）：49–53.

[8] 丁元竹 . 如何更新当前的治理模式：从“社会管理”到“社会治理”的必然趋势 [N]. 北京日报，2013–12–02（18）.

[9] 郭永园，彭福扬 . 元治理：现代国家治理体系的理论参照 [J]. 湖南大学学报（社会科学版），2015，29（2）：105–109.

[10] HIRST P. Democracy and governance in debating governance: authority, steering, and democracy[M]. Oxford: Oxford University Press, 2000.

[11] 何勇 . 沈阳试水城市管理一站式 [J]. 唯实（现代管理），2012（5）：29.

[12] 金辉，陶建平，金铃 . 现代科层制在中国：困境及其破解 [J]. 中共山西省委党校学报，2012，35（5）：74-76.

[13] 匡跃辉 . 以“共抓大保护、不搞大开发”为导向的洞庭湖水污染治理体系构建 [J]. 湖南行政学院学报，2020（1）：76-83.

[14] 李爱琴，吕泓沅 . 我国流域水环境保护问题研究 [J]. 齐齐哈尔大学学报（哲学社会科学版），2020（6）：74-78.

[15] 李丛 . 辽河流域水污染治理技术评估与优选 [D]. 沈阳：东北大学，2011.

[16] 辽信 .《关于深入推进城市执法体制改革 改进城市管理工作的指导意见》问答 [J]. 共产党员，2016（8）：50-51.

[17] 刘国歌，胡学东 . 污染防治专项资金绩效评价：体系与实证 [J]. 科技智囊，2020（5）：69-74.

[18] 刘圣中 . 现代科层制：中国语境下的理论与实践研究 [M]. 上海：上海人民出版社，2012.

[19] 罗知，齐博成 . 环境规制的产业转移升级效应与银行协同发展效应：来自长江流域水污染治理的证据 [J]. 经济研究，2021，56（2）：174-189.

[20] JONES C，WILLIAM S H，STEPHEN P B.A General theory of network governance：exchange conditions and social mechanisms[J].Academy of Management Review，1997，22（4）：911-945.

[21] OSTROM E.governing the commons：the evolution of institutions for collective action[M].Cambridge：Cambridge University Press，1990.

[22] 曲华林，翁桂兰，柴彦威 . 新加坡城市管理模式及其借鉴意义 [J]. 地域研究与开发，2004，23（6）：61-64.

[23] RHODES R A W.Understanding governance：policy networks，governance，reflexivity and accountability[M].Maidenhead ：Open University Press，1997.

[24] ROSENAU J N，CZEMPIEL E. Governance without government: order and change in world politics[M]. Cambridge：Cambridge University Press，1992.

[25] 沈坤荣，金刚 . 中国地方政府环境治理的政策效应：基于“河长制”演进的研究 [J]. 中国社会科学，2018，269（5）：92−115.

[26] 石玉昌 . 地方政府大部制改革的理论基础和借鉴意义 [J]. 中北大学学报（社会科学版），2010，26（4）：62−65，70.

[27] 宋刚，唐蔷 . 现代城市及其管理：一类开放的复杂巨系统 [J]. 城市发展研究，2007，14（2）：66−70.

[28] 汤怀良，钱志卫 . 杭州市城市管理部门绩效考核研究 [J]. 杭州研究，2008（4）：39−43.

[29] 陶崟峰 . 水环境监测及水污染防治探究 [J]. 资源节约与环保，2022（2）：60−62.

[30] VAN KERSBERGEN K，VAN WAARDEN F. “Governance” as a bridge between disciplines：cross−disciplinary inspiration regarding shifts in governance and problems of governability，accountability and legitimacy [J].European journal of political research，2004，43(2)：143−171.

[31] 王浩，唐克旺 . 生态文明建设应基于生态流域的绿色发展 [N]. 经济参考报，2018−01−25（8）.

[32] 王金南，孙宏亮，续衍雪，等 . 关于“十四五”长江流域水生态环境保护的思考 [J]. 环境科学研究，2020，33（5）：1075−1080.

[33] 王诗宗．治理理论及其中国适用性 [M]．杭州：浙江大学出版社，2009.

[34] 王星，贺建 . 流域水污染治理存在问题及对策研究 [J]. 广东化工，2020，47（12）：163.

[35] 王有强 . 全面深化城市管理体制改革：石景山区探索 [J]. 城市管理与科技，2015，17（2）：18–19.

[36] 吴叶俊 . 基于社会治理现代化的角度谈上海城市管理的几点思考 [J]. 经营者，2015（4）：26–29.

[37] 熊节春，陶学荣 . 公共事务管理中政府“元治理”的内涵及其启示 [J]. 江西社会科学，2011，31（8）：232–236.

[38] 徐林，傅莹 . 英国城市公共管理边界不断变迁 [N]. 中国社会科学报，2014–7–18（B02）.

[39] 徐勇. GOVERNANCE：治理的阐释 [J]. 政治学研究，1997（1）：63–67.

[40] 杨立新 . 无缝隙政府：公共部门再造指南 [M]. 北京：中国人民大学出版社，2013.

[41] 杨晓杰 . 财政专项资金之预算绩效管理研究——以仙居县为例 [D]. 杭州：浙江师范大学，2015.

[42] 杨雪锋 . 理解城市治理现代化 [J]. 经济社会体制比较，2016（6）：16–19.

[43] 杨耀红，刘盈，代静，等. 黄河流域生态补偿现状及科学问题 [J]. 华北水利水电大学学报（社会科学版），2022，38（3）：20–27.

[44] 叶闽，王孟，雷阿林，等 . 长江流域实施排污权交易初探 [J]. 人民长江，2008，39（23）：23–25.

[45] 殷彦波 . 杭州市城市管理机构改革的实践与启示 [J]. 城建监察，2012（10）：48–50.

[46] 于满 . 由奥斯特罗姆的公共治理理论析公共环境治理 [J]. 中国人口·资源与环境，2014，24（S1）：419–422.

[47] 余亮 . 中国公众参与对环境治理的影响：基于不同类型环境污染的视

角 [J]. 技术经济，2019，38（3）：97−104.

[48] 俞可平 . 走向国家治理现代化：论中国改革开放后的国家、市场与社会关系 [J]. 当代世界，2014（10）：24−25.

[49] 袁嘉祖. 灰色系统理论及其应用 [M]. 北京：科学出版社，1991.

[50] 岳健，穆桂金，杨发相，等 . 关于流域问题的讨论 [J]. 干旱区地理，2005（6）：775−780.

[51] 张建平 . 马克斯・韦伯科层制思想解析 [J]. 社会科学论坛，2016（4）：42−49.

[52] 张式军 . 完善流域横向生态补偿制度 [J]. 国家治理，2023（6）：49−53.

[53] 张伟，周根贵，曹柬 . 政府监管模式与企业污染排放演化博弈分析 [J]. 中国人口・资源与环境，2014，24（S3）：108−113.

[54] 张宇，蒋殿春 .FDI、政府监管与中国水污染：基于产业结构与技术进步分解指标的实证检验 [J]. 经济学（季刊），2014，13（2）：491−514.

[55] 赵永刚，贾俊杰，焦涛 . 太湖流域水污染治理项目绩效评估及长效管理机制研究 [J]. 环境科学与管理，2016，41（6）：14−17.

[56] 周红云 . 社会治理 [M]. 北京：中央编译出版社，2015.

[57] 周庆智 . 社会治理体制创新与现代化建设 [J]. 南京大学学报（哲学・人文科学・社会科学），2014，51（4）：148−156，160.

[58] 朱丽娟 . 基于 BSC 的农村污水网络治理的绩效评价研究：以河南省长垣市为例 [J]. 湖北农业科学，2020，59（17）：193−198.

[59] Л．К．达维道夫，Н．Г．康金娜. 普通水文学（中译本）[M]. 北京：商务印书馆，1963.

[60] 徐傲，巫寅虎，陈卓，等 . 黄河流域城镇污水处理厂建设与运行现状分析 [J]. 给水排水，2022，58（12）：27−36.